Josef Eberhardsteiner

Mechanisches Verhalten von Fichtenholz

Experimentelle Bestimmung der biaxialen Festigkeitseigenschaften

Springer-Verlag Wien GmbH

Ao. Univ.-Prof. Dipl.-Ing. Dr. techn. Josef Eberhardsteiner
Institut für Festigkeitslehre, Technische Universität Wien
Wien, Österreich

Ursprünglich erschienen bei Springer-Verlag Wien New York 2002

Gedruckt auf säurefreiem, chlorfrei gebleichtem Papier – TCF
SPIN: 10799253

Mit 172 zum Teil farbigen Abbildungen

Die Deutsche Bibliothek – CIP-Einheitsaufnahme
Ein Titeldatensatz für diese Publikation ist bei
Der Deutschen Bibliothek erhältlich

ISBN 978-3-211-83763-4 ISBN 978-3-7091-6111-1 (eBook)
DOI 10.1007/978-3-7091-6111-1

Vorwort

Der Werkstoff Holz verfügt als Baustoff über eine lange Tradition. Sowohl im Wohnhausbau als auch im Industriebau ist ein verstärkter Trend zur Verwendung biologischer Baustoffe vorhanden. Dennoch erfolgt der Einsatz von Holz im konstruktiven Ingenieurbau nicht in jenem Umfang, wie dies aus ästhetischen, funktionellen und statischen Gründen wünschenswert wäre. Ein Grund für diese wirtschaftlich und technisch unbefriedigende Situation ist das Fehlen geeigneter konstitutiver Modelle für biaxial bis zum Bruch beanspruchtes Holz. Die Verfügbarkeit derartiger Werkstoffgesetze ist zur Durchführung wirklichkeitsnaher numerischer Untersuchungen über die Tragsicherheit von Flächentragwerken oder das räumliche Deformationsverhalten von biaxial beanspruchten Konstruktionsdetails aus Holz unerlässlich. Dementsprechend wird bei der Planung von Bauwerken, gegen deren Errichtung aus Holz keine wesentlichen Gründe sprächen, vielfach auf andere Baustoffe als den natürlichen Werkstoff Holz zurückgegriffen.

Zur Beseitigung des Defizits an werkstoffmechanischer Grundlagenforschung wurde zu Beginn der Neunzigerjahre im Zuge einer Neuorientierung der Forschungsaktivitäten des Laboratoriums des Institutes für Festigkeitslehre der Technischen Universität Wien ein facheinschlägiger Forschungsschwerpunkt eingerichtet. Sein Ziel war die experimentelle Untersuchung des Steifigkeits- und Festigkeitsverhaltens von biaxial schräg zur Faserrichtung beanspruchtem Fichtenholz. Den Gegebenheiten bei der Realisierung dieses Forschungsvorhabens entsprechend, ist das vorliegende Buch nicht auf die Beschreibung der durchgeführten biaxialen Bruchversuche an Probekörpern aus Fichtenholz und die Darstellung der erhaltenen Versuchsergebnisse beschränkt. Vielmehr wurde auch der Erläuterung des zugrunde gelegten Versuchskonzepts und der Entwicklung der für die Experimente benötigten Versuchseinrichtung gebührender Raum gewidmet.

Die vorliegende Arbeit wurde an der Fakultät für Bauingenieurwesen der Technischen Universität Wien als Habilitationsschrift zur Erlangung der Lehrbefugnis für das Fachgebiet „Festigkeitslehre" approbiert. Der Autor dankt in diesem Zusammenhang den beiden Gutachtern, em. Prof. Karl-Hans LAERMANN (Bergische Universität Wuppertal) und Prof. Günter HOFSTETTER (Universität Innsbruck), für ihre wertvolle Unterstützung.

Besonders herzlicher Dank gilt dem Vorstand des Institutes für Festigkeitslehre, Prof. Herbert MANG, für die stete wissenschaftliche Förderung des Autors. Herr Prof. MANG hat den Grundstein für dieses Forschungsvorhaben gelegt. Er hat darüber hinaus durch die Betonung der Bedeutung des Versuchswesens für die numerische Mechanik sowie die Gewährung von Freiraum für den Autor einen wesentlichen Anteil am Gelingen der im vorliegenden Buch beschriebenen Werkstoffuntersuchungen. Herrn Dr. Manfred GINGERL ist der Verfasser für seine äußerst kollegiale, das übliche Maß weit übersteigende Ausmaß an Unterstützung sowohl bei der Abwicklung des experimentellen Forschungsvorhabens als auch bei der Entstehung dieses Buches zu tiefem Dank verpflichtet. Besonderer Dank gebührt ebenso Herrn Dr. Lubomir ONDRIS für seine gewissenhafte und mit großer Ausdauer erfolgte Durchführung der biaxialen Bruchversuche. Für die Beratungen in holztechnologischen Fragen sei Prof. Alfred TEISCHINGER, und für die mit hohem Sachverstand an der Höheren Technischen Bundes-Lehr- und Versuchsanstalt Mödling erfolgte Herstellung der Holzprobekörper Herrn Rüdiger BAUMGARTNER herzlich gedankt. Besonderer Dank gilt Frau Martina PÖLL. Ihre Unterstützung bei einer Vielzahl organisatorischer Agenden des täglichen Institutsbetriebs waren Voraussetzung für die Verfassung dieses Buches.

Nicht zuletzt schuldet der Autor seiner Familie für das stets gegebene Verständnis für seine Arbeit sowie für die dafür in reichem Maße zugestandene Zeit außerordentlichen Dank.

Wien, im Oktober 2001 J. EBERHARDSTEINER

Inhaltsverzeichnis

Kapitel 1

Einführung

1.1 Aufgabenstellung und Problemlösung

Die Anwendung moderner numerischer Berechnungsverfahren, wie z. B. der Finite-Elemente-Methode (FEM), im konstruktiven Ingenieurbau zur Durchführung von realitätsnahen, zuverlässigen Traglastanalysen von Flächentragwerken aus Holz bzw. zur Untersuchung des räumlichen Deformationsverhaltens zweiachsig beanspruchter Bauteile aus Holz erfordert die Verfügbarkeit geeigneter Werkstoffgesetze. Derartige, das Steifigkeits- und Festigkeitsverhalten von biaxial, schräg zur Faserrichtung beanspruchtem Fichtenholz beschreibende Materialmodelle sind allerdings zur Zeit lediglich in geringem Maß verfügbar.

Dieser unzureichende Wissensstand führt dazu, dass die Verarbeitung des Rohstoffes Holz zu technisch anspruchsvollen Produkten sowie der Export des damit verbundenen Know-hows nicht in jenem Ausmaß erfolgt, wie dies in einem waldreichen Land wie Österreich wünschenswert wäre. Die Beseitigung dieses Defizits an werkstoffmechanischer Grundlagenforschung war die Motivation für die Durchführung zweiachsiger Holzversuche und für die Planung und Entwicklung der dafür benötigten biaxialen Versuchseinrichtung für anisotrope Werkstoffe (Abb. 1.1) am Institut für Festigkeitslehre der Technischen Universität Wien. Letztere besteht aus einer biaxialen servohydraulischen Festigkeitsprüfmaschine und einem berührungslos arbeitenden, laser-optischen Messsystem zur flächenhaften Deformationsanalyse des Messbereichs der untersuchten scheibenförmigen Holzprobekörper. Die Entwicklung der Versuchseinrichtung erfolgte im Rahmen je zweier vom Fonds zur Förderung der wissenschaftlichen Forschung und vom Bundesministerium für Wissenschaft und Forschung geförderter Forschungsprojekte.

Das Ziel einer umfangreichen experimentellen Werkstoffuntersuchung war die Gewinnung von Versuchsdaten zur quantitativen Beschreibung des Verformungsverhaltens von biaxial beanspruchtem Fichtenholz ohne Beschränkung auf den

Abbildung 1.1: Entwickelte biaxiale Versuchseinrichtung

Sonderfall der Koinzidenz der Faserrichtung mit einer schubspannungsfreien Richtung (Hauptnormalspannungsrichtung). Die im Zuge dieser zweiachsigen Bruchversuche erhaltenen experimentellen Daten stellen die Basis für die Entwicklung von Werkstoffgesetzen für biaxial, schräg zur Faser beanspruchtes Holz dar.

Die experimentelle Untersuchung wurde auf ausgewähltes, technologisch fehlerfreies und homogenes Fichtenholz beschränkt. Durch Klimatisierung der Proben bei einer Temperatur von 20 °C und einer relativen Luftfeuchtigkeit von 65 % wurde die Holzfeuchtigkeit bei $u = 12$ % konstant gehalten. Unter den angeführten Bedingungen werden die mechanischen Eigenschaften von fehlerfreiem Holz im Wesentlichen nur mehr von der Rohdichte beeinflusst. Im ersten Projektstadium wurde eine repräsentative Anzahl einaxialer Normzugversuche parallel und normal zur Faserlängsrichtung (insgesamt etwa 300 Versuche) durchgeführt. Als Ergebnis wurden neben Vergleichsresultaten zu in der Literatur dokumentierten Versuchen, die rohdichtebezogenen elastischen Werkstoffkennwerte (E_L, E_R, ν_{LR}, $f_{t,0}$ und $f_{c,0}$) jenes Holzes, aus dem die biaxialen Probekörper hergestellt wurden, erhalten.

Die mechanischen Parameter der durchgeführten 439 proportionalen und 16 nichtproportionalen biaxialen Bruchversuche waren einerseits der Winkel φ, den die Materialhauptachse L (Faserlängsrichtung) mit der Spannungshauptachse σ_1 einschließt, und andererseits das Verhältnis κ der auf den Probekörper in Form von Verschiebungsinkrementen aufgebrachten biaxialen Zug-/Zug-, Druck-/Druck- oder gemischten Zug-/Druckbeanspruchung.

Im Zuge dieser Versuchsreihe wurden für verschiedene Winkel φ jeweils die biaxialen Bruchspannungszustände bestimmt und im Hauptspannungsraum dargestellt. Zur Gewährleistung signifikanter experimenteller Resultate wurden für jede Versuchskonfiguration – gekennzeichnet durch die beiden Parameter φ und κ – mindestens 6 Versuche durchgeführt. Durch Bestimmung der jeweils aktuellen Rohdichte und unter Zugrundelegung der zuvor in der einaxialen Studie ermittelten Zusammenhänge zwischen der Rohdichte und den einzelnen Festigkeitswerten können die nicht erklärbaren Ergebnisstreuungen soweit minimiert werden, dass eindeutige Aussagen über die gesuchten biaxialen Festigkeitseigenschaften von Fichtenholz getroffen werden können.

Als Ergebnis jedes Versuches wurden neben den biaxialen Festigkeiten Last-Verschiebungsdiagramme für die einzelnen Lasteinleitungspunkte des Probekörpers sowie die Verteilungen einzelner Deformationskomponenten im Messbereich der Probe erhalten. Die Kenntnis der rohdichtebezogenen biaxialen Festigkeitswerte sowie die Beschreibung der Steifigkeitseigenschaften in Abhängigkeit von der Beanspruchungsintensität von schräg zur Faserrichtung beanspruchtem, fehlerfreiem Holz bilden die Grundlagen für die Entwicklung eines biaxialen konstitutiven Modells für Holz.

1.2 Gliederung der Arbeit

Inhalt der vorliegenden Arbeit ist eine zusammenfassende, in wesentlichen Bereichen aber dennoch detaillierte Beschreibung des eingangs vorgestellten experimentellen Forschungsvorhabens. Den thematischen Einstieg bilden die in Kapitel 2 behandelten werkstoffmechanischen Grundlagen der experimentellen Untersuchung. Im Anschluss an die mechanische Charakterisierung von Fichtenholz als orthotroper Werkstoff wird anhand von in der Literatur dokumentierten ein- und zweiachsigen Versuchen der aktuelle Wissensstand sowie bestehende Defizite der einschlägigen Holzforschung aufgezeigt.

Das Kapitel 3 ist der im Zuge dieses Forschungsvorhabens entwickelten biaxialen Versuchseinrichtung gewidmet. Ausgehend vom Versuchskonzept wird in Unterkapitel 3.2 der in dieser Arbeit verwendete biaxiale Holzprobekörper vorgestellt. Dabei steht insbesondere dessen Form- und Beanspruchungsoptimierung mit Hilfe von FE-Simulationen zur Erfüllung der im Rahmen von Werkstoffversuchen geforderten Homogenität der Spannungs- und Verzerrungsverteilungen im Messbereich der Probe im Mittelpunkt. Das Unterkapitel 3.3 enthält eine Kurzbeschreibung der entwickelten biaxialen servohydraulischen Festigkeitsprüfmaschine zur verschiebungsgesteuerten Beanspruchung der ebenen, kreuzförmigen Probekörper bis zum Bruch. Im Anschluss an eine zusammenfassende Darstellung der Grundlagen der elektronischen Speckle-Pattern-Interferometrie (ESPI) – einem laser-optischen Feldmessverfahren zur berührungslosen Deformationsanalyse – wird in Unterkapitel 3.4 über den Einsatz eines auf diesem Verfahren beruhenden Messsystems für orthotrope Werkstoffuntersuchungen berichtet.

Der letzte Teil dieser Arbeit, Kapitel 4, befasst sich mit der Durchführung und Auswertung der zweiachsigen Bruchversuche. Im Einzelnen folgen der Festlegung der Versuchsbedingungen im Unterkapitel 4.1 die Ergebnisse vergleichender einaxialer Bruchversuche (Unterkapitel 4.2) und die ausführliche Beschreibung der Durchführung, Dokumentation und Auswertemethoden der biaxialen Holzversuche (Unterkapitel 4.3). Den Abschluss bildet in Unterkapitel 4.4 eine umfassende Darstellung und Diskussion der erhaltenen experimentellen Resultate, der biaxialen Festigkeiten und der Spannungs-Dehnungsdiagramme für verschiedene Versuchskonfigurationen.

Der Anhang A enthält eine Auflistung ausgewählter Versuchsparameter für das gesamte durchgeführte Versuchsprogramm. Im Anhang B befinden sich die nach der Versuchsauswertung erhaltenen Spannungs-Dehnungsdiagramme für sämtliche Versuche, wobei stets alle für eine Versuchskonfiguration $\{\varphi; \kappa\}$ gewonnenen Ergebnisse in einer Abbildung zusammengefasst wurden. Die beiden Anhangteile weisen einen nicht unbeträchtlichen Anteil an der vorliegenden Arbeit auf. Damit soll einerseits ein umfassender Überblick über das mechanische Verhalten von biaxial beanspruchtem Holz vermittelt werden. Andererseits ermöglicht dies ein über diese Arbeit hinaus gehende vergleichende Analyse der Werkstoffeigenschaften von Holz, vielfach ohne auf die vielen vorliegenden Detailergebnisse dieser Untersuchung zurückgreifen zu müssen.

Kapitel 2

Stand der Forschung

2.1 Mechanische Grundlagen

Mikroskopisch gesehen besteht der natürlich gewachsene, organische Werkstoff Holz aus einem von Zellwandsubstanz und Zellhohlräumen gebildeten porösen, inhomogenen Gefüge. Die mechanische Anisotropie von Holz wird durch den länglichen Aufbau der Zellen und die Orientierung der Zellwände sowie durch unterschiedliche Zellgrößen während einer Wachstumsperiode begründet. Dieser ana-

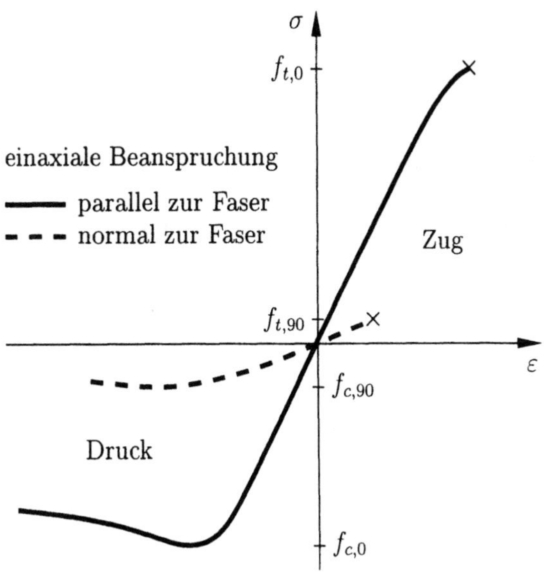

Abbildung 2.1: Mechanische Eigenschaften von einaxial beanspruchtem Holz

tomische Aufbau von Holz führt zu sehr unterschiedlichen mechanischen Eigenschaften in der Längsrichtung und in den Querschnittsrichtungen eines Stammes [Blaß et al., 1995].

Wie die in Abb. 2.1 enthaltenen charakteristischen Spannungs-Dehnungsdiagramme für einaxial, parallel bzw. normal zur Faserrichtung (Stammlängsrichtung) beanspruchtes fehlerfreies Holz zeigen, unterscheiden sich sowohl die Materialsteifigkeiten als auch die Festigkeiten für die beiden Beanspruchungsrichtungen beträchtlich. Darüber hinaus ist das für Holz typische unterschiedliche Verformungsverhalten bei Zug- bzw. Druckbeanspruchung erkennbar. Während im Fall von einaxialer Zugbeanspruchung eine nahezu lineare Spannungs-Dehnungsbeziehung bis zum spröden Bruch zu beobachten ist, ist einachsige Druckbeanspruchung durch das Auftreten beträchtlicher plastischer Deformationen und durch ein ausgeprägtes Entfestigungsverhalten gekennzeichnet. Die für fehlerfreies Nadelholz typischen Festigkeits- und Steifigkeitswerte sind in Tabelle 2.1 [Blaß et al., 1995] angegeben:

Tabelle 2.1: Festigkeitswerte von Fichtenholz

bei einaxialer Beanspruchung parallel zur Faserrichtung	
Zugfestigkeit:	$f_{t,0}$ = 70-100 N/mm^2
Druckfestigkeit:	$f_{c,0}$ = 40-50 N/mm^2
Elastizitätsmodul:	E_0 = 11 000-15 000 N/mm^2
bei einaxialer Beanspruchung normal zur Faserrichtung	
Zugfestigkeit:	$f_{t,90}$ = 1-2 N/mm^2
Druckfestigkeit:	$f_{c,90}$ = 2-4 N/mm^2
Elastizitätsmodul:	E_{90} = 400-500 N/mm^2.

2.1.1 Verallgemeinertes HOOKE'sches Gesetz

Im Hinblick auf die Durchführung von kontinuumsmechanischen Strukturanalysen wird der Werkstoff Holz im Allgemeinen als homogenes Material betrachtet. Aufbauend auf grundlegende Arbeiten von KEYLWERTH [Keylwerth, 1951] und KOLLMANN [Kollmann, 1982] erfolgt die Beschreibung des mechanischen Verhaltens von Holz in der Regel im Rahmen der Elastizitätstheorie mit Hilfe des verallgemeinerten HOOKE'schen Gesetzes. Bei Betrachtung differentieller Größen lautet die entsprechende konstitutive Beziehung zwischen dem Spannungstensor σ_{ij} und dem Verzerrungstensor ε_{kl}

$$d\sigma_{ij} = C_{ijkl}\, d\varepsilon_{kl}\ , \qquad i,j,k,l = 1,2,3 \tag{2.1}$$

mit C_{ijkl} als dem Elastizitätstensor. Unter der Voraussetzung der Existenz eines elastischen Potentials und bei Berücksichtigung der Symmetrieeigenschaften von

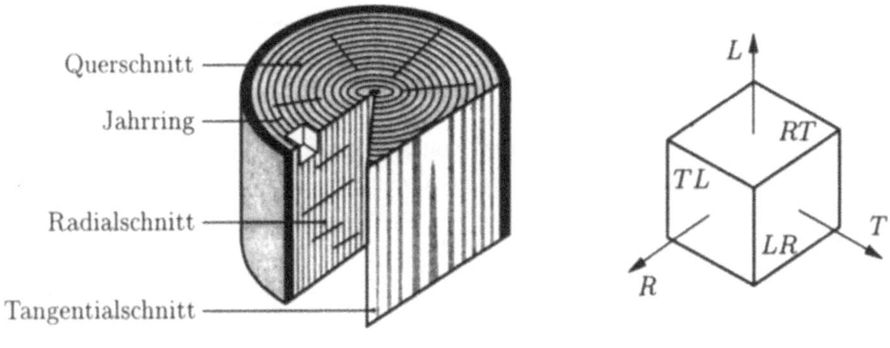

Abbildung 2.2: Abschnitt eines Baumstammes; Materialhauptrichtungen

σ_{ij}, ε_{kl} und C_{ijkl} sowie bei Beschränkung auf den für Holz stets angenommenen Sonderfall räumlich orthogonaler Anisotropie (Orthotropie) reduzieren sich die neun Gleichungen (2.1) mit 81 Koeffizienten von C_{ijkl} auf sechs Gleichungen mit 9 unabhängigen Koeffizienten von C_{ijkl}. Bezogen auf die in Abb. 2.2 dargestellten, der Holzstruktur entsprechenden Materialhauptachsen – Stammlängsrichtung L (= Faserrichtung), Radialrichtung R und Tangentialrichtung T – lautet das HOOKE'sche Gesetz für orthotrope Werkstoffe unter räumlicher Beanspruchung in Matrixschreibweise [Bodig & Jayne, 1982]:

$$\begin{Bmatrix} d\varepsilon_L \\ d\varepsilon_R \\ d\varepsilon_T \\ d\gamma_{LR} \\ d\gamma_{RT} \\ d\gamma_{TL} \end{Bmatrix} = \begin{bmatrix} \frac{1}{E_L} & -\frac{\nu_{RL}}{E_R} & -\frac{\nu_{TL}}{E_T} & 0 & 0 & 0 \\ -\frac{\nu_{LR}}{E_L} & \frac{1}{E_R} & -\frac{\nu_{TR}}{E_T} & 0 & 0 & 0 \\ -\frac{\nu_{LT}}{E_L} & -\frac{\nu_{RT}}{E_R} & \frac{1}{E_T} & 0 & 0 & 0 \\ 0 & 0 & 0 & \frac{1}{G_{LR}} & 0 & 0 \\ 0 & 0 & 0 & 0 & \frac{1}{G_{RT}} & 0 \\ 0 & 0 & 0 & 0 & 0 & \frac{1}{G_{TL}} \end{bmatrix} \begin{Bmatrix} d\sigma_L \\ d\sigma_R \\ d\sigma_T \\ d\tau_{LR} \\ d\tau_{RT} \\ d\tau_{TL} \end{Bmatrix}, \qquad (2.2)$$

mit den Symmetriebedingungen

$$\frac{\nu_{LR}}{E_L} = \frac{\nu_{RL}}{E_R}, \qquad \frac{\nu_{RT}}{E_R} = \frac{\nu_{TR}}{E_T}, \qquad \frac{\nu_{TL}}{E_T} = \frac{\nu_{LT}}{E_L}. \qquad (2.3)$$

Die nach Berücksichtigung der Symmetriebedingungen (2.3) in der Nachgiebigkeitsmatrix verbleibenden neun unabhängigen Werkstoffparameter – Elastizitätsmoduln E_L, E_R, E_T, Querdehnungszahlen ν_{LR}, ν_{RT}, ν_{TL} und Schubmoduln G_{LR}, G_{RT} und G_{TL} – sind in geeigneten Experimenten als Funktion der Belastungsintensität zu bestimmen.

2.1.2 Spannungs-Dehnungszusammenhang bei ebener biaxialer Beanspruchung

Bei Beschränkung auf den Sonderfall von scheibenförmigen, aus der LR-Ebene eines Stammes (siehe Abb. 2.3) herausgeschnittenen Holzproben unter ebener biaxialer Beanspruchung erhält man durch Spezialisierung von Gl. (2.2) für

$$\sigma_T = \tau_{RT} = \tau_{TL} = 0 \quad \text{und} \quad \gamma_{RT} = \gamma_{TL} = 0 \tag{2.4}$$

folgenden, für die Materialhauptrichtungen L, R geltenden ebenen Spannungs-Dehnungszusammenhang

$$\begin{Bmatrix} d\varepsilon_L \\ d\varepsilon_R \\ d\gamma_{LR} \end{Bmatrix} = \begin{bmatrix} \frac{1}{E_L} & -\frac{\nu_{RL}}{E_R} & 0 \\ -\frac{\nu_{LR}}{E_L} & \frac{1}{E_R} & 0 \\ 0 & 0 & \frac{1}{G_{LR}} \end{bmatrix} \begin{Bmatrix} d\sigma_L \\ d\sigma_R \\ d\tau_{LR} \end{Bmatrix} \tag{2.5}$$

und

$$d\varepsilon_T = -\frac{\nu_{LT}}{E_L}\sigma_L - \frac{\nu_{RT}}{E_R}\sigma_R \,. \tag{2.6}$$

Für ein allgemeines, in der LR-Ebene um den Winkel α verdrehtes kartesisches Koordinatensystem $x, y, z \equiv T$ (siehe Abb. 2.3) erhält man die zu Gl. (2.5) analoge konstitutive Beziehung [Lekhnitskij, 1981]

$$\begin{Bmatrix} d\varepsilon_x \\ d\varepsilon_y \\ d\gamma_{xy} \end{Bmatrix} = \begin{bmatrix} c_{11} & c_{12} & c_{13} \\ & c_{22} & c_{23} \\ \text{symm.} & & c_{33} \end{bmatrix} \begin{Bmatrix} d\sigma_x \\ d\sigma_y \\ d\tau_{xy} \end{Bmatrix} \tag{2.7}$$

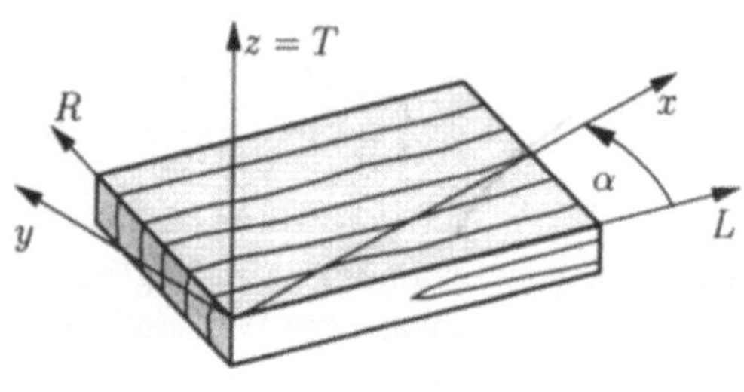

Abbildung 2.3: Aus der LR-Ebene eines Stammes herausgeschnittene Holzprobe

mit

$$
\begin{aligned}
c_{11} &= \frac{\cos^4\alpha}{E_L} + \left(\frac{1}{G_{LR}} - \frac{2\nu_{LR}}{E_L}\right)\sin^2\alpha\,\cos^2\alpha + \frac{\sin^4\alpha}{E_R}\,, \\
c_{12} &= \left(\frac{1}{E_L} + \frac{1}{E_R} + \frac{2\nu_{LR}}{E_L} - \frac{1}{G_{LR}}\right)\sin^2\alpha\,\cos^2\alpha - \frac{\nu_{LR}}{E_L}\,, \\
c_{13} &= \left[2\left(\frac{\sin^2\alpha}{E_R} - \frac{\cos^2\alpha}{E_L}\right) + \left(\frac{1}{G_{LR}} - \frac{2\nu_{LR}}{E_L}\right)(\cos^2\alpha - \sin^2\alpha)\right]\sin\alpha\,\cos\alpha\,, \\
c_{22} &= \frac{\sin^4\alpha}{E_L} + \left(\frac{1}{G_{LR}} - \frac{2\nu_{LR}}{E_L}\right)\sin^2\alpha\,\cos^2\alpha + \frac{\cos^4\alpha}{E_R}\,, \\
c_{23} &= \left[2\left(\frac{\cos^2\alpha}{E_R} - \frac{\sin^2\alpha}{E_L}\right) - \left(\frac{1}{G_{LR}} - \frac{2\nu_{LR}}{E_L}\right)(\cos^2\alpha - \sin^2\alpha)\right]\sin\alpha\,\cos\alpha\,, \\
c_{33} &= 4\left(\frac{1}{E_L} + \frac{1}{E_R} + \frac{2\nu_{LR}}{E_L} - \frac{1}{G_{LR}}\right)\sin^2\alpha\,\cos^2\alpha + \frac{1}{G_{LR}}\,.
\end{aligned}
\tag{2.8}
$$

Wie anhand der in der transformierten Beziehung (2.7) aufscheinenden Koeffizienten c_{13} und c_{23} zu erkennen ist, bestehen bei von den Materialhauptrichtungen abweichenden Beanspruchungsrichtungen Interaktionen zwischen Normalspannungen und Schubverzerrungen bzw. zwischen Schubspannungen und Normalverzerrungen. Diese Interaktionen führen dazu, dass die Richtungen der Hauptnormalspannungen nicht mehr mit den Richtungen der Hauptnormalverzerrungen übereinstimmen.

In der für Materialhauptrichtungen angegebenen zweidimensionalen konstitutiven Beziehung (2.5) scheinen bei Berücksichtigung der erforderlichen Symmetrieeigenschaften der Nachgiebigkeitsmatrix vier unabhängige Werkstoffkenngrößen E_L, E_R, ν_{LR} und G_{LR} auf. Mit der von LEKHNITSKIJ [Lekhnitskij, 1981] getroffenen Annahme, dass der die Schubverzerrungen zufolge Schubspannungen repräsentierende Koeffizient c_{33} invariant bei einer Drehung des Koordinatensystems um die Achse $z \equiv T$ ist, erhält man aus Gl. (2.8) folgende zusätzliche Beziehung:

$$\frac{1}{G_{LR}} = \frac{E_L + E_R + 2\,\nu_{LR}\,E_R}{E_L\,E_R}\,. \tag{2.9}$$

In diesem Fall verbleiben nur mehr drei unabhängige Werkstoffparameter in dem in Gleichung (2.5) angegebenen ebenen Spannungs-Dehnungszusammenhang.

Über den quantitativen Zusammenhang zwischen den einzelnen Nachgiebigkeitskoeffizienten c_{ij} der Gleichung (2.7) und der Orientierung der Werkstoffstruktur von Holz (Transformationswinkel α) wird von LISCHKE [Lischke, 1984] ausführlich berichtet.

2.2 Festigkeitsverhalten von Holz

Das Festigkeitsverhalten von Holz wird von einer Reihe von Einflussfaktoren bestimmt. Etwa seit 1930 beschäftigt sich die Holzforschung mit der experimentellen Bestimmung von Werkstoffkenngrößen – einzelnen elastischen Konstanten oder ausgewählten einaxialen Festigkeiten – in Abhängigkeit von technologischen und klimatologischen Parametern. Charakteristische Merkmale von in der Literatur dokumentierten Versuchen sind einerseits die Beschränkung auf ausgewählte Beanspruchungsarten (einaxiale Zug- oder Druckbeanspruchung mit zumeist koinzidierenden Material- und Belastungshauptrichtungen bzw. Biege- oder Torsionsbeanspruchung von stabförmigen Probekörpern) und andererseits die Vielzahl der untersuchten Holzarten [Bodig & Jayne, 1982, Kühne, 1955]. Ausführliche Zusammenfassungen über Ergebnisse einschlägiger experimenteller Untersuchungen sind in der Fachliteratur z. B. in den Büchern von KOLLMANN [Kollmann, 1982] oder NIEMZ [Niemz, 1993] enthalten. Die Bestimmung klassischer Werkstoffparameter, wie Elastizitätsmodul oder einaxiale Zug- und Druckfestigkeiten parallel und normal zur Faserrichtung sind in nationalen Fachnormen geregelt. Von einer umfassenden Darstellung des einachsigen Steifigkeits- und Festigkeitsverhaltens von Holz bei verschiedenen Beanspruchungen wird daher im Rahmen dieser Arbeit abgesehen. Im Folgenden wird lediglich auf ausgewählte, für die Planung und Durchführung der in dieser Arbeit behandelten experimentellen Studie relevante Themen eingegangen.

2.2.1 Einaxiale Werkstoffversuche

Zwei wesentliche Eigenschaften von Holz bei einaxialer Beanspruchung schräg zur Faserrichtung sind einerseits das Auftreten von Schubdeformationen (siehe Abb. 2.4), beschrieben durch den in Gl. (2.7) aufscheinenden Interaktionsterm c_{13}, und andererseits eine deutliche Reduktion der einachsigen Festigkeit in Belastungsrichtung. Wie man aus Abb. 2.5 erkennt, sinkt z. B. die einaxiale Zugfestigkeit bei einem Winkel von lediglich 15° zwischen Faser- und Belastungsrichtung beinahe

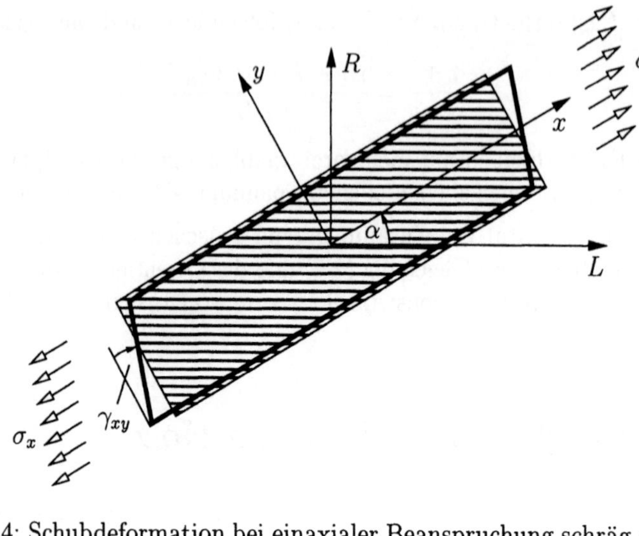

Abbildung 2.4: Schubdeformation bei einaxialer Beanspruchung schräg zur Faserrichtung

auf die Hälfte der Zugfestigkeit parallel zur Faser, $f_{t,0}$, ab. Der Einfluss der Faserrichtung auf die einaxialen Festigkeiten ist bei Zugbeanspruchung wesentlich deutlicher als bei Druckbeanspruchung ausgeprägt. Über die Abnahme der einaxialen Zug- bzw. Druckfestigkeit bei zunehmendem Winkel zwischen Faser- und Belastungsrichtung wird beispielsweise in den Arbeiten von GEHRI und STEURER [Gehri & Steurer, 1979] sowie von WOODWARD [Woodward, 1986] ausführlich berichtet. Dieser zwar relativ einfache, aber für konstruktive Details von Holzkonstruktionen äußerst relevante Sachverhalt hat auch frühzeitig in der Entwicklung von geeigneten Bruchkriterien für den orthotropen Werkstoff Holz seinen Niederschlag gefunden (siehe dazu Unterkapitel 2.3).

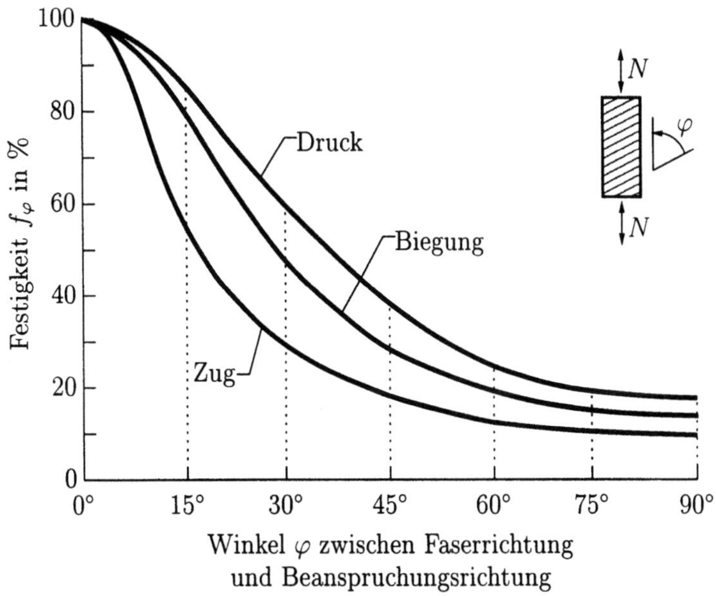

Abbildung 2.5: Einaxiale Zug- und Druck- bzw. Biegefestigkeit in Abhängigkeit vom Winkel zwischen Faser- und Beanspruchungsrichtung [Kollmann, 1982]

2.2.2 Biaxiale Werkstoffversuche

Experimentelle Untersuchungen zum Festigkeitsverhalten von Holz bei mehraxialer Beanspruchung wurden lediglich vereinzelt und nur für ausgewählte Belastungssituationen durchgeführt. In der Regel beschränken sich derartige Versuche auf kleine, fehlerfreie Holzproben. Eine Ausnahme bilden die von SPENGLER [Spengler, 1986] sowie EHLBECK und HEMMER [Ehlbeck & Hemmer, 1986, Hemmer, 1984] Mitte der Achtzigerjahre durchgeführten Versuche an Holzproben mit größeren Probenvolumina.

SPENGLER [Spengler, 1986] analysierte den ebenen Spannungszustand in der Umgebung des Lasteinleitungsbereiches von Biegeträgern. Wie Abb. 2.6 zeigt, wurden in dieser Studie scheibenförmige Brettelemente aus Fichtenholz mit den Abmessungen $l \times b \times t = 220 \times 80\text{-}140 \times 22\text{-}32$ mm verwendet. Diese Probekörper wurden durch in Faserlängsrichtung eingeleitete Schubkräfte T sowie durch quer zur Faserrichtung auf die Laibungsflächen aufgebrachte Druck- bzw. Zugkräfte N bis zum Bruch belastet. Die Einleitung der Kräfte wurde mit Hilfe eines Hebelsystems realisiert. Während die Schubbeanspruchung jeweils mit einer konstanten Verformungsgeschwindigkeit bis zum Bruch eines Probekörpers aufgebracht wurde, erfolgte die Querbeanspruchung kraftgesteuert entweder als konstante Querlast oder als stetig steigende Querlast mit und ohne Begrenzung auf ein vorgewähltes Kraftniveau.

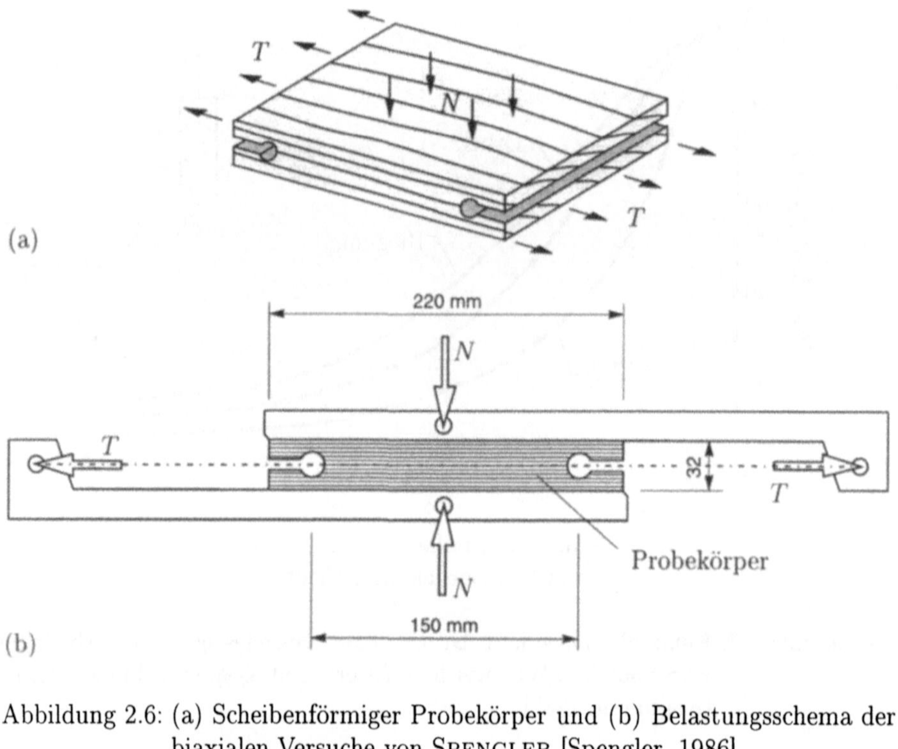

Abbildung 2.6: (a) Scheibenförmiger Probekörper und (b) Belastungsschema der biaxialen Versuche von SPENGLER [Spengler, 1986]

SPENGLER gibt in [Spengler, 1986] einfache, lineare Regressionsbeziehungen an, welche bei Zugrundelegung der kritischen Beanspruchungsart – Schub mit Querzug – eine Abschätzung der Abhängigkeit des Festigkeits- und Verformungsverhaltens vom Querspannungsniveau sowie von einzelnen Werkstoffparametern, wie Rohdichte, Holzfeuchtigkeit, mittlere Jahrringbreite, etc. ermöglichen. Als wesentliche Parameter wurden die Intensität der Querbeanspruchung sowie die Rohdichte und die Jahrringbreite identifiziert. Einen ebenfalls deutlichen Einfluss auf die mechanischen Holzeigenschaften hatte die Holzfeuchtigkeit, wobei mit abnehmender Holzfeuchte höhere Festigkeiten erreicht wurden. Ein Vergleich der beobachteten Festigkeitswerte mit einer von NORRIS [Norris, 1962] vorgeschlagenen Festigkeitshypothese zeigt gute Übereinstimmung für den Beanspruchungsfall

„Schub mit Querzug“. Für den Fall eines überlagerten Querdrucks wurden dagegen in den Versuchen deutlich höhere Festigkeitswerte erzielt.

EHLBECK und HEMMER [Ehlbeck & Hemmer, 1986, Hemmer, 1984] führten mehraxiale Belastungsversuche an röhrenförmigen Holzprobekörpern mit zur Faserlängsrichtung paralleler Zylinderachse durch (siehe Abb. 2.7). Die Proben wurden sowohl konzentrisch, als auch exzentrisch zur Stammachse entnommen. Die röhrenförmigen Probekörper wurden durch verschiedene Kombinationen von Innen- und Außendruck, p_i und p_a, sowie von Längskräften N und Torsionsmomenten M_T beansprucht. Bei entsprechend geringen Wandstärken (Wandstärke $t = 5\,\text{mm}$, Innendurchmesser $d_i = 70\,\text{mm}$) führt eine derartige Beanspruchung zumindest bei den konzentrisch zur Stammachse entnommenen Proben näherungsweise zu einem ebenen Spannungszustand. Das Versuchsprogramm umfasste kraftgesteuerte Experimente mit jeder einzelnen Belastungsart, Versuche mit zwei bzw. drei Beanspruchungsarten, wobei in einer bzw. zwei Belastungsrichtungen frei gewählte Nennlasten aufgebracht und eine weitere Belastungsart bis zum Brucheintritt gesteigert wurde und schließlich Bruchversuche mit proportionalen Beanspruchungskombinationen.

In der angeführten Untersuchung wurden ausgewählte Verformungskomponenten der Probekörper lediglich für die einzelnen Belastungsarten mitgemessen. Im Fall kombinierter Beanspruchungen wurden keine Deformationsanalysen durchge-

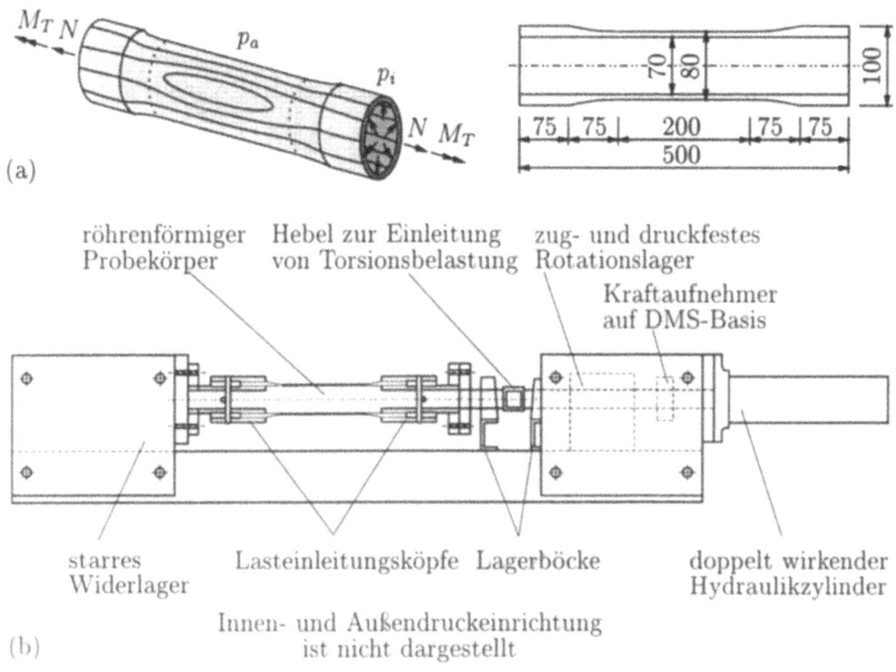

Abbildung 2.7: (a) Röhrenförmiger Probekörper und (b) Belastungsschema der biaxialen Versuche von HEMMER [Hemmer, 1984]

führt. Eine Bestimmung des jeweils vorliegenden Spannungs- bzw. Verzerrungszustandes ist in diesen Fällen daher nicht möglich.

Mit Hilfe der ermittelten Festigkeitswerte wurden Bruchflächen für die vier Nadelholzarten Fichte, Weißtanne, Kiefer und Douglasie nach dem Bruchkriterium von TSAI und WU [Tsai & Wu, 1971] bestimmt. Eine ausführliche Diskussion der gewonnenen Versuchsresultate zeigt, dass bei allen untersuchten Holzarten die größten Längsspannungen bei gleichzeitigem Wirken von Querdruck auftraten. Die maximalen Querspannungen dagegen traten bei Fichte und Tanne in Kombination mit Längszug und bei den beiden anderen Holzarten in Kombination mit Längsdruck auf. Die Lage der Jahrringe übte keinen nennenswerten Einfluss auf die Form der Bruchfläche aus. Besonderes Augenmerk wird in den genannten Arbeiten [Ehlbeck & Hemmer, 1986, Hemmer, 1984] auf die Quantifizierung von Abminderungsfaktoren für die Längsfestigkeiten $f_{t,0}$ und $f_{c,0}$ beim Auftreten von so genannten Faserabweichungen, z. B. bei schräg angeschnittenen Rändern von Biegeträgern oder bei Lasteinleitungen unter einem Winkel zur Faserrichtung, gelegt. Die erhaltenen funktionalen Zusammenhänge unterscheiden sich zwar hinsichtlich der Holzart, qualitativ entsprechen sie aber den in Abb. 2.5 dargestellten Verläufen.

Aufbauend auf die in dieser experimentellen Untersuchung gewonnenen Tatsachen, dass einerseits die Maximalspannungen stets beim Zusammenwirken mehrerer Spannungskomponenten zu beobachten waren und andererseits sich das Festigkeitsverhalten von Fichte und Tanne von jenem von Kiefer und Douglasie unterscheidet, geben die Autoren baupraktische Hinweise und schlagen zur Ausnutzung von konstruktiven Tragreserven den gezielten Einsatz von verschiedenen Holzarten und die Realisierung optimal kombinierter Beanspruchungszustände vor.

2.2.3 Einfluss technologischer Parameter

Wie aus der einschlägigen Literatur hervorgeht, werden die mechanischen Steifigkeits- und Festigkeitseigenschaften von Holz überwiegend von technologischen Parametern wie Rohdichte, Holzfeuchtigkeit, Ästigkeit und Wachstumsfehlern bestimmt [Bodig & Jayne, 1982, Kollmann, 1982].

Eine sehr ausführliche Untersuchung zu diesem Themenbereich wurde von GLOS [Glos, 1978] für Brettschichtholz unter einaxialer Druckbeanspruchung parallel zur Faserrichtung durchgeführt. GLOS quantifizierte mit Hilfe multipler Regressionsanalysen den Einfluss verschiedener Werkstoff- und Einwirkungskenngrößen (Rohdichte, Jahrringbreite, Jahrringverlauf, Ästigkeit, Faserabweichung, Druckholzanteil, Holzfeuchtigkeit, relative Luftfeuchtigkeit) auf die mechanischen Parameter Druckfestigkeit $f_{c,0}$, Elastizitätsmodul E_L und Bruchdehnung. Das für die vorliegende, durch Beschränkung auf ausgewähltes, technologisch homogenes und fehlerfreies Probenmaterial gekennzeichnete, Arbeit bedeutendste Resultat dieser experimentellen und statistischen Studie ist die Feststellung, dass die Holzfeuchtigkeit u und die Rohdichte ρ über 90 % der Varianz der einaxialen Druckfestigkeit verursachen. Die für fehlerfreies Holz von GLOS angegebene Regressionsgleichung für $f_{c,0}$ in N/mm^2 lautet [Glos, 1978]:

$$f_{c,0} = -1.90 - 2.23\,u + 0.224\,\rho + 0.109\,u^2 - 0.00741\,u\,\rho\,, \qquad (2.10)$$

mit u in % und ρ in g/cm^3.

Abbildung 2.8 veranschaulicht den in Gl. (2.10) angegebenen Zusammenhang zwischen Holzfeuchtigkeit, Rohdichte und einaxialer Druckfestigkeit. Ein Vergleich mit Resultaten anderer Untersuchungen an fehlerfreien Kleinproben aus Fichtenholz mit unterschiedlichen Abmessungen zeigt, dass die Druckfestigkeit weitgehend unabhängig von der Probengröße ist. Die Streuungen der Versuchsergebnisse bewegen sich innerhalb einer zu erwartenden Größenordnung.

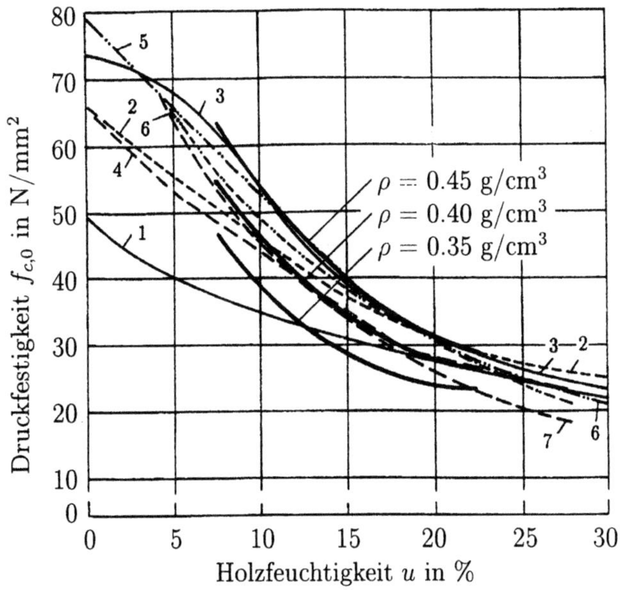

1 ... M. Roš (1936) $\rho = ?$
2 ... O. Graf (1938) $\rho = ?$
3 ... F. Kollmann (1951) $\rho = ?$
4 ... H. Kühne et.al. (1955) $\rho = 0.40$ g/cm^3
5 ... H. Fischer und H. Kühne (1960) $\rho = 0.40$ g/cm^3
6 ... F. Kollmann (1967) $\rho = 0.40$ g/cm^3
7 ... F. Kollmann (1967) $\rho = 0.40$ g/cm^3

Abbildung 2.8: Druckfestigkeit von fehlerfreiem Fichtenholz als Funktion der Holzfeuchtigkeit und der Rohdichte [Glos, 1978]

Eine von Bues [Bues, 1986] an waldfrischem und wassergelagertem Fichtenholz durchgeführte Untersuchung führt zwar zu höheren einaxialen Druckfestigkeiten als in Abb. 2.8 angegeben, bestätigt aber, dass der überwiegende Teil der auftretenden Festigkeitsschwankungen auf die Variabilität der Rohdichte zurückzuführen ist.

Die Mehrzahl der in der Literatur dokumentierten experimentellen Untersuchungen zur quantitativen Beurteilung der Streuungen von Festigkeitseigenschaften gelten für einaxiale Druckbeanspruchung parallel zur Faserrichtung, einem im Ingenieurholzbau sehr häufig auftretenden Belastungsfall. Sie wurden für verschiedene Holzarten ausgeführt. Analoge Untersuchungen für einaxiale Zugbeanspruchung in Faserrichtung wurden seltener, für Belastungen normal zur Faserrichtung dagegen kaum durchgeführt. Der daraus ersichtliche Mangel an Wissen verleitet zu widersprüchlichen Aussagen. Während GLOS in [Glos, 1978] auf einen im Vergleich zur Druckfestigkeit geringen Einfluss der Holzfeuchtigkeit u auf die einaxiale Zugfestigkeit $f_{t,0}$ hinweist, lassen die in Abb. 2.9 enthaltenen Versuchsergebnisse einen nicht zu vernachlässigenden Einfluss der Holzfeuchtigkeit erkennen. KOLLMANN [Kollmann, 1982] zitiert verschiedene einschlägige Untersuchungen und gibt an, dass für Holzfeuchtigkeiten von 6 bis 25 % bei einer Feuchtigkeitszunahme von 1 % mit einer Abnahme der Zugfestigkeit von 2-3 % und einer Reduktion der Druckfestigkeit von 4-6 % zu rechnen ist.

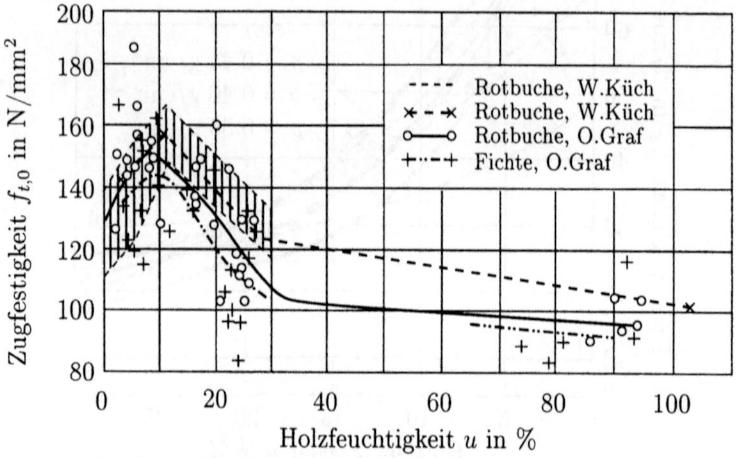

Abbildung 2.9: Abhängigkeit der einaxialen Zugfestigkeit $f_{t,0}$ von der Holzfeuchtigkeit u [Kollmann, 1982]

NEUHAUS [Neuhaus, 1983] und KRABBE [Krabbe, 1983] beschäftigen sich mit dem elastischen Verformungsverhalten von Fichtenholz in Abhängigkeit von der Holzfeuchtigkeit u. Sie führten für verschiedene Holzfeuchtigkeiten Versuche an astfreien, stabförmigen Probekörpern unter hinreichend kleiner Zug- bzw. Torsionsbeanspruchung durch und bestimmten daraus die zur Beschreibung von linearem, orthotropem Materialverhalten notwendigen neun Elastizitätszahlen $c_{ij}(u)$ (siehe Gl. (2.2)). Diese Untersuchung ließ einen deutlich unterschiedlichen Einfluss der Holzfeuchtigkeit auf die Dehnungszahlen in die Materialhauptrichtungen gegenüber dem entsprechenden Einfluss auf die Querdehnungszahlen erkennen.

Über die trotz ausgewähltem Probenmaterial zu erwartenden Streuungen der Rohdichte ist in der einschlägigen Literatur ausreichende qualitative Erfahrung enthalten. Wie beispielsweise in den Arbeiten von GÖHRE [Göhre, 1958],

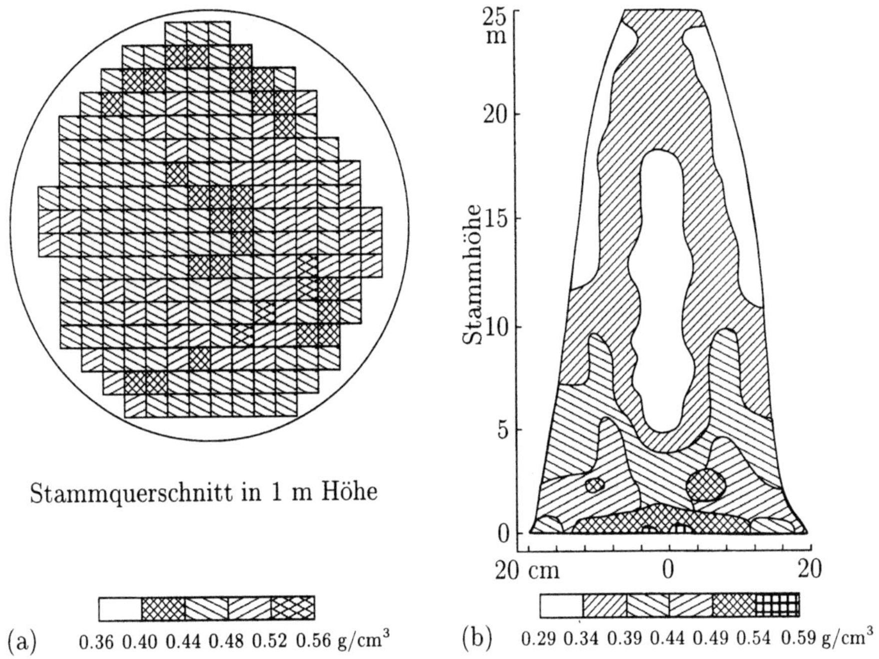

Abbildung 2.10: Verteilung der Rohdichte (a) in einem Stammquerschnitt, (b) in einem Stammlängsschnitt [Göhre, 1958]

Kommert [Kommert, 1972], Kufner [Kufner, 1985] sowie Göttsche-Kühn und Frühwald [Göttsche-Kühn & Frühwald, 1986] übereinstimmend festgestellt wird, treten beträchtliche Rohdichteunterschiede innerhalb eines Stammes auf. Abb. 2.10 veranschaulicht diesen Sachverhalt anhand eines Quer- und eines Längsschnittes durch einen Kiefernstamm. Statistisch gesicherte funktionale Zusammenhänge zwischen der Lage einer Probe innerhalb eines Stammes und deren Rohdichte lassen sich jedoch nicht angeben. Wie den angeführten Arbeiten ebenfalls zu entnehmen ist, sind die mittleren Rohdichtedifferenzen von Stämmen verschiedener Standorte wesentlich geringer als jene, die innerhalb eines Stammes auftreten können. Das Herkunftsgebiet des Holzes wird daher als von untergeordneter Bedeutung angesehen.

2.3 Bruchhypothesen

Ein Ziel der in der vorliegenden Arbeit behandelten experimentellen Untersuchung ist die Gewinnung geeigneter Versuchsdaten als Grundlage für die Entwicklung von Versagens- bzw. Bruchhypothesen für biaxial beanspruchtes Fichtenholz. In den folgenden Unterkapiteln wird unter Berücksichtigung der in den Arbeiten von Edlund [Edlund, 1982], Ehlbeck und Hemmer [Ehlbeck & Hemmer, 1986, Hemmer, 1984], Sendeckyj [Sendeckyj, 1972] sowie Pulay [Pulay, 1994] enthaltenen einschlägigen Kapiteln, ein Überblick über die wesentlichen, in der Literatur dokumentierten Bruchkriterien für orthotrope Materialien gegeben. Bei der Behandlung ein- bzw. zweiaxialer Spannungszustände wird dabei stets auf die Faserlängsrichtung L bzw. auf die LR-Ebene eines Stammes Bezug genommen.

2.3.1 Empirische Interaktionsformeln

Bereits 1921 wurde von HANKINSON [Hankinson, 1921] für einaxial, unter einem Winkel φ zur Faserrichtung beanspruchtes Holz, für die Druckfestigkeit $f_{c,\varphi}$ die empirisch gefundene Beziehung

$$f_{c,\varphi} = \frac{f_{c,0}\, f_{c,90}}{f_{c,0}\, \sin^n \varphi + f_{c,90}\, \cos^n \varphi} \tag{2.11}$$

mit $f_{c,0}$ bzw. $f_{c,90}$ als der Druckfestigkeit in bzw. normal zur Faserrichtung vorgeschlagen. Mit dem von HANKINSON für n angegebenen Wert von 2.0 wurde Gleichung (2.11) nicht nur für Druckbeanspruchung, sondern auch zur Beschreibung der einaxialen Zugfestigkeit in Abhängigkeit des Winkels zur Faserrichtung herangezogen. Ähnliche empirische Formeln wurden auch von HAGEN [Hagen, 1842] und später von KOLLMANN [Kollmann, 1934] vorgeschlagen. Während HAGEN einen Exponent $n = 3$ vorschlug, unterschied KOLLMANN nach Druck- (n = 2.5-3.0) und Zugbeanspruchung (n = 1.5-2.0). Die Gültigkeit der von HANKINSON mit $n = 2$ eingeführten Formel wurde elastizitätstheoretisch von KEYLWERTH [Keylwerth, 1951], aber auch im Zuge experimenteller Untersuchungen sowohl von GOODMAN und BODIG [Goodman & Bodig, 1971] als auch von GEHRI und STEURER [Gehri & Steurer, 1979] verifiziert und bestätigt.

Wie in Arbeiten von WOODWARD und MINOR [Woodward & Minor, 1988, Woodward, 1986] festgestellt wird, wird die einaxiale Zugfestigkeit bei kleinen Winkeln φ zwischen Faser- und Belastungsrichtung von den bekannten Interaktionsformeln zumeist überschätzt. Basierend auf Versuchen mit Douglasienholz geben die genannten Autoren folgenden hyperbolischen Ansatz für die Zugfestigkeit $f_{t,\varphi}$,

$$f_{t,\varphi} = \frac{2\, f_{t,0}\, f_{t,90}}{e^m\,(f_{t,0} + f_{t,90}) + e^{-m}\,(f_{t,0} - f_{t,90})}\,, \tag{2.12}$$

mit $m = 0.01\varphi$ an.

Weitere Interaktionsformeln, wie z. B. ein Maximalspannungskriterium von STÜSSI [Stüssi, 1946] oder ein Kriterium für ebene Spannungszustände von NORRIS und MCKINNON [Norris & McKinnon, 1956], sind in einer sehr ausführlichen Arbeit von SENDECKYJ [Sendeckyj, 1972] enthalten.

2.3.2 Bruchtheorien für orthotrope Werkstoffe

In der Regel erfolgt die mathematische Beschreibung der Festigkeit orthotroper Werkstoffe in Form von im Spannungsraum definierten Bruch- oder Versagensflächen. Die Formulierung von HILL [Hill, 1948] stellt eine Erweiterung der für isotropes Materialverhalten geltenden VON-MISES-Hypothese [von Mises, 1928] auf orthotrope Materialien dar. Diese Fließ- bzw. Bruchhypothese berücksichtigt zwar unterschiedliche Fließ- bzw. Bruchspannungen für die drei Materialhauptrichtungen, setzt aber betragsmäßig gleich große Festigkeitswerte für Zug- und Druckbeanspruchung voraus. Basierend auf der Formulierung von HILL gibt TSAI die für orthotrope glasfaserverstärkte Kunststoffe gut geeignete, so genannte TSAI-HILL-Formel an [Tsai, 1965]. Für die Materialhauptachsen 1,2 lautet diese:

$$\frac{\sigma_{11}^2}{f_1^2} + \frac{\sigma_{22}^2}{f_2^2} - \frac{\sigma_{11}\,\sigma_{22}}{f_1^2} + \frac{\tau_{12}^2}{f_{12}^2} = 1\,. \tag{2.13}$$

Gleichung (2.13) beruht so wie ein von NORRIS [Norris, 1962] für Holz hergeleitetes Kriterium auf der Hypothese konstanter Gestaltänderungsarbeit entsprechend der Theorie nach VON-MISES. Beide verfügen daher über den mechanischen Mangel, dass hydrostatische Beanspruchung grundsätzlich nicht zu Versagen führt.

Das Problem der Berücksichtigung unterschiedlicher Zug- und Druckfestigkeiten wurde von HOFFMAN [Hoffman, 1967] durch Einführung linearer Terme im Bruchkriterium gelöst. Die für den Sonderfall eines ebenen Spannungszustandes formulierte Bruchbedingung

$$\frac{\sigma_{11}^2 - \sigma_{11}\,\sigma_{22}}{f_{c,1}\,f_{t,1}} + \frac{\sigma_{22}^2}{f_{c,2}\,f_{t,2}} + \frac{f_{c,1} - f_{t,1}}{f_{c,1}\,f_{t,1}}\,\sigma_{11} + \frac{f_{c,2} - f_{t,2}}{f_{c,2}\,f_{t,2}}\,\sigma_{22} + \frac{\tau_{12}^2}{f_{12}^2} = 1 \tag{2.14}$$

benötigt fünf Materialparameter (je zwei Zug- und Druckfestigkeiten sowie eine Schubfestigkeit). Die Bedingung (2.14) beschreibt im σ_{11}-σ_{22}-τ_{12}-Spannungsraum ein zur σ_{11}-σ_{22}-Ebene symmetrisches Ellipsoid. Ähnliche Bruchkriterien – mit Berücksichtigung aller Hauptspannungskomponenten in linearer und quadratischer Form – wurden von MARIN [Marin, 1957] und in modifizierter Form von FRANKLIN [Franklin, 1968] angegeben.

Ein für orthotrope Werkstoffe häufig eingesetztes Bruchkriterium ist jenes von TSAI und WU [Tsai & Wu, 1971]. In Tensorschreibweise lautet die mathematische Beschreibung der Bruchfläche

$$a_{ij}\,\sigma_{ij} + a_{ijkl}\,\sigma_{ij}\,\sigma_{kl} + a_{ijklmn}\,\sigma_{ij}\,\sigma_{kl}\,\sigma_{mn} + \ldots = 1\,,\quad i,j,k,l,m,n = 1,2,3 \tag{2.15}$$

mit a_{ij}, a_{ijkl} und a_{ijklmn} als Informationen über das orthotrope Werkstoffverhalten enthaltende Tensoren 2., 4. und 6. Stufe. Diese streng tensorielle Formulierung verfügt über den Vorteil, dass sie invariant gegenüber einer Drehung des Koordinatensystems ist, die Gesetze der Tensortransformation anwendbar sind und dass sie die gleichen Symmetrieeigenschaften wie die Steifigkeitsmatrix des zu beschreibenden Materials aufweist. Bei Beschränkung auf eine Formulierung zweiter Ordnung lautet das Bruchkriterium (2.15) für ebene Spannungszustände und Materialhauptrichtungen 1 und 2 [Edlund, 1982, Helnwein, 2001]:

$$a_{11}\,\sigma_{11} + a_{22}\,\sigma_{22} + a_{1111}\,\sigma_{11}^2 + a_{2222}\,\sigma_{22}^2 + 2\,a_{1122}\,\sigma_{11}\,\sigma_{22} + 4\,a_{1212}\,\sigma_{12}^2 = 1 \tag{2.16}$$

mit

$$a_{11} = \frac{1}{f_{t,1}} - \frac{1}{f_{c,1}}\,,\qquad a_{22} = \frac{1}{f_{t,2}} - \frac{1}{f_{c,2}} \tag{2.17}$$

sowie

$$a_{1111} = \frac{1}{f_{t,1}\, f_{c,1}} \,, \qquad a_{2222} = \frac{1}{f_{t,2}\, f_{c,2}} \tag{2.18}$$

und

$$a_{1212} = \frac{1}{f_{12}^2} \,. \tag{2.19}$$

Wie die Gleichungen (2.16) bis (2.19) zeigen, lassen sich, abgesehen von a_{1122}, die benötigten Tensorkomponenten durch einaxiale Zug- und Druckfestigkeiten – $f_{t,1}$, $f_{t,2}$, $f_{c,1}$ und $f_{c,2}$ – sowie durch die Schubfestigkeit f_{12} ausdrücken. Nach Wu [Wu, 1972] sollte die Bestimmung des Koeffizienten a_{1122} in einem biaxialen Versuch mit einem bestimmten, optimalen Spannungsverhältnis σ_{11}/σ_{22} erfolgen.

Die in Gl. (2.16) beschriebene Bruchfläche ist bei Erfüllung der Bedingung

$$a_{1111}\, a_{2222} - a_{1122}^2 \geq 0 \tag{2.20}$$

im σ_{11}-σ_{22}-τ_{12}-Spannungsraum ein Ellipsoid, anderenfalls ist die Bruchfläche nicht mehr geschlossen. Der Schnitt dieses Ellipsoids mit der σ_{11}-σ_{22}-Ebene ist eine Ellipse. Wie Abb. 2.11 zeigt, entsprechen die Schnittpunkte der Bruchkurve mit der σ_{11}- und der σ_{22}-Achse den Festigkeitswerten bei einaxialer Beanspruchung in Richtung dieser Achsen. Die Neigung sowie die Länge der Hauptachsen der Ellipse werden von der Tensorkomponente a_{1122} bestimmt.

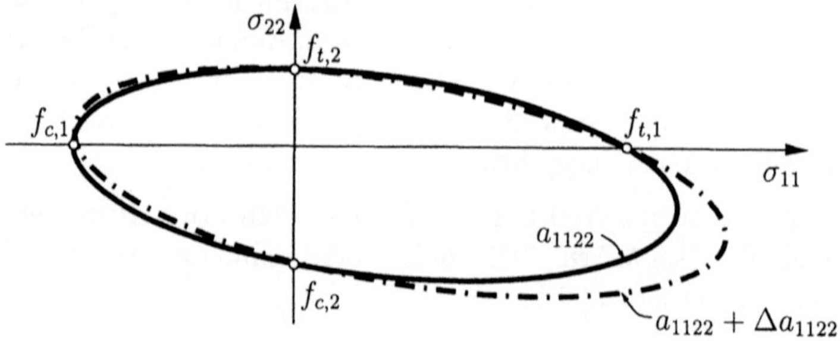

Abbildung 2.11: Ebene Bruchfunktion für das Kriterium von Tsai und Wu [Tsai & Wu, 1971]

Allgemein lassen sich sowohl die Bruchfläche von Hill – Gleichung (2.13) – als auch jene von Tsai und Wu – Gleichung (2.15) – auch als skalares Tensorpolynom anschreiben:

$$f(\sigma_{ij}, a_{ij}, a_{ijkl}, a_{ijklmn}, \ldots) = a_{ij}\, \sigma_{ij} + a_{ijkl}\, \sigma_{ij}\, \sigma_{kl} + a_{ijklmn}\, \sigma_{ij}\, \sigma_{kl}\, \sigma_{mn} + \ldots - 1 = 0 \,. \tag{2.21}$$

Wie anhand der Literatur festgestellt werden kann, erlauben Tensorpolynome höherer Ordnung zwar eine bessere Beschreibung des komplexen Bruchverhaltens von Werkstoffen mit einem hohen Grad an Anisotropie, sie haben aber den Nachteil, dass mit dem Rang der Tensoren $a_{ij\ldots}$ in Gl. (2.21) die Anzahl der in Versuchen zu bestimmenden Materialparameter signifikant ansteigt.

Aus diesem Grund wird in der von VAN DER PUT [van der Put, 1982] vorgeschlagenen und von LEIJTEN [Leijten, 1987] umfassend kommentierten Erweiterung des TSAI/WU-Kriteriums lediglich eine Tensorkomponente 6. Stufe zur Berücksichtigung von Interaktionen zwischen Längs- und Schubspannungen eingeführt.

Ein auf experimentellen Untersuchungen an Sperrholz, Kiefernholz und glasfaserverstärkten Kunststoffen basierendes, sehr komplexes Bruchkriterium für anisotrope Materialien unter allgemeiner Beanspruchung wurde 1965 von ASHKENAZI [Ashkenazi, 1965] angegeben. Es enthält Polynomterme 2. und 4. Ordnung und benötigt daher auch bei Berücksichtigung von zusätzlichen realistischen Annahmen (siehe BETTEN [Betten, 1993]) 24 Materialparameter. Das Bruchkriterium von ASHKENAZI wurde von SZALAI [Szalai, 1992, Szalai, 1994] in sehr umfassender Weise mit anderen Formulierungen sowie Versuchsdaten verglichen und als für Holz sehr gut geeignete Bruchhypothese beurteilt.

Kapitel 3

Experimentelle Einrichtung für biaxiale Festigkeitsuntersuchungen an Fichtenholz

Biaxiale Werkstoffversuche sind im Allgemeinen dadurch gekennzeichnet, dass ein in einem Punkt des Kontinuums wirkender ebener Spannungszustand und der damit korrespondierende räumliche Verzerrungszustand auf einen geeigneten Probekörper mit endlichen Abmessungen übertragen wird. Dabei ist im Messbereich des Probekörpers das Auftreten der Maximalbeanspruchung und eine homogene Verteilung des Spannungs- und Verzerrungszustandes unabhängig von der Beanspruchungsintensität und den zu variierenden experimentellen Parametern – Winkel zwischen Material- und Belastungshauptachsen φ, biaxiales Belastungsverhältnis κ – sicherzustellen. Diese für Werkstoffversuche unerlässlichen Forderungen stellen im Rahmen biaxialer Holzversuche hohe Ansprüche an den Grad der technologischen Homogenität des Probenmaterials, die Gestaltung der Probekörperform und des Lasteinleitungssystems sowie an das Belastungsschema.

3.1 Versuchskonzept

Ein für orthotrope Werkstoffversuche an ebenen kreuzförmigen Probekörpern sehr gut geeignetes Lasteinleitungssystem ist die von VECCHIO und COLLINS eingesetzte Belastungseinrichtung zur Untersuchung kreuzweise bewehrter Stahlbetonscheiben mit parallel bzw. geneigt zu den Scheibenrändern angeordneter Bewehrung [Vecchio, 1979, Vecchio & Collins, 1982]. Dieses für die gegenständliche Untersuchung adaptierte und in Abb. 3.1 dargestellte Konzept ist durch eine punktförmige Kraftaufbringung mit jeweils zwei unter etwa 45° zum Probenrand geneigt angeordneten Belastungsgliedern gekennzeichnet. Bei hinreichend kleinem Abstand der

Lasteinleitungspunkte ermöglicht diese Art der Lastaufbringung sowohl die Einleitung von Zug- und Druckbeanspruchung normal zum Probenrand als auch die von Schubbeanspruchung wie sie bei Vorhandensein schräger Faserrichtungen zur Realisierung homogener Beanspruchungszustände im Messbereich des Holzprobekörpers vonnöten ist.

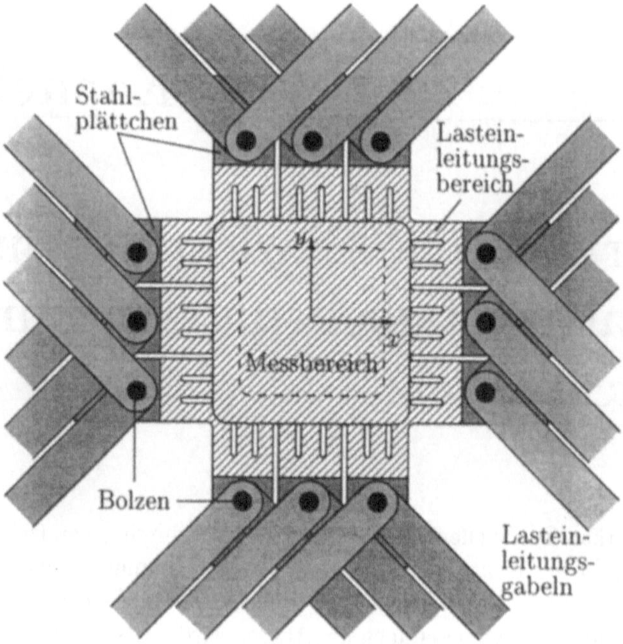

Abbildung 3.1: Lasteinleitungssystem für einen ebenen Holzprobekörper unter biaxialer Beanspruchung

Die aus dem vorgestellten Lasteinleitungskonzept resultierenden Anforderungen an den Probekörper und die Belastungseinrichtung werden in den nachfolgenden Unterkapiteln 3.2 und 3.3.1 eingehend behandelt.

3.2 Probekörper

Abbildung 3.2 zeigt einen kreuzförmigen Holzprobekörper, wie er in den gegenständlichen biaxialen Werkstoffversuchen verwendet wurde. Er ist das Ergebnis umfangreicher experimenteller Voruntersuchungen und numerischer Optimierungsanalysen mittels der Finite-Elemente-Methode (FEM). Wesentliche Merkmale des in den nachfolgenden Unterkapiteln ausführlicher behandelten, kreuzförmigen Probekörpers sind je drei diskrete Lasteinleitungspunkte pro Rand, beidseitig aufgeklebte Stahlplättchen zur Vermeidung einer vorzeitigen Zerstörung im Lasteinleitungsbereich auf Grund der konzentriert eingeleiteten Kräfte, Anordnung von Schlitzen zwischen Lasteinleitungs- und Messbereich zur Verhinderung unerwünschter Kraftflüsse sowie ein quadratisches Prüffeld mit gegenüber den Lasteinleitungsbereichen deutlich reduzierter Holzdicke.

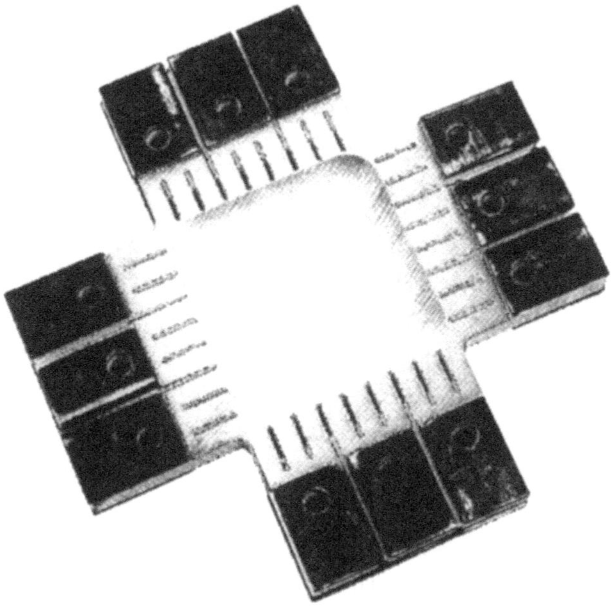

Abbildung 3.2: Scheibenförmiger Holzprobekörper mit schräger Faserrichtung

3.2.1 Probekörperherstellung

Angesichts des hohen Komplexitätsgrades des vorliegenden Versuchskonzeptes sowie auf Grund der reichhaltigen Literatur über den Einfluss von Ästigkeit, Druckholz, Schädlingsbefall und anderen Holz- und Wachstumsfehlern auf einzelne mechanische Holzeigenschaften (siehe Unterkapitel 2.2.3) wurde zur Herstellung der biaxialen Probekörper ausschließlich ausgewähltes, technologisch fehlerfreies Fichtenholz herangezogen. Der geforderten Materialhomogenität entsprechend sollte darüber hinaus der Jahrringverlauf zumindest im 140×140 mm großen Messbereich der Probe (siehe Abb. 3.5) geradlinig, parallel und äquidistant sein.

Für die Probenherstellung wurden so genannte Kernbretter aus der LR-Ebene eines Stammes entsprechend Abb. 3.3 herausgeschnitten. Da die zur Fertigung der Probekörper aus einem Stück – insbesondere bei schrägen Faserneigungen – erforderlichen, sehr großen Stammdurchmesser nicht in ausreichendem Maß zur Verfügung standen und überdies eine ausreichende Homogenität des Jahrringaufbaus in Radialrichtung über Brettbreiten von 35-40 cm nur selten gegeben ist, wurden die Proben in der in Abb. 3.4 dargestellten Art hergestellt. Es wurden Kernbretter mit halber Breite und doppelter Dicke (etwa 50 mm) der herzustellenden Probekörper aus einem Stamm geschnitten und anschließend in der LR-Ebene halbiert.

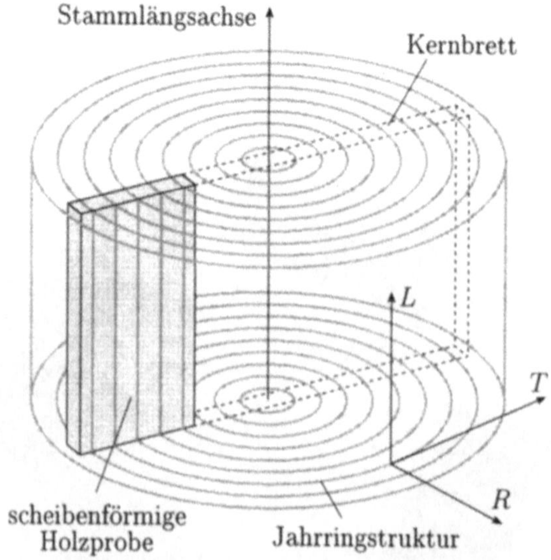

Abbildung 3.3: Probenentnahme aus einem Kernbrett eines Stammes

Auf diese Weise wurden zwei Teile mit annähernd gleicher Jahrringstruktur und Rohdichteverteilung erhalten, welche anschließend entsprechend Abb. 3.4 stumpf miteinander verleimt wurden. Experimentelle Detailuntersuchungen zeigten, dass die Homogenität der Verzerrungsverteilung im Messbereich in der Mehrzahl der Versuche von der Leimfuge unbeeinflusst bleibt. Lediglich bei vereinzelten Versuchskonfigurationen traten Probleme bei der automatischen Auswertung der flächenhaften optischen Deformationsmessungen auf. Auf diesen Sachverhalt sowie dessen Auswirkungen wird im Unterkapitel 3.4.4 näher eingegangen.

Die Holzauswahl und die Herstellung der Holzprobekörper erfolgte an der *Ver-*

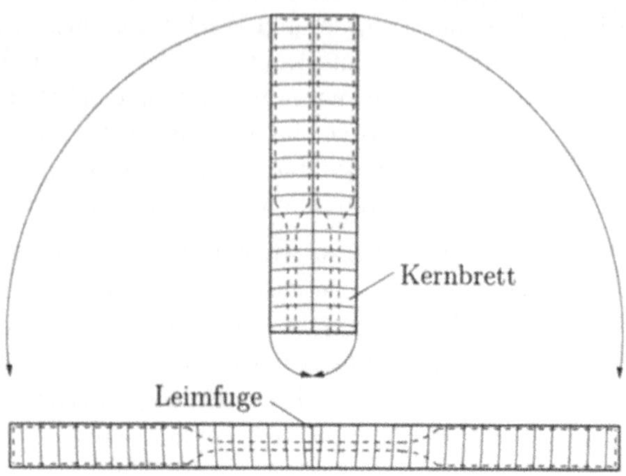

Abbildung 3.4: Herstellung des Probekörpers aus verleimtem Kernbrett

suchsanstalt für Holzindustrie der Höheren Technischen Bundes-Lehr- und Versuchsanstalt Mödling. Die Lagerung sowohl des Rohmaterials als auch der mittels einer CNC-Maschine gefrästen Holzproben erfolgte über mehrere Wochen in Klimakammern bei einer Temperatur von 20 °C und einer relativen Luftfeuchtigkeit von 65 % entsprechend DIN 52 188 [DIN 52188, 1979]. Auf diese Weise wurde eine konstante Holzfeuchtigkeit von $u = 12$ % sichergestellt.

Wie aus Abb. 3.5 zu ersehen ist, wurden zur schädigungsfreien Aufnahme der punktförmig aufgebrachten Kräfte 24 Stahlplättchen in den Lasteinleitungsbereichen des Probekörpers aufgeklebt. Da das vorzeitige Versagen lediglich einer einzigen Klebestelle einen gesamten Versuch unbrauchbar macht, wurde zur Gewährleistung einer gleichbleibend hohen Klebequalität eine pneumatische Pressvorrichtung entwickelt [Pulay, 1994]. Der Pressdruck betrug während der Klebung ca. 0.3 N/mm^2. Für die Stahl-Holz-Verbindung wurden im Zuge einer experimentellen Vorstudie verschiedene kalthärtende Ein- und Zweikomponentenkleber auf Phenolharz-, Resorcinharz-, Epoxidharz-, Zyanacrylat- und Polyurethanbasis untersucht. Die hinsichtlich Zähigkeit und Festigkeit der Klebeverbindung besten Ergebnisse wurden mit dem Epoxidharzkleber *Araldit 2011* der Firma Ciba-Geigy erhalten.

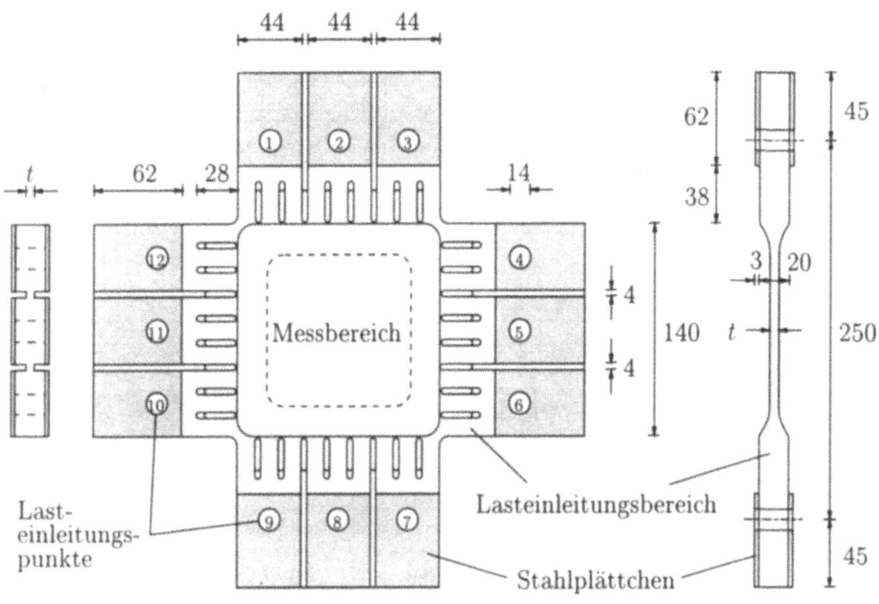

Abbildung 3.5: Kreuzförmiger Holzprobekörper für biaxiale Bruchversuche

3.2.2 Formoptimierung des biaxialen Probekörpers

Eine wesentliche Grundvoraussetzung bei der Durchführung von Werkstoffversuchen ist, wie bereits erwähnt, die Realisierung homogener Spannungs- und

Verzerrungsverteilungen im Prüfbereich des Probekörpers. Die Erfüllung dieser Aufgabenstellung hat sich bei der Entwicklung eines für biaxiale Versuche am orthotropen Werkstoff Holz geeigneten Probekörpers, insbesondere bei Berücksichtigung der untersuchten, gegenüber den Probenrändern geneigten Faserrichtungen ($\varphi = 0°,\ 7.5°,\ 15°,\ 30°,\ 45°$), als äußerst anspruchsvoll erwiesen. Im gegebenen Fall erfolgte sie durch Optimierungen sowohl der Probekörperform als auch der Art der Probekörperbeanspruchung mittels experimenteller und umfangreicher numerischer Analysen mit Hilfe der FEM.

Die Funktion und die wesentlichen Konstruktionsmerkmale des entwickelten biaxialen Holzprobekörpers, dessen Abmessungen in Abb. 3.5 enthalten sind, lassen sich wie folgt zusammenfassend darstellen [Eberhardsteiner et al., 1991]:

- □ Die Beanspruchung wird über gehärtete Stahlbolzen in insgesamt zwölf Lasteinleitungspunkten (Bohrung 14 mm) verschiebungskontrolliert aufgebracht. Zur Vermeidung von Brüchen auf Grund der dabei auftretenden konzentrierten Kräfte werden die Lasteinleitungsbereiche mittels aufgeklebter Stahlplättchen und durch eine gegenüber dem Messbereich größere Probendicke von 20 mm verstärkt.

  Wie in Abb. 3.5 dargestellt, wurden die Abmessungen der Stahlplättchen mit $B \times L \times T = 44 \times 62 \times 3$ mm ausgeführt. Die Bedeutung der Plättchengröße geht aus einem Vergleich mit einer früheren Ausführungsvariante ($B \times L \times T = 44 \times 80 \times 5$ mm) hervor. Die letztgenannte Variante führte in einaxialen Versuchen in etwa 60 % der Fälle zu einem Bruch im Lasteinleitungsbereich entsprechend Abb. 3.6. Wie die in Abb. 3.7 dargestellten Ergebnisse einer numerischen Analyse dieses Problems zeigen, führte die

Abbildung 3.6: Bruch im Lasteinleitungsbereich eines einaxialen Probekörpers

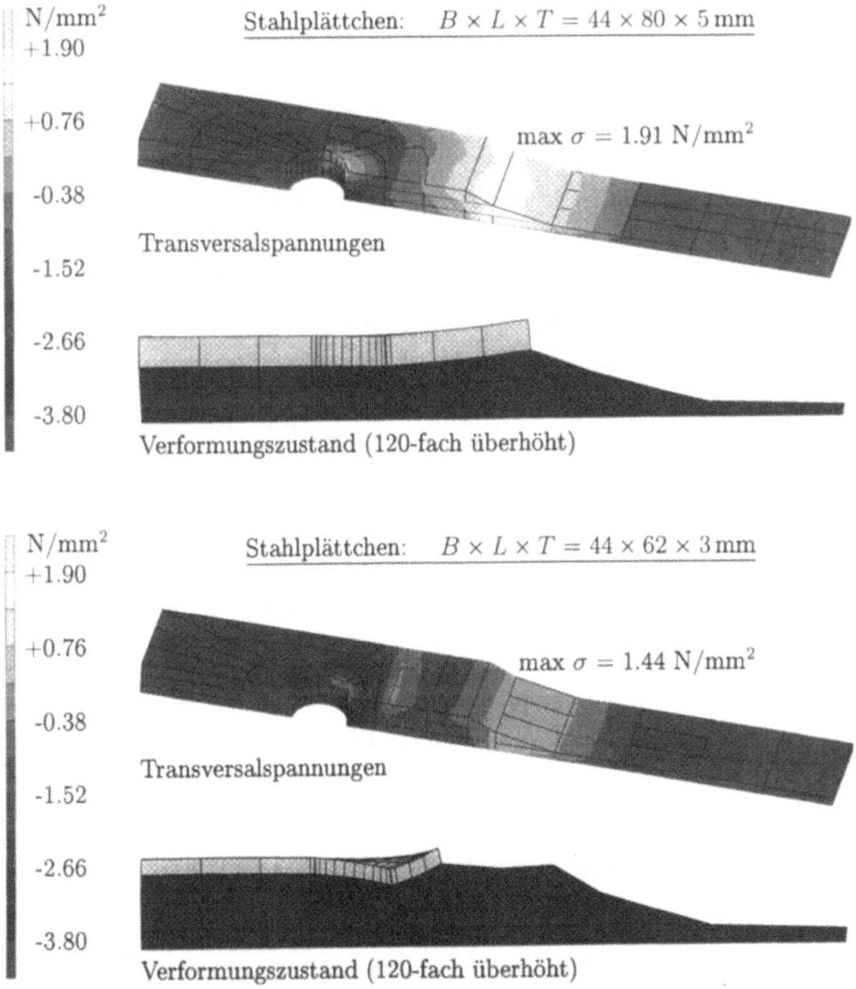

Abbildung 3.7: Optimierung des Lasteinleitungsbereiches anhand einer numerischen Analyse eines einaxialen Probekörpers

Verringerung der Plättchenlänge und -dicke zu einer deutlichen Reduktion der im Übergangsbereich der Probe auftretenden Querzugspannungen und damit zu einer signifikanten Verringerung der Bruchwahrscheinlichkeit im Lasteinleitungsbereich. Bemerkenswert ist darüberhinaus das gegenüber der früheren Variante wesentlich günstigere Deformationsverhalten der kürzeren und dünneren Stahlplättchen.

- Die Anordnung von Schlitzen im Übergangsbereich zum Messbereich des Probekörpers begrenzt einerseits die wirksame Probenbreite auf maximal

140 mm und verhindert andererseits unerwünschte Kraftübertragungen von den Lasteinleitungsbereichen einer Beanspruchungsrichtung zu jenen der anderen Beanspruchungsrichtung. Zur Vermeidung von vorzeitigen Brüchen reichen die Schlitze nur in den unmittelbar an das Messfeld angrenzenden Bereichen über die gesamte Dicke des Probekörpers.

- Das innere, quadratische Prüffeld (Messbereich) des Probekörpers weist je nach Beanspruchungsfall unterschiedliche Dicken t von etwa 4.5 mm (Typ A), 7.5 mm (Typ B) bzw. 9.5 mm (Typ C) auf. Typ A wurde in erster Linie für biaxiale Zugbeanspruchungen und ausgewählte gemischte Zug- und Druckbeanspruchungen verwendet, während Typ B und vereinzelt auch Typ C für Belastungsfälle mit vorwiegender Druckbeanspruchung eingesetzt wurde.

- Wie im nachfolgenden Unterkapitel gezeigt wird, stellen die Eckbereiche des Messfeldes Problemzonen des biaxialen Probekörpers dar. Bei ungünstigen Verschiebungsvorgaben treten an diesen Stellen insbesondere bei Faserneigungen $\varphi \neq 0$ zum Teil beträchtliche Spannungs- bzw. Verzerrungskonzentrationen auf.

  Zur Reduktion kleinerer, auch im Regelfall auftretender Spannungserhöhungen wurden diese Eckbereiche in Abänderung einer früheren Probekörperform mit einer gegenüber dem Messfeld verstärkten Probendicke von 20 mm ausgeführt. Die Ausbildung einer unerwünschten, den Messbereich umschließenden Rahmenwirkung wird durch die Anordnung der seitlichen Schlitze verhindert.

3.2.3 Beanspruchungsoptimierung des 2D-Probekörpers

Die mit der Formoptimierung des Probekörpers untrennbar verbundene Entwicklung und Optimierung geeigneter Verschiebungsvorschriften für die zwölf Lasteinleitungspunkte zur Erreichung möglichst homogener Beanspruchungszustände im Messfeld der Probe war Gegenstand einer im Folgenden beschriebenen numerischen Untersuchung mittels der FEM. Abb. 3.8 zeigt die FE-Diskretisierung eines Viertels des biaxialen Probekörpers. Das FE-Netz besteht aus 4170 isoparametrischen Volumenelementen und weist etwa 53 000 Verschiebungsfreiheitsgrade auf. Als geometrische Randbedingungen wurden Symmetriebedingungen in Dickenrichtung (z-Richtung) in der Ebene $z = 0$ und Antimetriebedingungen in y-Richtung in der Ebene $y = 0$ formuliert. Die verschiebungskontrollierte Beanspruchung des Probekörpers erfolgte der Realität entsprechend durch die Modellierung verschiebungsgesteuerter Belastungsbolzen und inkrementell-iterative Lösung des dreidimensionalen Kontaktproblems zwischen den Bohrungen des Probekörpers und den Lasteinleitungsbolzen.

Die Berechnungen wurden unter der Annahme von linear-elastischem, orthotropem Materialverhalten von Holz durchgeführt. Tabelle 3.1 enthält die verwendeten Materialparameter. Die für die vorliegende Problemstellung wesentlichen Werkstoffparameter E_L, E_R und ν_{LR} stellen Mittelwerte von im Rahmen einaxialer

Tabelle 3.1: Materialkennwerte

$E_x \equiv E_L = 15\,000\,\mathrm{N/mm^2}$	$\nu_{xy} \equiv \nu_{LR} = 0.4500$	$G_{xy} \equiv G_{LR} = 751\,\mathrm{N/mm^2}$
$E_y \equiv E_R = 830\,\mathrm{N/mm^2}$	$\nu_{yz} \equiv \nu_{RT} = 0.4500$	$G_{yz} \equiv G_{RT} = 233\,\mathrm{N/mm^2}$
$E_z \equiv E_T = 500\,\mathrm{N/mm^2}$	$\nu_{zx} \equiv \nu_{TL} = 0.0133$	$G_{zx} \equiv G_{TL} = 472\,\mathrm{N/mm^2}$

Versuche gewonnenen Messergebnissen (siehe Unterkapitel 4.2) dar. E_T, ν_{RT} und ν_{TL} wurden dagegen über in der Literatur angegebene Verhältniszahlen gewonnen [Bodig & Jayne, 1982, Kollmann, 1982, ÖNORM B 3012, 1998]. Die Bestimmung der Schubmoduln erfolgte auf der Basis von Gleichung (2.9).

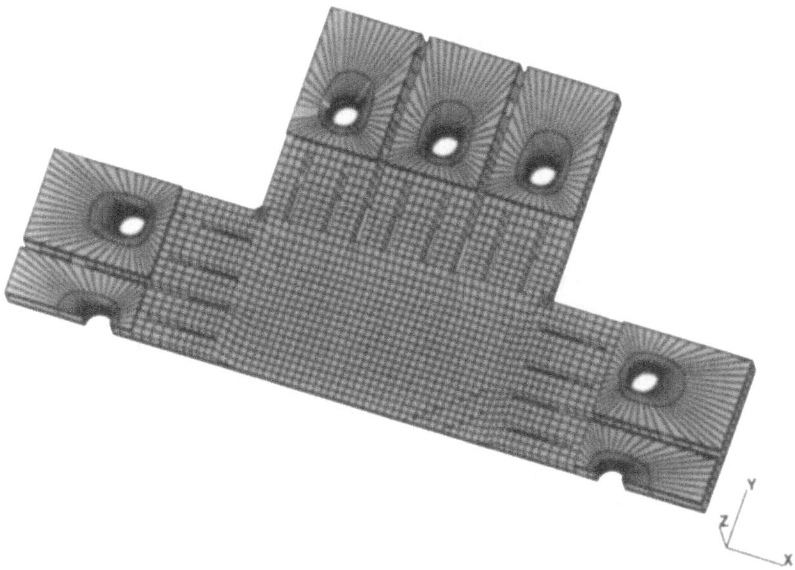

Abbildung 3.8: Dreidimensionale FE-Diskretisierung des Holzprobekörpers

Verschiebungsvorschrift

Das Deformationsverhalten von Fichtenholz ist, wie einleitend in Kapitel 2 ausgeführt wurde, bei Beanspruchung mit Normalkräften schräg zur Faserrichtung durch das Auftreten sowohl von Normalverzerrungen als auch von Schubverzerrungen gekennzeichnet. Dieses Verhalten sowie die sehr unterschiedlichen Steifigkeiten parallel und normal zur Faserrichtung waren die Ursache dafür, dass sich im gegebenen Fall die Entwicklung einer für orthotrope Werkstoffversuche geeigneten Verschiebungsvorschrift als äußerst anspruchsvolle Aufgabenstellung erwies.

Einem ersten Beanspruchungskonzept entsprechend sollten in den Lasteinleitungspunkten jeweils eines Probekörperrandes ausschließlich konstante Verschiebungen normal zum Probenrand aufgebracht werden. Auf diese Weise sollte der ursprünglich quadratische Messbereich des Probekörpers ohne Auftreten von Schubdeformationen gleichförmig zu einem Rechteck verformt und die dazu notwendigen Normal- und Schubkräfte mit Hilfe der in den je zwei Belastungsachsen eines Lasteinleitungspunktes integrierten Kraftaufnehmer gemessen werden. Dieses Versuchskonzept hat sich jedoch, wie die in Abb. 3.9 dargestellten Ergebnisse einer FE-Simulation veranschaulichen, als ungeeignet erwiesen.

Abbildung 3.9 enthält Verteilungen der Verschiebungskomponente u sowie der Normalspannungskomponente σ_x für einen Probekörper mit einer Faserrichtung von $\varphi = 15°$ und einer durch konstante Verschiebungen normal zu den seitlichen Rändern $x =$ konst. eingeleitete Zugbelastung. Diese Art der Beanspruchung führt zu beträchtlichen Schubverformungen im Messbereich des Probekörpers und in weiterer Folge zu deutlichen Verdrehungen der relativ steifen Lasteinleitungsbereiche. Die angeführten Schubverformungen lassen sich auch bei der zumindest im Rahmen von numerischen Analysen leicht zu realisierenden Verhinderung von Rotationen im Lasteinleitungsbereich nur geringfügig verringern. Der dem natürlichen Werkstoffverhalten entsprechende Verformungszustand des Messbereichs der Probe ist also mit dem Verschiebungszustand der Lasteinleitungspunkte offensichtlich nicht kompatibel. Dies führt zu inhomogenen Spannungsverteilungen im Messbereich des Probekörpers und zu signifikanten Spannungskonzentrationen in zwei schräg gegenüberliegenden Ecken des Messbereichs (Abb. 3.9b). Die beiden anderen Eckbereiche sind durch ebenso deutliche Verzerrungskonzentrationen gekennzeichnet. Im gegebenen Fall würde also der Bruch des Probekörpers in diesen Eckbereichen bei bereits sehr niedrigen Lastintensitäten initiiert werden. Das beschriebene Beanspruchungskonzept ist daher für biaxiale Werkstoffversuche an Holz nicht geeignet.

Gleichförmige Verschiebungszustände und die damit verbundenen homogenen Verzerrungs- und Spannungsverteilungen im Messbereich des Probekörpers lassen sich, wie eine ausführliche numerische Untersuchung zeigte, nur bei geringstmöglicher Behinderung von Schubdeformationen realisieren. Derartige Verschiebungszustände sind im gegebenen Fall dadurch gekennzeichnet, dass die korrespondierenden Kräfte in den Lasteinleitungspunkten nur Komponenten normal zum Rand aufweisen. Das Verschwinden von Schubkräften entlang der Probekörperränder wurde daher als Kriterium für die Entwicklung eines neuen Beanspruchungskonzepts herangezogen.

Die Erstellung der biaxialen Verschiebungsvorschriften erfolgte für ein bestimmtes normiertes Beanspruchungsverhältnis $\kappa = \bar{u} : \bar{v} = +1{:}0$ und verschiedene Faserrichtungen φ. Entsprechend Abb. 3.10 bezeichnet κ das Verhältnis der Verschiebungskomponenten normal zum Rand der mittleren seitlichen Lasteinleitungspunkte 5 bzw. 11 ($u_5 \equiv \bar{u}$) und der mittleren oberen und unteren Lasteinleitungspunkte 2 bzw. 8 ($v_2 \equiv \bar{v}$). Verschiebungen normal zum Rand, die eine Zugbeanspruchung des Probekörpers zur Folge haben werden, sind mit einem positiven Vorzeichen, solche die eine Druckbeanspruchung verursachen mit einem negativen Vorzeichen bezeichnet.

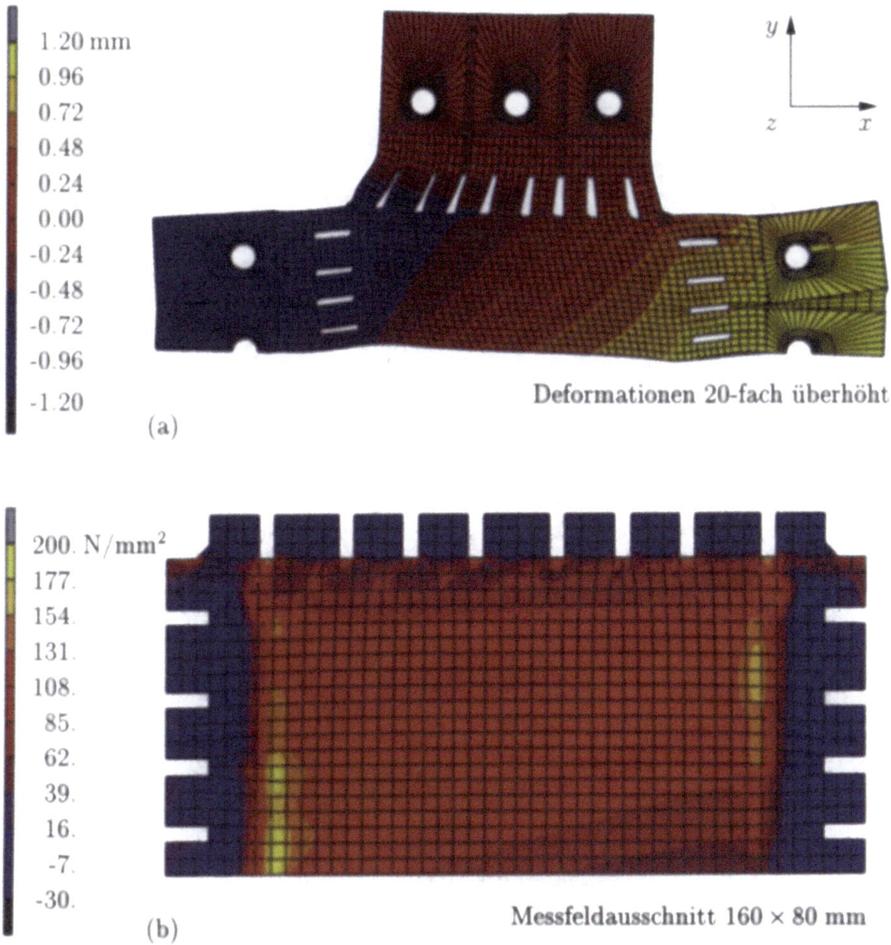

Abbildung 3.9: FE-Simulation für Faserneigung $\varphi = 15°$ und Beanspruchungsverhältnis $\kappa = \bar{u} : \bar{v} = +1{:}0$. (a) Verteilung der Verschiebungskomponente u, (b) Verteilung der Normalspannungskomponente σ_x

Abhängig von der Faserrichtung φ wurden mittels FE-Simulationen die Verschiebungskomponenten der Lasteinleitungspunkte – u_i und v_i, $i = 1, \ldots, 6$ – unter Einhaltung des zuvor genannten Kriteriums verschwindender Schubspannungen im Messbereich der Probe mehr oder weniger durch Probieren bestimmt. Qualitative Merkmale der auf diese Weise erhaltenen biaxialen Verschiebungsvorschriften sind einerseits für jeden Probenrand jeweils linear veränderliche Verschiebungskomponenten normal zum Rand und andererseits jeweils konstante Verschiebungskomponenten parallel zum Rand. Wie die Abbildungen 3.10 und 3.11 zeigen, sind die Verschiebungen der Lasteinleitungspunkte zweier gegenüber liegender Ränder jeweils zueinander antimetrisch. Tabelle 3.2 enthält die Verschiebungskomponenten bezogen auf die Verschiebung $u_5 \equiv \bar{u} = +1.0$ für neun verschiedene Winkel φ.

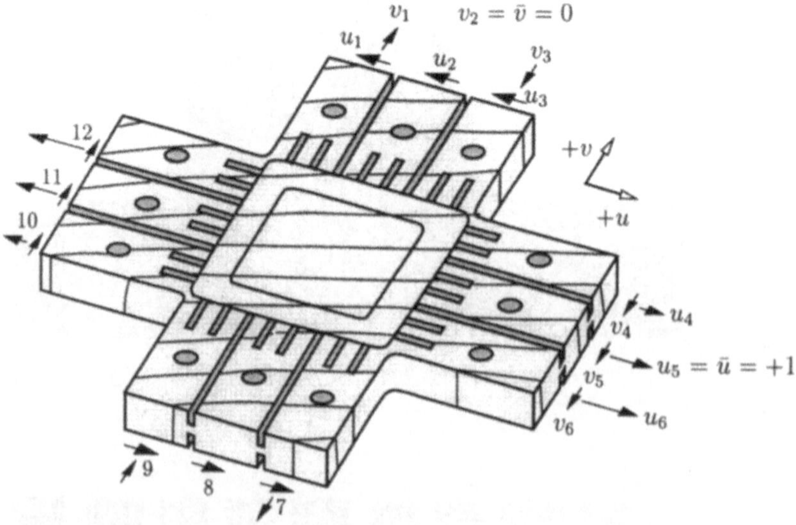

Abbildung 3.10: Verschiebungsvorgaben für $\kappa = \bar{u} : \bar{v} = +1{:}0$

Tabelle 3.2: Verschiebungsvorgaben für $\kappa = \bar{u} : \bar{v} = +1{:}0$ als Funktion von φ

Faserneigung	$u_1 = u_2 = u_3$	v_1	$v_2 = \bar{v}$	v_3
0°	0.00	0.00	0.00	0.00
7.5°	-0.70	0.25	0.00	-0.25
15°	-0.90	0.60	0.00	-0.60
30°	-0.80	0.35	0.00	-0.35
45°	-0.60	0.15	0.00	-0.15
60°	-0.40	0.15	0.00	-0.15
75°	-0.20	0.10	0.00	-0.10
82.5°	-0.20	0.05	0.00	-0.05
90°	0.00	0.00	0.00	0.00

Faserneigung	u_4	$u_5 = \bar{u}$	u_6	$v_4 = v_5 = v_6$
0°	1.00	1.00	1.00	0.00
7.5°	0.45	1.00	1.55	-0.45
15°	0.30	1.00	1.70	-0.50
30°	0.45	1.00	1.55	-0.45
45°	0.60	1.00	1.40	-0.30
60°	0.70	1.00	1.30	-0.20
75°	0.85	1.00	1.15	-0.15
82.5°	0.85	1.00	1.15	0.00
90°	1.00	1.00	1.00	0.00

Mit Hilfe von Symmetrie- und Antimetrieüberlegungen lassen sich die in Tabelle 3.2 enthaltenen, für $\kappa = +1 : 0$ und $0° \leq \varphi \leq 90°$ geltenden Verschiebungsvorgaben für beliebige biaxiale Beanspruchungsverhältnisse $\kappa = \bar{u} : \bar{v}$ verallgemeinern. Unter Verwendung der in Abb. 3.11 eingetragenen Bezeichnungen, lassen sich die einzelnen Verschiebungskomponenten am oberen Rand ($y =$ konst., $y > 0$) bzw. am rechten Rand ($x =$ konst., $x > 0$) des Probekörpers in folgender Weise als Funktion von $\bar{u} = u_5$ und $\bar{v} = v_2$ definieren:

$$\begin{aligned}
u_1 &= u_2 = u_3 = -d(\varphi)\,\bar{u} - b(\varphi')\,\bar{v} \\
v_1 &= c(\varphi)\,\bar{u} + [1 + a(\varphi')]\,\bar{v} \\
v_2 &= \bar{v} \\
v_3 &= -c(\varphi)\,\bar{u} + [1 - a(\varphi')]\,\bar{v} \\
u_4 &= [1 - a(\varphi)]\,\bar{u} - c(\varphi')\,\bar{v} \\
u_5 &= \bar{u} \\
u_6 &= [1 + a(\varphi)]\,\bar{u} + c(\varphi')\,\bar{v} \\
v_4 &= v_5 = v_6 = -b(\varphi)\,\bar{u} - d(\varphi')\,\bar{v}
\end{aligned} \tag{3.1}$$

mit

$$\varphi' = 90° - \varphi \tag{3.2}$$

als dem Komplementärwinkel des Faserwinkels φ. Die Verschiebungsvorschriften am linken bzw. am unteren Rand des Probekörpers ergeben sich entsprechend Abb. 3.11 aus Antimetriebedingungen.

Die in der numerischen Studie ermittelten, in Gleichung (3.1) aufscheinenden,

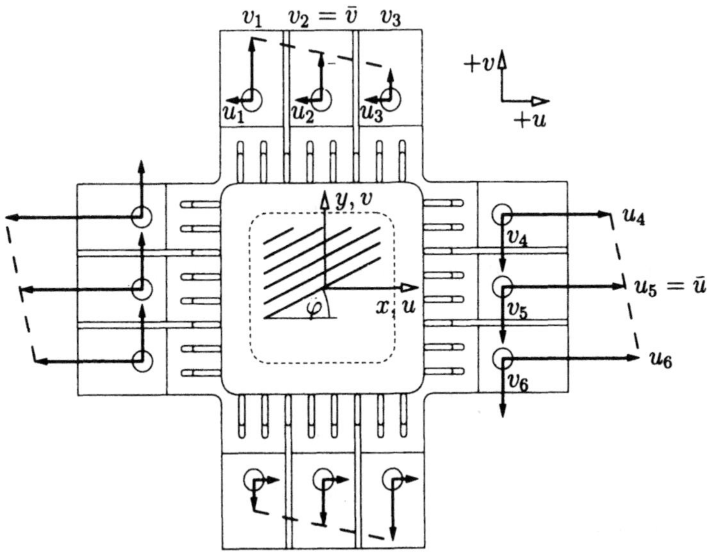

Abbildung 3.11: Antimetrische Verschiebungsvorschrift für ein biaxiales Beanspruchungsverhältnis $\kappa = \bar{u} : \bar{v}$

Verschiebungsparameter $a(\varphi)$, $b(\varphi)$, $c(\varphi)$ und $d(\varphi)$ sind in Tabelle 3.3 aufgelistet. Die Abhängigkeit dieser Koeffizienten vom Versuchsparameter φ ist in Abb. 3.12 dargestellt. Die dargestellten Funktionen zeichnen sich durch einen stetigen Verlauf aus.

Tabelle 3.3: Parameter der Verschiebungsvorschrift

	$\varphi = 0°$	7.5°	15°	30°	45°	60°	75°	82.5°	90°
a(φ)	0.00	0.425	0.50	0.35	0.25	0.20	0.15	0.10	0.00
b(φ)	0.00	0.45	0.55	0.40	0.30	0.25	0.20	0.15	0.00
c(φ)	0.00	0.30	0.35	0.25	0.20	0.15	0.075	0.05	0.00
d(φ)	0.00	0.60	0.70	0.60	0.50	0.40	0.30	0.15	0.00

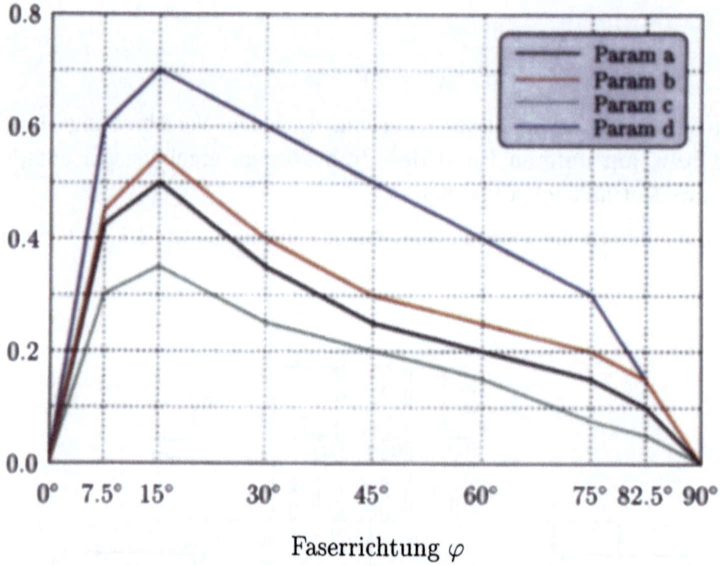

Abbildung 3.12: Richtungsabhängigkeit der Verschiebungsparameter

Numerische Ergebnisse für $\varphi = 0°$

Die einfachste biaxiale Versuchskonfiguration ist durch Beanspruchung parallel bzw. senkrecht zur Faserrichtung L, also durch Koinzidenz von Beanspruchungs- und Materialhauptrichtungen, gekennzeichnet. Dies kommt auch bei der Nachrechnung eines Probekörpers mit horizontaler Faserrichtung (Faserrichtung $L = x$-Richtung) unter Zugbeanspruchung parallel zur Faser ($\varphi = 0°$) und behinderter Querdehnung ($\kappa = +1 : 0$) zum Ausdruck. Mit den Verschiebungsvorschriften für $\varphi = 0°$ entsprechend Tabelle 3.2 bzw. entsprechend Gl. (3.1) und Tabelle 3.3

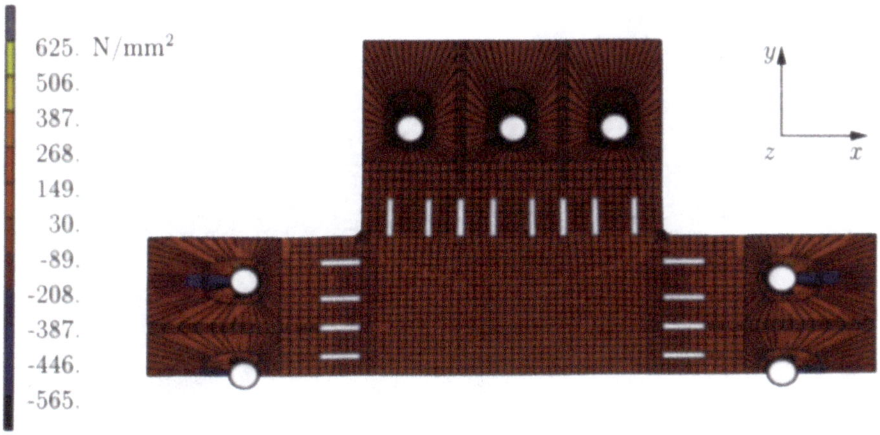

Abbildung 3.13: Verteilung der Normalspannungskomponente σ_x für Faserneigung $\varphi = 0°$ und Beanspruchungsverhältnis $\kappa = +1{:}0$

$$u_1 = u_2 = u_3 = 0, \quad v_1 = v_2 = v_3 = 0 \quad \text{und}$$
$$u_4 = u_5 = u_6 = 1\,\text{mm}, \quad v_4 = v_5 = v_6 = 0 \ .$$

erhält man beispielsweise die in Abb. 3.13 dargestellte Verteilung der Normalspannungskomponente $\sigma_x = \sigma_L$. Sie zeichnet sich durch weitgehende Homogenität im Messbereich des Probekörpers aus.

Numerische Ergebnisse für $\varphi \neq 0°$

Abbildung 3.14 enthält die Verteilung der Normalspannungskomponente σ_x in Faserrichtung im 140×140 mm großen Messbereich des Probekörpers für $\kappa = +1 : 0$ unter der Annahme einer Faserneigung gegenüber der x-Achse von 15°. Die Verschiebungskomponenten in den Lasteinleitungspunkten

$$u_1 = u_2 = u_3 = -0.90, \quad v_1 = 0.60, \quad v_2 = 0.00, \quad v_3 = -0.60\ \text{mm} \quad \text{und}$$
$$u_4 = 0.30, \quad u_5 = 1.00, \quad u_6 = 1.70, \quad v_4 = v_5 = v_6 = -0.50\ \text{mm}\ ,$$

wurden entsprechend Tabelle 3.2 bzw. entsprechend Gl. (3.1) und Tabelle 3.3 gewählt. Die genannte Abbildung zeigt wiederum den für Werkstoffversuche unbedingt erforderlichen hohen Grad an Homogenität der Materialbeanspruchung.

Die mit den in Tabelle 3.2 angegeben Verschiebungsvorgaben numerisch erzielte Homogenität der Spannungs- und Verzerrungsverteilungen im Messbereich des 2D-Holzprobekörpers wurde darüber hinaus experimentell mit Hilfe von elektronischer Speckle-Pattern-Interferometrie (ESPI) – ein berührungslos arbeitendes, flächenhaftes Messverfahren zur Deformationsanalyse (siehe Unterkapitel 3.4) – verifiziert. Die in Abbildung 3.15 dokumentierte, sehr gute Übereinstimmung zwischen numerisch und experimentell erhaltenen Resultaten sowie ein den Erwartungen entsprechendes Bruchverhalten bestätigen die Eignung der entwickelten

Abbildung 3.14: Verteilung der Normalspannungskomponente in Faserrichtung σ_L für Faserneigung $\varphi = 15°$ und Beanspruchungsverhältnis $\kappa = +1{:}0$

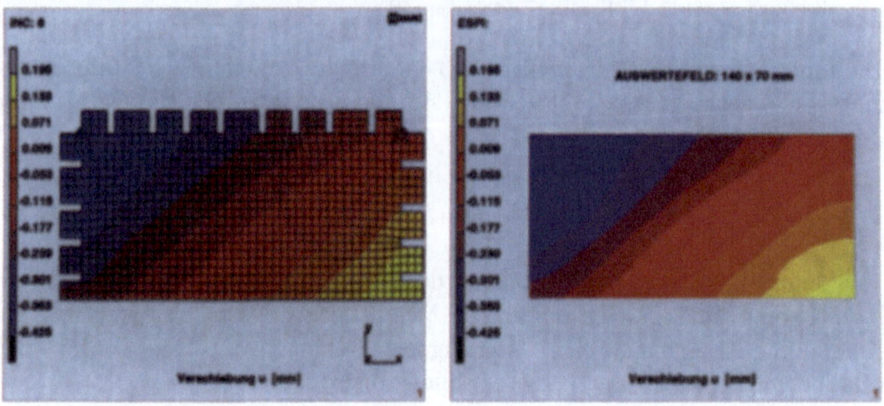

Abbildung 3.15: Vergleich numerisch (FEM) und experimentell (ESPI) ermittelter Verteilungen der horizontalen Verschiebungskomponente im Messbereich des Probekörpers

Probekörperform und des gewählten Belastungskonzepts für die Durchführung von biaxialen Bruchversuchen an Holz.

3.3 Biaxiales Belastungssystem

Die verschiebungskontrollierte Belastung der scheibenförmigen Probekörper erfolgte mit Hilfe einer in Zusammenarbeit mit der österreichischen Firma *Hainzl Industriesysteme* entwickelten servohydraulischen Festigkeitsprüfmaschine für anisotrope Werkstoffe. Wie bereits eingangs erwähnt, basiert die Grundkonzeption der Lasteinleitung (siehe Abb. 3.1) auf einem von VECCHIO [Vecchio, 1979, Vecchio & Collins, 1982] verwendeten Belastungssystem zur biaxialen Festigkeitsprüfung von orthotrop bewehrten Stahlbetonscheiben. Im Hinblick auf die bei Werkstoffbeanspruchung schräg zur Materialhauptrichtung auftretenden Schubkräfte bzw. -deformationen wurde bei der Konstruktion der biaxialen Festigkeitsprüfmaschine besonderes Augenmerk auf gleichermaßen exakte wie flexible Positionierungsmöglichkeiten der einzelnen Lasteinleitungspunkte des Probekörpers gelegt.

Die in [Pulay, 1994] ausführlich beschriebene biaxiale Prüfmaschine besteht aus folgenden drei Subsystemen, welche zusammen eine funktionelle Einheit bilden: die servohydraulische Belastungseinrichtung, das elektronische Mess- und Regelsystem sowie das computergestützte Mess- und Steuerungssystem zur interaktiven und vollautomatischen digitalen Steuerung des Versuchsablaufes und der Messdatenerfassung.

3.3.1 Servohydraulische Belastungseinrichtung

Die entwickelte mechanische Belastungseinrichtung ist in Abb. 3.16 schematisch dargestellt. Das lastabtragende Element besteht aus einem mehrfach ausgesteiften, geschweißten Stahldoppelrahmen. Die 24 Belastungsachsen sind an Verankerungsblöcken frei drehbar gelagert und übertragen die aufgebrachten Kräfte auf vier, in den Eckbereichen des Rahmensystems befindliche Konsolen, welche über Passbolzen mit der Doppelrahmenkonstruktion verbunden sind. Die Gesamtmasse der mechanischen Belastungseinrichtung beträgt 3 740 kg.

Wie in Abb. 3.17 zu erkennen ist, greifen die Lasteinleitungsgabeln der 24 Belastungsachsen paarweise V-förmig an zwölf Lastübertragungsbolzen an. Jeder dieser gehärteten Stahlbolzen überträgt in einem Lasteinleitungspunkt jene Kraft auf den Probekörper, die durch die unabhängigen Positionsänderungen der beiden jeweils beteiligten Hydraulikzylinder entsteht. Zur Vermeidung von insbesondere bei Druckversuchen unerwünschten Starrkörperbewegungen des Probekörpers senkrecht zur Belastungsebene (in *Out-of-plane*-Richtung) dienen, in der Abb. 3.17 nur teilweise sichtbare, Führungsbleche mit jeweils vier Stellschrauben für jede Belastungsachse (siehe auch Abb. 3.19).

Ein im Hinblick auf die Realisierung homogener Spannungs- und Verzerrungszustände im Messfeld des Probekörpers wesentlicher Konstruktionsparameter ist der Abstand der Lasteinleitungspunkte je Rand. Wie in Abb. 3.18 dargestellt, wurden zur Minimierung dieses Abstandes die einzelnen Belastungsachsen gegenüber

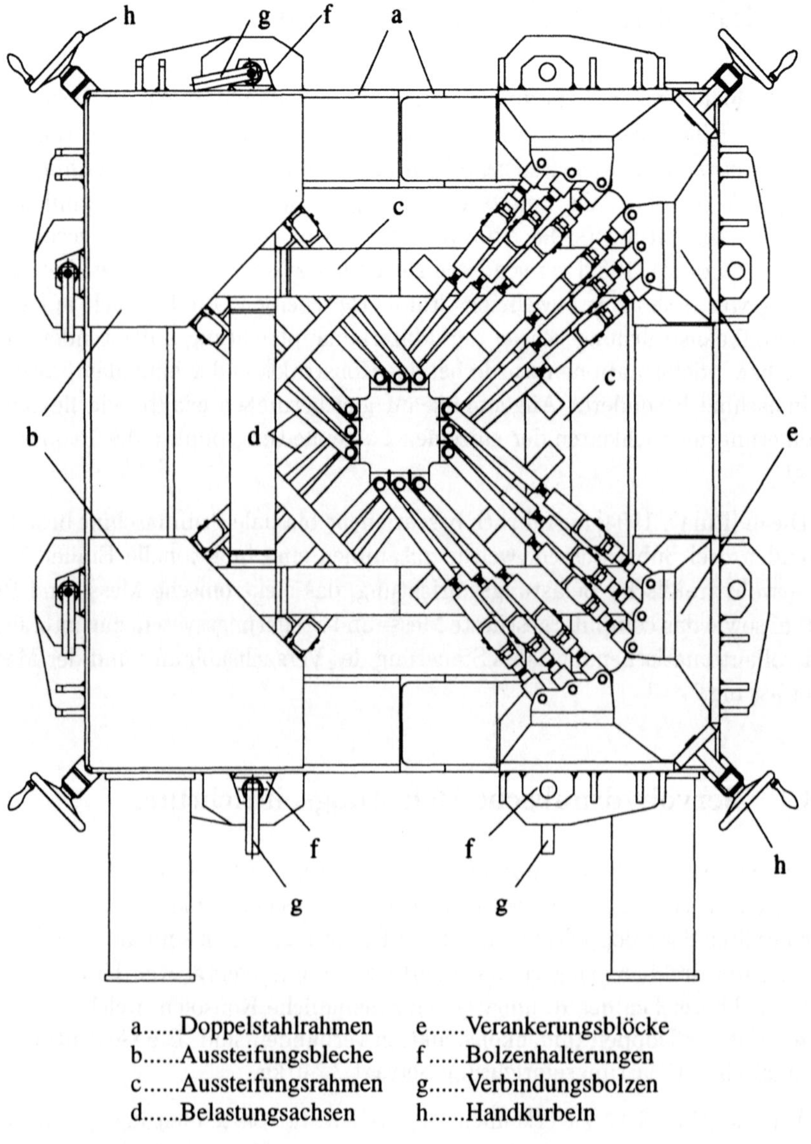

Abbildung 3.16: Mechanische Belastungseinrichtung

dem Probenrand geneigt angeordnet. Gegenüber einer parallelen Achsenanordnung unter jeweils 45° konnte damit bei gleichbleibender, geringer Konstruktionsbreite der Hydraulikzylinder, der Abstand der Lasteinleitungspunkte von 64 mm auf 48 mm verringert werden.

Abbildung 3.19 zeigt den Aufbau einer einzelnen Belastungsachse. An das mit einem Kugelgelenk versehene Lagerelement zur weitgehend reibungsfreien beweglichen Verbindung der Belastungsachse mit dem Verankerungsblock schließt ein Kraftaufnehmer (Type HBM U2A) mit einer Nennlast von ±20 kN zur Mes-

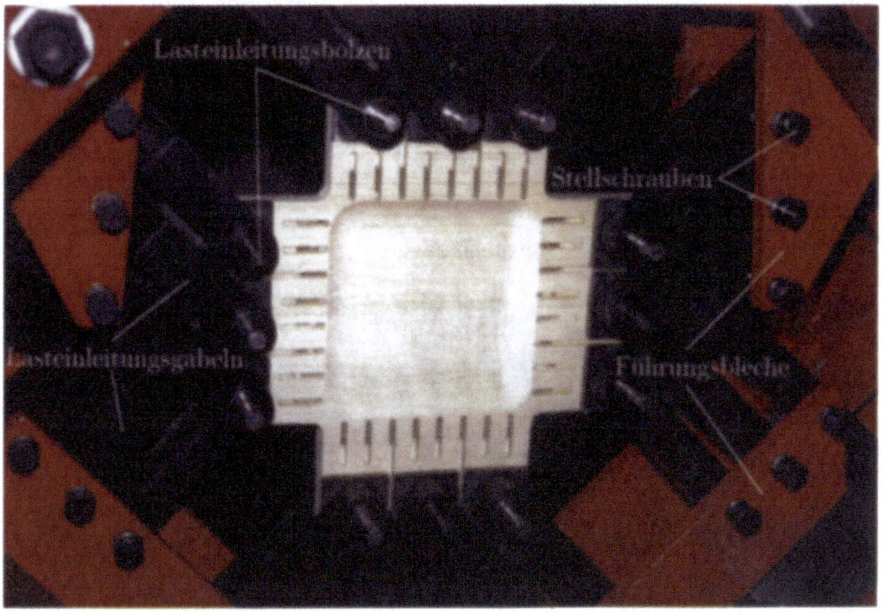

Abbildung 3.17: Fichtenholzprobekörper in der biaxialen Belastungseinrichtung

sung der in Achsenlängsrichtung wirkenden Kraft. Diese wird im Hinblick auf eine minimale Bauteilbreite mit Hilfe eines so genannten Tandemhydraulikzylinders mit zwei hintereinander liegenden Kammern erzeugt. Der Kolbenhub des Zylinders wurde im Hinblick auf eine hohe Positionierungsgenauigkeit auf ±5 mm beschränkt, die kurzzeitig maximal erreichbaren Zug- bzw. Druckkräfte betra-

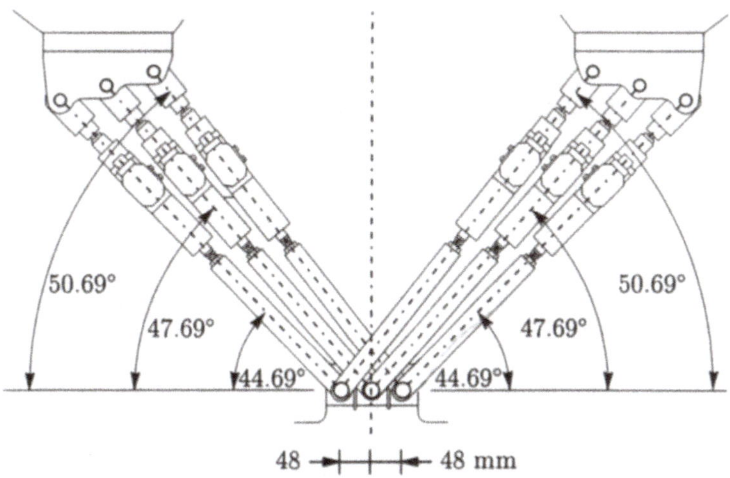

Abbildung 3.18: Geometrische Anordnung der Belastungsachsen

gen etwa 15-17 kN. Unter Berücksichtigung der paarweisen Anordnung von Belastungsachsen kann damit der Probekörper mit einer resultierenden Zug- bzw. Druckkraft von höchstens 24 kN je Lasteinleitungspunkt beansprucht werden.

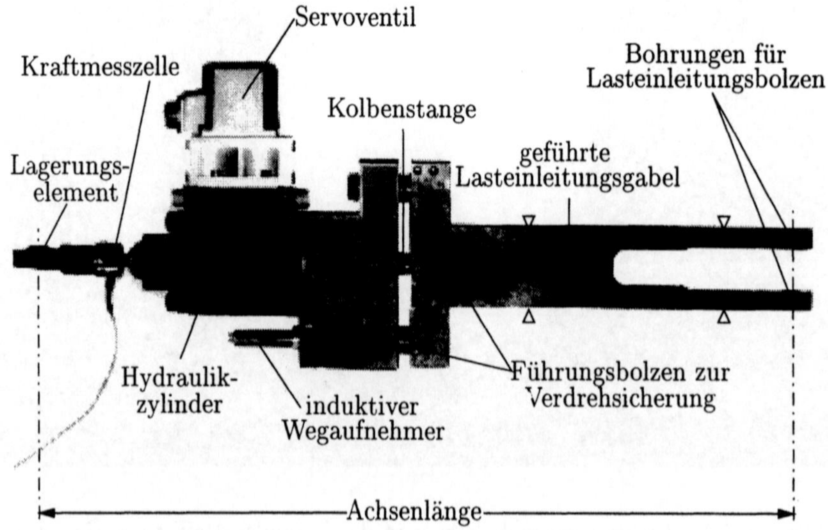

Abbildung 3.19: Aufbau und Komponenten einer Belastungsachse

Die gezielte Änderung der Achsenlänge erfolgt mittels einer servohydraulisch geregelten Positionierung des Zylinderkolbens und eines im Zylindergehäuse eingebauten induktiven Wegaufnehmers (Type HBM DG5) mit einem Nennmessweg von ± 5 mm als Messwertgeber für die Ist-Position des Kolbens. Die Positionsänderungen werden über die Kolbenstange des Zylinders auf die Lasteinleitungsgabel und in weiterer Folge über die Lasteinleitungsbolzen auf den Probekörper übertragen. Die tatsächlich erreichbare Genauigkeit der Positionierung eines Hydraulikzylinders liegt bei etwa 2-3 μm. Sie ist letztlich von der digitalen Auflösung der Soll-Positionen bei der Steuerung der Hydraulikventile, der Zuverlässigkeit der elektronischen Regelung und der Messgenauigkeit der Ist-Positionen der Zylinder abhängig.

Zur Verhinderung des Ausknickens der Belastungsachse bei Druckbeanspruchung des Probekörpers sind einerseits zwei mit engen Passtoleranzen versehene Führungsbolzen zwischen Zylindergehäuse und Lasteinleitungsgabel und andererseits die vier bereits erwähnten Stellschrauben an den Außenseiten jeder Lasteinleitungsgabel angeordnet.

Zur Krafterzeugung dient eine Hydraulikanlage mit einer Axialkolbenpumpe, welche einen Hydraulik-Betriebsdruck von 210 bar sicherstellt. Mittels Druckbegrenzungsventilen kann der Systemdruck wahlweise bei einzelnen oder bei allen Hydraulikzylindern mit 20 bar limitiert werden. Dies ermöglicht einen stabilen automatischen Einrichtvorgang des Probekörpers in der Belastungseinrichtung und verhindert auf Grund der vorübergehenden Begrenzung der maximal erreichbaren

Zylinderkräfte eine Beschädigung des Probekörpers im Falle einer Fehlbedienung der Prüfmaschine in der Versuchsvorbereitungsphase.

Zur Dämpfung der von der Hydraulikpumpe erzeugten Vibrationen im Ölkreislauf wurde einerseits dem Öltank (Fassungsvermögen: 150 l) ein 20-Liter-Druckluftspeicher vorgeschaltet und andererseits eine Optimierung der zur Soll-Istwert-Regelung eingesetzten PID-Regler durchgeführt. Auf diese Weise konnte erreicht werden, dass der Holzprobekörper trotz hydraulischer Zylinderpositionierung nahezu schwingungsfrei bleibt. Diesem Umstand kommt im gegebenen Fall auf Grund des Einsatzes eines interferometrischen Deformationsmessverfahrens besondere Bedeutung zu.

3.3.2 Computergestütztes Steuerungs-, Mess- und Regelungssystem

Die EDV-gestützte Steuerung der servohydraulisch betriebenen biaxialen Festigkeitsprüfeinrichtung erfolgt mit Hilfe des am Institut für Festigkeitslehre entwickelten Softwarepakets `BiaxPro`. Im Einzelnen werden von diesem in [Pulay, 1994, Gingerl, 1998] ausführlich beschriebenen, modular aufgebauten Programmsystem folgende wesentliche Aufgabenbereiche erfüllt:

- Überwachung und Kontrolle des Betriebszustandes der Hydraulikanlage und des elektronischen Steuersystems;
- Vollautomatische, kraft- bzw. positionsgeregelte Ablaufsteuerung eines Routineversuchs in zwei Phasen: Einrichten und Vorspannen sowie schrittweises Belasten eines Probekörpers;
- Verwaltung der für die zwölf Lasteinleitungspunkte des Probekörpers während des gesamten Versuchsablaufs gemessenen Kraft- und Verschiebungskomponenten;
- Kommunikation und Koordination mit dem optischen Deformationsmesssystem zur Sicherstellung einer ordnungsgemäßen Versuchsdurchführung – diese ist durch abwechselnde Belastungs- und Messphasen gekennzeichnet;
- Bereitstellung von Softwarealgorithmen zur regelmäßigen Funktionsüberprüfung der gesamten Versuchseinrichtung im Rahmen von Testversuchen.

Wie bereits erwähnt, lässt sich ein Routineversuch im Wesentlichen in zwei Phasen – Einricht- und Vorspannphase, Belastungsphase – gliedern, wobei im Einzelnen folgende Versuchsanforderungen im Rahmen der entwickelten Bedienungssoftware programmatisch gelöst wurden:

Einricht- und Vorspannphase:

Das Ziel des Einrichtvorganges ist die kraft- und zwängungsfreie Montage eines Probekörpers in die biaxiale Belastungseinrichtung und die Sicherstellung einer definierten Ausgangssituation für den daran anschließenden Vorspannvorgang. Zur Erreichung einer hohen Positionierungsgenauigkeit wurde die Toleranz zwischen dem Durchmesser der Lasteinleitungsbolzen und jenem der Bohrungen im Probekörper minimiert. Diese an sich notwendige (sinnvolle) Maßnahme hat jedoch den Nachteil, dass auf Grund des beim Einsetzen eines Stahlbolzens in die Bohrungen der Lasteinleitungsgabeln und des Probekörpers auftretenden Passungsproblems kurzzeitig relativ große Kräfte im Probekörper auftreten können. Ohne besondere Vorkehrungen oder Schutzmaßnahmen sind dabei Kräfte von mehr als 1 kN keine Seltenheit. Insbesondere im Fall von Zugkräften senkrecht zur Faserlängsrichtung führen derartige unkontrollierte Beanspruchungen auf Grund der äußerst geringen korrespondierenden Materialfestigkeit ($f_{z,90}$ = 1-2 N/mm^2, siehe Tabelle 2.1) sehr leicht zu einer Materialvorschädigung oder aber bereits zu einem Bruch der Holzprobe. Zur Vermeidung derartiger Probleme werden in dieser Versuchsphase zum einen alle 24 Zylinderkräfte durch einen im Hintergrund laufenden Positions-Regelalgorithmus [Gingerl, 1998] fortwährend automatisch minimiert und zum anderen der hydraulische Systemdruck auf 20 bar reduziert. Letzteres führt zu ei-

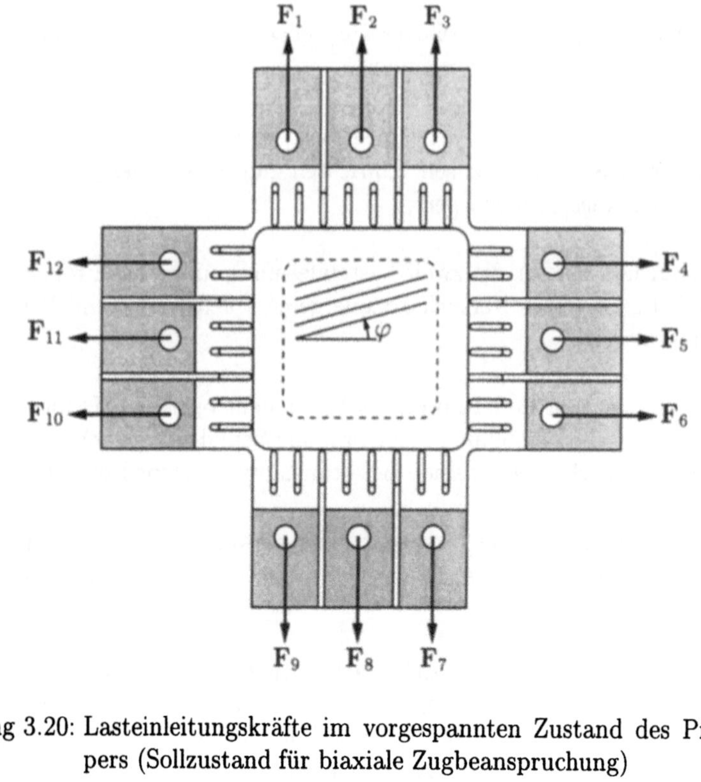

Abbildung 3.20: Lasteinleitungskräfte im vorgespannten Zustand des Probekörpers (Sollzustand für biaxiale Zugbeanspruchung)

ner Limitierung der maximal erreichbaren Zylinderkräfte und stellt somit eine Sicherheitsmaßnahme für den Fall einer Fehlfunktion des automatischen, progressiv kraftabhängigen Regelungsprozesses dar.

Nach Abschluss der Einrichtphase folgt der Vorspannvorgang des Probekörpers mit dem Ziel, die im Zusammenhang mit der beweglichen Lagerung der 24 Belastungsachsen auftretenden Spiele unter Berücksichtigung der während der Belastungsphase aufgebrachten Beanspruchung (biaxiale Zug- oder Druck- bzw. gemischte Zug- und Druckbeanspruchung) zu beseitigen. Wie beim automatischen Minimieren der Lasteinleitungskräfte im Rahmen des Einrichtens, handelt es sich beim Vorspannalgorithmus um eine kraftabhängige Positionssteuerung mit dem Ziel, den in Abb. 3.20 dargestellten Kraftzustand zu erreichen. Dieser ist durch jeweils senkrecht zum Probenrand wirkende, betragsmäßig gleich große resultierende Lasteinleitungskräfte

$$|\mathbf{F}_i| = \bar{F} = konst., \quad i = 1, \ldots, 12 \tag{3.3}$$

gekennzeichnet. Die Richtung dieser Kräfte muss natürlich mit den während der anschließenden Belastungsphase entstehenden Kräften übereinstimmen. In der Regel wurde eine Vorspannkraft von $\bar{F} = 0.30$ kN gewählt.

Belastungsphase:

Die proportionale biaxiale Beanspruchung des Probekörpers bis zum Bruch beginnt zur Vermeidung rheologischer Einflüsse unmittelbar nach Erreichung des Vorspannzustandes. Wie Abb. 3.21 veranschaulicht, wird der Probekörper schrittweise, mit dem gewünschten Beanspruchungsverhältnis κ entsprechenden Verschiebungsinkrementen (siehe Unterkapitel 3.2.3) belastet. Im Einzelnen lässt sich ein Lastschritt in vier zeitlich aufeinander abgestimmte Phasen zerlegen:

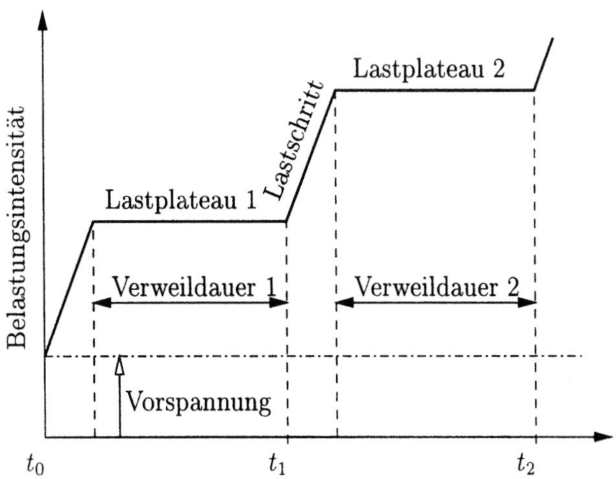

Abbildung 3.21: Zeitlicher Ablauf eines einzelnen Belastungsschritts

- Anfahren der Soll-Positionen der 24 Hydraulikzylinder ($t \approx 350\,\text{ms}$),

- Verweilzeit zum Abklingen dynamischer Effekte ($t = 500\,\text{ms}$),

- Messung und Speicherung der Ist-Positionen und der Ist-Kräfte der 24 Belastungsachsen, Bestimmung des Kraft- und Verschiebungszustandes in den zwölf Lasteinleitungspunkten. Gleichzeitig digitale Aufnahme, Voraussetzung zur Reduktion der Bilddaten und Sicherung der Speckle-Interferogramme zur späteren Detailauswertung für jede einzelne Messrichtung,

- Variable Wartezeit ($t =$ 0.5-1.5 s) zur Gewährleistung von zeitlich gleich langen Lastschritten und damit zur Sicherstellung einer konstanten Belastungsgeschwindigkeit während des gesamten Versuchs.

Die Zeitdauer für einen derartigen Lastschritt beträgt etwa 10 s, die zeitliche, asynchrone Ablaufsteuerung erfolgt softwaretechnisch mit Hilfe der Bedienungsprogramme der beiden Messsysteme.

Positionsregelung:

Der Positionsregelung kommt im Rahmen verschiebungsgesteuerter Versuche eine zentrale Bedeutung zu. Aus diesem Grund soll das der Positionierung der einzelnen Lasteinleitungspunkte zugrunde liegende Konzept kurz erläutert werden [Pulay, 1994]. Ausgangspunkt ist die in Abb. 3.18 dargestellte konstruktive Einbausituation der an einem Probenrand angreifenden Belastungsachsen. Eine Positionsänderung eines Lasteinleitungspunktes k ($k = 1, \ldots, 12$) wird durch die Änderung der Länge der beiden an diesen Lasteinleitungspunkt angreifenden Belastungsachsen mit Hilfe der in diesen integrierten Hydraulikzylindern erreicht. Die Berechnung der Kolbenhübe $s_k^{Zyl,1}$ und $s_k^{Zyl,2}$ aus dem im Lasteinleitungspunkt

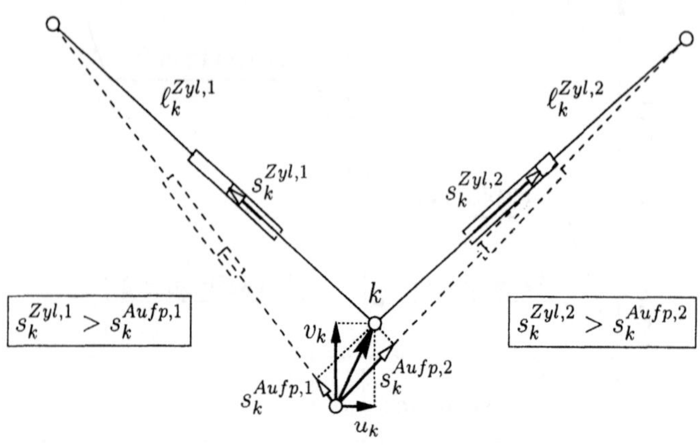

Abbildung 3.22: Zusammenhang zwischen den Verschiebungen eines Lasteinleitungspunktes und den Zylinderpositionierungen

vorgegebenen Verschiebungsvektor $\mathbf{u}_k$ – bestehend aus den beiden Verschiebungskomponenten parallel und normal zum Probenrand, u_k und v_k, entsprechend Unterkapitel 3.2.3 – erfolgt stets auf der Basis der aktuellen Achsenlängen $\ell_k^{Zyl,1}$ und $\ell_k^{Zyl,2}$ (siehe Abb. 3.22).

Die zur Positionsregelung erforderlichen Wegmesssysteme sind – wie im Unterkapitel 3.3.1 beschrieben – im Bereich der Hydraulikzylinder, also etwa in der Mitte der Belastungsachsen angeordnet. Aus diesem Grund üben Längenänderungen der Belastungsachsen zufolge der in diesen Achsen wirkenden Kräfte keinen Einfluss auf den Positionsregelkreislauf aus. Diese kraftabhängigen Längenänderungen wurden daher im Rahmen umfangreicher Eichversuche für jede einzelne Belastungsachse bestimmt. Sie werden bei der Positionierung der Zylinder zusätzlich berücksichtigt ($|s_k^{Zyl,i}| > |s_k^{Aufp,i}|$, $i = 1, 2$, entsprechend Abb. 3.22).

3.4 Dreidimensionale Deformationsanalyse mittels elektronischer Speckle-Interferometrie

Wie im Unterkapitel 3.2.2 – Form- und Beanspruchungsoptimierung des 2D-Probekörpers – ausführlich dargelegt wurde, ist die Realisierung homogener Spannungs- und Verzerrungsverteilungen im Prüfbereich einer Materialprobe eine grundlegende Voraussetzung für die Durchführung von Werkstoffversuchen. Die experimentelle Verifikation dieser Anforderung erfolgt für jeden einzelnen Versuch mit Hilfe eines geeigneten Deformationsmessverfahrens. Dabei besteht die quantitative Messaufgabe in der Bestimmung der biaxialen Verzerrungskomponenten im Messfeld des Probekörpers und die qualitative Messaufgabe in der laufenden Überwachung der aktuellen Deformationsverteilung und der Messbedingungen im Hinblick auf eventuelle Fehler und Störungen während der Versuche.

Die Auswahl des Feldmessverfahrens zur Deformationsanalyse erfolgte auf der Grundlage folgender Vorgaben bzw. Anforderungen:

- Berührungslose Messung: Auf Grund der sehr geringen Materialsteifigkeit von Holz normal zur Faserlängsrichtung müssen mechanische und chemische Wechselwirkungen zwischen Messgerät und Messobjekt vermieden werden. Daher kommt eine Präparierung der porösen Holzoberfläche durch Lackieren oder Beschichten ebensowenig in Frage wie das Bekleben mit Dehnungsmessstreifen, Messmarken oder Messgittern.

- Flächenhafte Deformationsanalyse: Die qualitative Beurteilung der Homogenität der Verzerrungsverteilungen erfordert grundsätzlich den Einsatz eines Feldmessverfahrens mit hoher Ortsauflösung. Der Deformationszustand des gesamten Messfeldes muss durch einen einzelnen Messvorgang erfassbar sein. Punktmessverfahren sind daher ungeeignet.

- Quantifizierung des Verzerrungszustandes: Im Hinblick auf die Entwicklung eines konstitutiven Werkstoffmodells sollen die *In-plane*-Komponenten des

Verzerrungszustandes an der Oberfläche des Messbereichs des Probekörpers quantitativ ermittelt werden. Üblicherweise erfolgt dies durch zweidimensionale Deformationsmessungen und anschließende numerische Differentiation der digitalisierten Messdaten.

- Messauflösung: Die Empfindlichkeit und Genauigkeit der Messmethode muss den gegebenen experimentellen Verhältnissen sowie den Möglichkeiten der mechanischen Belastungseinrichtung entsprechen. Ein sinnvolles Maß liefert in diesem Zusammenhang die Positionierungsgenauigkeit eines Hydraulikzylinders von etwa 2 μm.

- Inkrementelle Serienmessungen: Zur Bestimmung des Steifigkeitsverhaltens von biaxial beanspruchtem Holz als Funktion der Belastungsintensität sind abhängig vom Faserwinkel und vom Beanspruchungsverhältnis je Versuch zwischen 50 und 1000 Belastungsschritte vonnöten. Entsprechende vollautomatische Serienmessungen müssen im Rahmen einer computerunterstützten asynchronen Ablaufsteuerung mit dem Belastungssystem erfolgen.

- Ökonomische Messdatenauswertung: In Anbetracht der relativ großen Anzahl einzelner Bruchversuche, die für eine statistisch gesicherte Bestimmung von Bruchumhüllenden notwendig ist, sollten der Zeit- und Materialaufwand für die Messdatenauswertung eines Einzelversuchs und die damit verbundenen Kosten möglichst gering gehalten werden. Im Idealfall sollte sich die Messauswertung auf eine reine Softwarelösung beschränken.

Wie eine von PULAY durchgeführte vergleichende Bewertung [Pulay, 1994] einer Reihe in Frage kommender optischer Messverfahren ergab, können die gestellten Anforderungen nur durch den Einsatz eines ESPI-Messsystems *(Electronic Speckle Pattern Interferometry)* unter bestimmten Bedingungen erfüllt werden. Die außerordentlich hohe Messempfindlichkeit sowie die damit verbundene Störanfälligkeit dieses interferometrischen Messverfahrens, aber auch die Komplexität eines derartigen Messsystems erfordern jedoch vom Anwender grundlegende Kenntnisse über die Messmethode. Der routinemäßige Einsatz eines ESPI-Systems im Sinne eines klassischen Messgerätes, welches unter realen Messbedingungen zuverlässige Messwerte mit spezifizierbarer Genauigkeit liefert, ist bei der konkreten Anwendung nicht möglich. Das gilt für die Vorbereitung und Kalibrierung des Systems und insbesondere für das Erkennen und Beseitigen von Störungen oder Fehlereinflüssen während einer Messung sowie für die erfolgreiche Auswertung und richtige Interpretation der Messergebnisse.

In den nachfolgenden Unterkapiteln wird daher auf die Grundlagen der Messmethode, das konkret eingesetzte ESPI-System und auf dessen Anwendungsgrenzen näher eingegangen. Eine ausführliche Behandlung der angeführten Themen ist in der Dissertation von GINGERL [Gingerl, 1998] enthalten.

3.4.1 Grundlagen der Speckle-Interferometrie

Bei der Speckle-Interferometrie handelt es sich um ein optisches Messverfahren, das zur berührungslosen flächenhaften Verschiebungsmessung geeignet ist. Es handelt sich dabei um eine Deformationsmessmethode, bei der eine sehr hohe Messgenauigkeit - bis zu etwa 10 nm - erzielt wird. Durch die Verfügbarkeit entsprechender EDV-Ressourcen hat diese Methode einen großen Aufschwung erfahren.

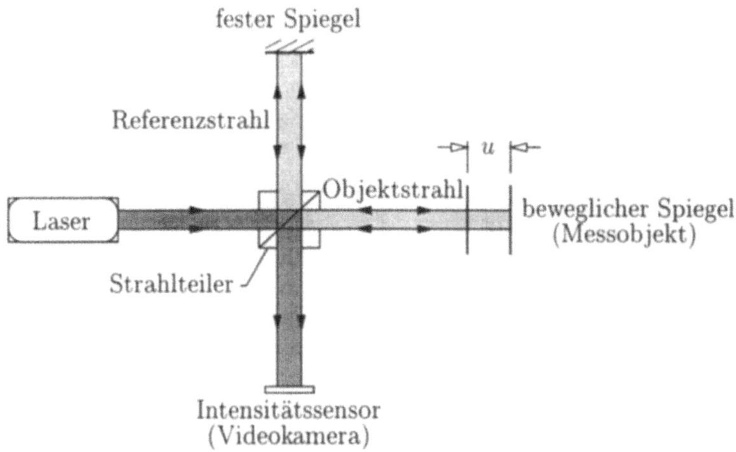

Abbildung 3.23: Schematischer Aufbau eines MICHELSON-Interferometers

Das grundsätzliche Messprinzip aller interferometrischer Verfahren lässt sich anhand des MICHELSON-Interferometers (Abb. 3.23) erläutern. Als Lichtquelle dient ein Laser, der kohärentes monochromatisches Licht erzeugt. Der linear polarisierte Laserstrahl wird mit einem Strahlteiler in zwei Lichtstrahlen annähernd gleicher Intensität aufgeteilt. Nach der Reflexion des Objektstrahls an einem beweglichen Spiegel (Messobjekt) sowie des vom Messobjekt unbeeinflussten Referenzstrahls an einem festen Spiegel kommen beide Teilstrahlen am Ort eines Intensitätssensors zur Interferenz. Eine kontinuierliche Verschiebung des beweglichen Spiegels in Richtung des Objektstrahls führt zu einer Verlängerung bzw. Verkürzung des Lichtweges und damit zu einer Änderung der Phasenbeziehung der beiden Teilstrahlen. Daraus folgt eine laufende Änderung des Interferenzzustandes. Sie äußert sich im Auftreten abwechselnder Intensitätsmaxima und -minima am Intensitätssensor. Der Wechsel von einem zum nächsten gleichartigen Interferenzzustand entspricht einer Verschiebung u des Spiegels um eine halbe Lichtwellenlänge λ:

$$u = \frac{\lambda}{2} \,. \tag{3.4}$$

Dieser einfache optische Messaufbau lässt zwei grundlegende Eigenschaften interferometrischer Messverfahren erkennen. Es sind dies die große Messempfindlichkeit und die Moduliertheit der Messinformation. Letztere bedeutet im Fall des MICHELSON-Interferometers, dass Verschiebungen nur bis auf ganzzahlige Vielfache der halben Lichtwellenlänge bestimmt werden können.

Speckle-Effekt

Der Speckle-Effekt entsteht bei Beleuchtung einer optisch rauen Oberfläche mit Laserlicht (Abb. 3.25a) [Jones & Wykes, 1989]. Das kohärente monochromatische Wellenfeld wird diffus reflektiert. Durch Überlagerung der einzelnen Lichtwellen entsteht eine komplizierte räumliche Verteilung von Interferenzmaxima und -minima. Bildet man eine beliebige Ebene dieses räumlichen Interferenzfeldes mittels direkter Belichtung einer Fotoplatte ab, so erhält man ein so genanntes objektives Speckle-Muster (Abb. 3.24). Jedes derartige Speckle-Interferogramm kennzeichnet die mikroskopische Struktur der streuenden Oberfläche.

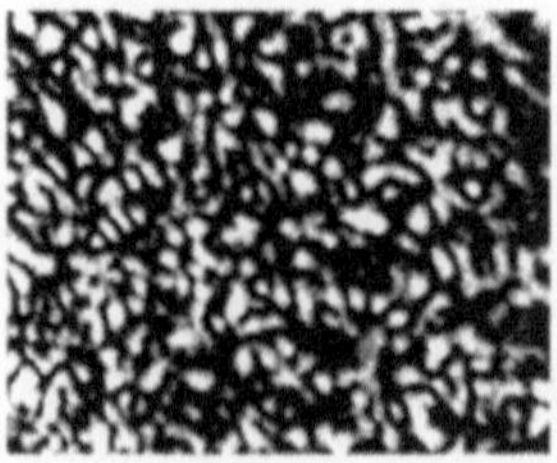

Abbildung 3.24: Speckle-Muster (Bildausschnitt ca. 90 × 70 μm)

Der subjektive Speckle-Effekt, wie er in messtechnischen Verfahren ausgenutzt wird, entsteht bei der fokussierten optischen Abbildung einer kohärent beleuchteten, optisch rauen Oberfläche. Im Gegensatz zum objektiven Speckle-Muster, bei dem die Streuzentren des gesamten Messbereichs zur Interferenz in jedem einzelnen Bildpunkt beitragen (Abb. 3.25a), liefern beim subjektiven Speckle-Effekt nur in unmittelbarer Nähe eines Objektpunktes liegende Streuzentren einen Beitrag zur Interferenz im zugeordneten Bildpunkt (Abb. 3.25b). Diese Streuzentren sind eine Folge von Beugungserscheinungen am optischen Abbildungssystem. Die damit mögliche ortsabhängige Abbildung von Speckle-Interferogrammen ist eine grundlegende Voraussetzung für die Anwendung der Speckle-Interferometrie als Feldmessverfahren.

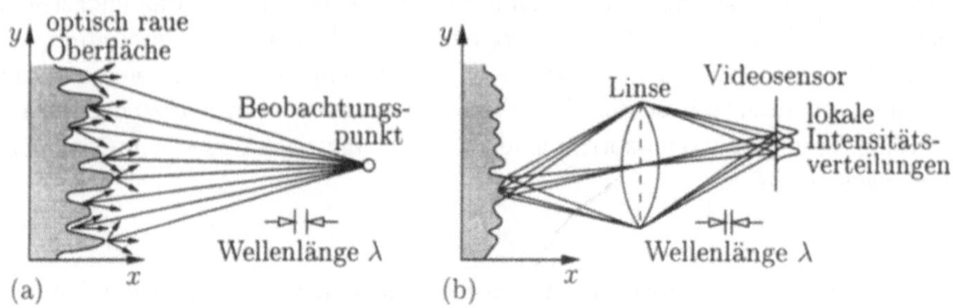

Abbildung 3.25: Entstehungsprinzip des Speckle-Effekts: (a) objektiver Speckle-Effekt, (b) subjektiver Speckle-Effekt

Verschiebungsmessung mittels Speckle-Interferometrie

Anhand des MICHELSON-Interferometers wurde gezeigt, dass zur Verschiebungsmessung zwei kohärente monochromatische Lichtwellen zur Interferenz gebracht werden müssen. Beim so genannten *Out-of-plane*-Verfahren interferiert wie beim MICHELSON-Interferometer eine Objektwelle mit einer Referenzwelle. Beim so genannten *In-plane*-Verfahren interferieren zwei vom Messobjekt diffus reflektierte Objektwellen (Abb. 3.26).

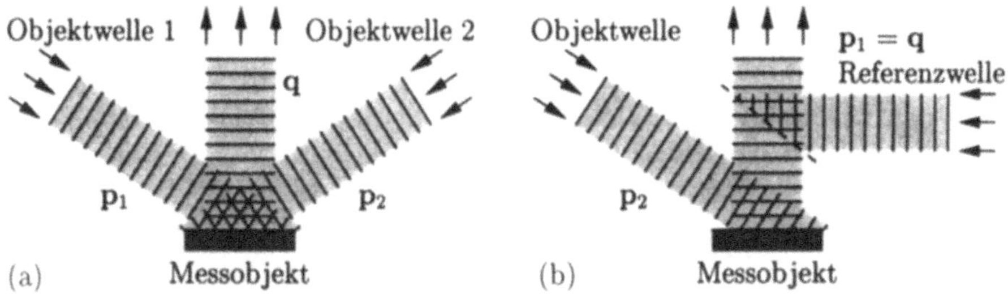

Abbildung 3.26: Beleuchtungssituation beim Speckle-Verfahren: (a) *In-plane*-Verfahren, (b) *Out-of-plane*-Verfahren

In Abb. 3.26 sind $\mathbf{p}_i$, $i = 1, 2$ Einheitsvektoren in die Beleuchtungsrichtungen und $\mathbf{Q}$ ein Einheitsvektor in Beobachtungsrichtung. Betrachtet man einen *In-plane*-Messaufbau, so führt entsprechend Abb. 3.27 die Verschiebung $\mathbf{u}$ eines Messpunktes P nach P' zu einer Phasenänderung einer einzelnen Lichtwelle von

$$\delta_i = \phi_i' - \phi_i = (l_i' - l_i)\, k\ , \qquad i = 1, 2\ . \tag{3.5}$$

In Gl. (3.5) bedeuten ϕ_i' bzw. ϕ_i die Phase der i-ten Welle im Beobachtungspunkt Q und l_i' bzw. l_i den zurückgelegten Lichtweg nach bzw. vor der Verschiebung. $k = 2\pi/\lambda$ bezeichnet die Kreiswellenzahl. Die von der Verschiebung $\mathbf{u}$ hervorgerufene Änderung des Lichtweges einer einzelnen Lichtwelle i erhält man entsprechend Abb. 3.27 als Summe zweier Teilstrecken – der beiden Projektionen von $\mathbf{u}$ in die Richtung von $\mathbf{p}_i$ und $\mathbf{q}$ – zu

$$l_i' - l_i = \mathbf{u}\mathbf{p}_i + (-\mathbf{u}\mathbf{q}) = (\mathbf{p}_i - \mathbf{q})\cdot\mathbf{u}\ , \qquad i = 1, 2\ . \tag{3.6}$$

Am Beobachtungspunkt Q stellt man auf Grund der Verschiebung $\mathbf{u}$ eine Änderung der Interferenzphase $\Delta\delta = \delta_1 - \delta_2 = \Delta\phi' - \Delta\phi$ der beiden interferierenden Lichtwellen fest. Man erhält sie durch Einsetzen von Gl. (3.6) in Gl. (3.5) zu

$$\Delta\delta = k\,(\mathbf{p}_1 - \mathbf{p}_2)\cdot\mathbf{u}\ . \tag{3.7}$$

Mit der im Allgemeinen nicht ganzzahligen Interferenz- bzw. Streifenordnung

$$N = \Delta\delta/2\pi \tag{3.8}$$

sowie der Definition des Sensitivitätsvektors s zu [Schwab & Kockelmann, 1988]

$$\mathbf{s} = \mathbf{p}_1 - \mathbf{p}_2 \tag{3.9}$$

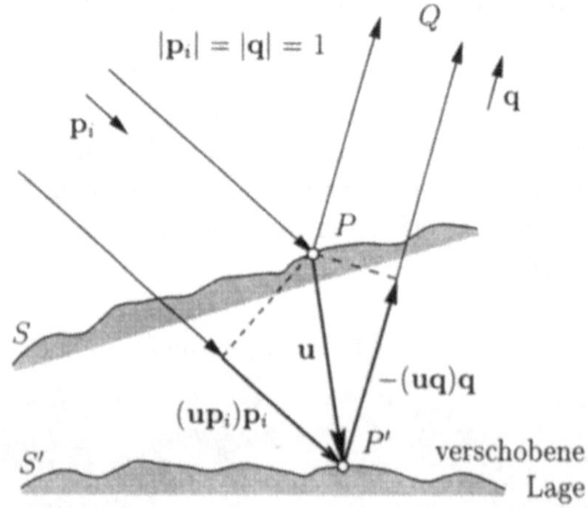

Abbildung 3.27: Lichtwegänderung infolge einer Verschiebung **u**

ergibt sich die Grundgleichung der Speckle-Interferometrie unter Berücksichtigung von $2\pi/k = \lambda$ zu

$$N\,\lambda = \mathbf{s}\cdot\mathbf{u}\,. \tag{3.10}$$

Gleichung (3.10) beschreibt die Komponente des Verschiebungsvektors **u** in Richtung des Sensitivitätsvektors **s** als Vielfaches der Lichtwellenlänge λ. Obwohl Gl. (3.10) für das *In-plane*-Verfahren hergeleitet wurde, gilt diese Gleichung formal auch für das *Out-of-plane*-Verfahren, wenn $\mathbf{p}_1 = \mathbf{q}$ gesetzt wird.

Gleichung (3.9) ist zu entnehmen, dass die durch den Sensitivitätsvektor **s** gegebene Messrichtung eines optischen Aufbaus durch die Wahl der Beleuchtungs- und Beobachtungsrichtungen, $\mathbf{p}_1$ und $\mathbf{p}_2$ bzw. $\mathbf{p}_2$ und **q** festgelegt wird. Dieser Sachverhalt wird in Abb. 3.28 veranschaulicht.

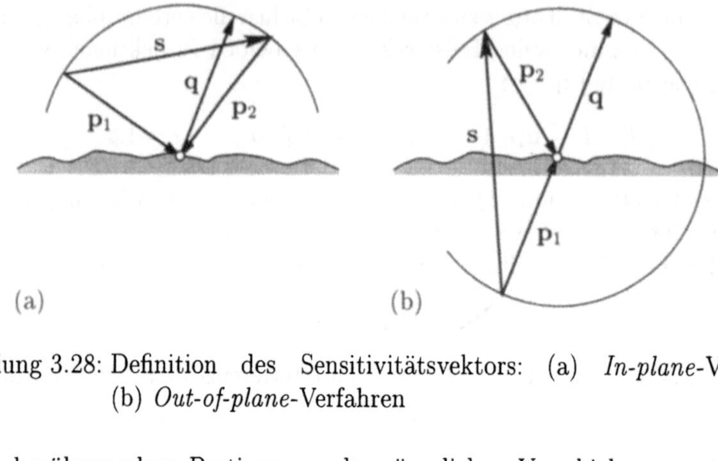

Abbildung 3.28: Definition des Sensitivitätsvektors: (a) *In-plane*-Verfahren, (b) *Out-of-plane*-Verfahren

Die berührungslose Bestimmung des räumlichen Verschiebungszustandes an der Oberfläche eines Messobjekts erfordert zumindest drei Messungen mit linear unabhängigen Sensitivitätsvektoren $\mathbf{s}_j$, $j = 1, 2, 3$.

Berücksichtigt man hinaus, dass unter realen Messbedingungen das Messobjekt mit einem aufgeweiteten Lichtstrahl beleuchtet wird, sodass $\mathbf{s}_j$ vom Messpunkt $P(\mathbf{r})$ abhängig ist, so tritt bei dreidimensionalen Verschiebungsmessungen

$$N_j\,\lambda = \mathbf{s}_j(\mathbf{r})\cdot\mathbf{u}(\mathbf{r}), \qquad j = 1,2,3 \tag{3.11}$$

an die Stelle von Gl. (3.10).

Elektronische Speckle-Interferometrie (ESPI)

Die Messaufgabe besteht primär in der punktweisen Bestimmung der Änderung der Interferenzphase $\Delta\delta$ bzw. der Streifenordnung N_j. Bei der elektronischen Speckle-Interferometrie liefert eine Videokamera digital aufgelöste Intensitätsverteilungen. Aus diesen Speckle-Interferogrammen lassen sich dann die gesuchten Verteilungen der Änderung der Interferenzphase $\Delta\phi(\mathbf{r})$ bestimmen. Aufbauend auf allgemeinen physikalischen Zusammenhängen zwischen Amplitude, Phasenwinkel (Phase) und Intensität einer Welle werden im Folgenden die Grundzüge des so genannten Phasenschiebeverfahrens zur rechnergestützten quantitativen Bestimmung der Interferenzphase aus Intensitätsmessungen erläutert.

Zwei linear polarisierte elektromagnetische Wellen mit den Amplituden

$$a_i(\mathbf{r},t) = a_i^{(0)}(\mathbf{r})\,\sin\left[\omega t + \phi_i(\mathbf{r})\right]\;, \qquad i = 1,2\;, \tag{3.12}$$

und der Kreisfrequenz ω interferieren am Ort $\mathbf{r}$. Die Amplitude der Interferenzwelle erhält man durch Addition zu

$$a(\mathbf{r},t) = a_1(\mathbf{r},t) + a_2(\mathbf{r},t)\;. \tag{3.13}$$

Durch Einsetzen von Gl. (3.13) in den Ausdruck für die Intensität

$$\bar{I}(\mathbf{r}) = |a(\mathbf{r},t)|^2 \tag{3.14}$$

erhält man nach Einführung der so genannten Interferenzphase

$$\Delta\phi(\mathbf{r}) = \phi_2(\mathbf{r}) - \phi_1(\mathbf{r}) \tag{3.15}$$

die grundlegende Beziehung zwischen der Intensität $\bar{I}$ und der zu bestimmenden Interferenzphase $\Delta\phi$ am Ort $\mathbf{r}$ zu

$$\bar{I}(\mathbf{r}) = H(\mathbf{r})\;\left[1 + V(\mathbf{r})\cos\Delta\phi(\mathbf{r})\right]\;. \tag{3.16}$$

In Gl. (3.16) bezeichnen $H(\mathbf{r})$ und $V(\mathbf{r})$ die so genannte Hintergrundausleuchtung und die Kontrastvariation am Ort $\mathbf{r}$ einer Intensitätsverteilung. Die Definitionen dieser zunächst unbekannten Größen lauten:

$$H(\mathbf{r}) = \left[a_1^{(0)}(\mathbf{r})\right]^2 + \left[a_2^{(0)}(\mathbf{r})\right]^2\;, \tag{3.17}$$

$$V(\mathbf{r}) = \frac{2\,a_1^{(0)}(\mathbf{r})\,a_2^{(0)}(\mathbf{r})}{\left[a_1^{(0)}(\mathbf{r})\right]^2 + \left[a_2^{(0)}(\mathbf{r})\right]^2}\;. \tag{3.18}$$

Intensitätsmessungen weisen im Allgemeinen einen durch elektronische Einflüsse hervorgerufen Rauschanteil $R_E(\mathbf{r})$ und einen durch den Speckle-Effekt selbst verursachten Rauschanteil $R_S(\mathbf{r})$ auf. Diese Störungen lassen sich bei Verwendung von

$$I(\mathbf{r}) = R_E(\mathbf{r}) + R_S(\mathbf{r})\,\bar{I}(\mathbf{r}) \tag{3.19}$$

als Definition für die an einem Intensitätssensor gemessene Intensitätsverteilung berücksichtigen. Einsetzen des in Gl. (3.16) angegebenen Ausdrucks für die von der Interferenzerscheinung herrührende Intensitätsverteilung in Gl. (3.19) führt dann auf

$$I(\mathbf{r}) = R_E(\mathbf{r}) + R_S(\mathbf{r})\,H(\mathbf{r})\,\left[1 + V(\mathbf{r})\cos\Delta\phi(\mathbf{r})\right]\ . \tag{3.20}$$

Fasst man in Gl. (3.20) die additiven Terme zu

$$a(\mathbf{r}) = R_E(\mathbf{r}) + R_S(\mathbf{r})\,H(\mathbf{r}) \tag{3.21}$$

und die multiplikativen Terme zu

$$b(\mathbf{r}) = R_S(\mathbf{r})\,H(\mathbf{r})\,V(\mathbf{r}) \tag{3.22}$$

zusammen, dann kann die gemessene Intensität in Abhängigkeit von den unbekannten Größen $a(\mathbf{r})$ und $b(\mathbf{r})$ und der gesuchten Interferenzphase $\Delta\phi(\mathbf{r})$ zu

$$I(\mathbf{r}) = a(\mathbf{r}) + b(\mathbf{r})\,\cos\Delta\phi(\mathbf{r}) \tag{3.23}$$

dargestellt werden. Abb. 3.29a zeigt eine derartige digitale Intensitätsverteilung $I(\mathbf{r})$. Dabei handelt es sich um ein Speckle-Interferogramm, das mit einer Videokamera aufgenommen wurde. Das im *In-plane*-Verfahren fokussiert abgebildete Messobjekt ist eine optisch raue und somit diffus reflektierende Oberfläche des Messbereichs eines biaxialen Holzprobekörpers.

Die Interferenzphase $\Delta\phi(\mathbf{r})$ ist aus Gl. (3.23) auf Grund der Mehrdeutigkeit der Kosinusfunktion

$$\cos[\Delta\phi(\mathbf{r})] = \cos\left[\pm\Delta\phi + 2\pi m\right]\ , \qquad m = 0, \pm 1, \pm 2, \ldots\ , \tag{3.24}$$

nur bis auf ein additives ganzzahliges Vielfaches von 2π und bis auf das Vorzeichen bestimmbar. Man erhält sie zu

$$\Delta\phi^*(\mathbf{r}) = \Delta\phi(\mathbf{r})\mathrm{mod}(2\pi) = \arccos\left[\pm\frac{I(\mathbf{r}) - a(\mathbf{r})}{b(\mathbf{r})}\right]\ . \tag{3.25}$$

Von dieser Moduliertheit der Messinformation abgesehen, ist die durch eine Verschiebung $\mathbf{u}$ eines betrachteten Punktes verursachte Änderung der Interferenzphase (siehe z.B. Abb. 3.29b)

$$\Delta\delta^*(\mathbf{r}) = \Delta\delta(\mathbf{r})\mathrm{mod}(2\pi) = \Delta\phi'(\mathbf{r}) - \Delta\phi(\mathbf{r}) \tag{3.26}$$

und damit die Streifenordnung N entsprechend Gl. (3.8) bestimmbar.

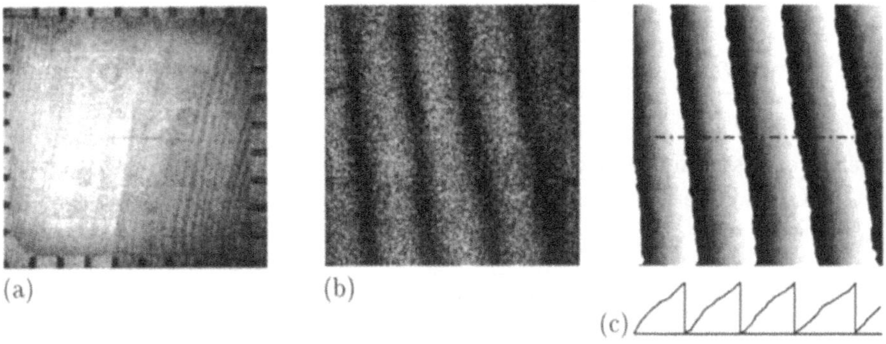

Abbildung 3.29: Messfeld (140 × 140 mm) eines Holzprobekörpers: (a) Speckle-Interferogramm, (b) Interferenzstreifen, (c) moduliertes Phasenbild

Phasenschiebeverfahren:

Eine geeignete Vorgangsweise zur Beseitigung der Mehrdeutigkeit bei der Bestimmung der Interferenzphase sowie zur Verminderung des Einflusses von Störungen während der Messung ist wiederholtes Messen mit gezielt geänderten Parametern. Beim so genannten Phasenschiebeverfahren wird das durch beliebige, aber bekannte zusätzliche Änderungen α_ℓ der Interferenzphase $\Delta\phi(\mathbf{r})$ vor den einzelnen Intensitätsmessungen $\ell = 1, 2, \ldots, L$ erreicht. Die Phasenänderungen α_ℓ werden mittels piezoelektrisch geführter Spiegel bewerkstelligt.

Für jeden Verschiebungszustand misst man L Intensitätsverteilungen. Sie sind entsprechend Gl. (3.23) zu

$$I_\ell(\mathbf{r}) = a(\mathbf{r}) + b(\mathbf{r}) \cos\left[\Delta\phi(\mathbf{r}) + \alpha_\ell\right] \ , \qquad \ell = 1, 2, \ldots, L \ , \tag{3.27}$$

gekennzeichnet. Auf diese Weise erhält man für jeden Messpunkt $P(\mathbf{r})$ ein aus L algebraischen Gleichungen bestehendes nichtlineares Gleichungssystem. Mit den Substitutionen

$$u(\mathbf{r}) = b(\mathbf{r}) \cos\Delta\phi(\mathbf{r}) \quad \text{und} \quad v(\mathbf{r}) = -b(\mathbf{r}) \sin\Delta\phi(\mathbf{r}) \tag{3.28}$$

lässt sich das in Gl. (3.27) angegebene Gleichungssystem auch zu

$$I_\ell(\mathbf{r}) = a(\mathbf{r}) + u(\mathbf{r}) \cos\alpha_\ell + v(\mathbf{r}) \sin\alpha_\ell \tag{3.29}$$

anschreiben. Zur Bestimmung der gesuchten Größen $u(\mathbf{r})$, $v(\mathbf{r})$ und damit der Interferenzphase $\Delta\phi(\mathbf{r})$ sind zumindest drei Messungen mit bekannten zusätzlichen Phasenverschiebungen α_ℓ erforderlich. Somit ist $L \geq 3$.

Zur Erhöhung der Auswertegenauigkeit bei nicht idealen Messbedingungen ist die Wahl von $L = 4$ oder $L = 5$ vorteilhaft. Die Lösung des nichtlinearen Gleichungssystems (3.29) erfolgt mittels der Methode der kleinsten Fehlerquadrate durch Bestimmung des Minimums der Funktion

$$q[a(\mathbf{r}), u(\mathbf{r}), v(\mathbf{r})] = \sum_{\ell=1}^{L} \left[a(\mathbf{r}) + u(\mathbf{r}) \cos\alpha_\ell + v(\mathbf{r}) \sin\alpha_\ell - I_\ell(\mathbf{r})\right]^2 \ , \quad L \geq 3 \ . \tag{3.30}$$

Nullsetzen der partiellen Ableitungen von q nach $a(\mathbf{r})$, $u(\mathbf{r})$, $v(\mathbf{r})$

$$\frac{\partial q(a,u,v)}{\partial a} = 0 \;, \quad \frac{\partial q(a,u,v)}{\partial u} = 0 \;, \quad \frac{\partial q(a,u,v)}{\partial v} = 0 \tag{3.31}$$

liefert drei Bestimmungsgleichungen für die unbekannten Größen $a(\mathbf{r})$, $u(\mathbf{r})$, $v(\mathbf{r})$. Mittels Gl. (3.28) erhält man die Interferenzphase $\Delta\phi(\mathbf{r})$ bis auf ganzzahlige Vielfache von 2π zu

$$\Delta\phi^*(\mathbf{r}) = \Delta\phi(\mathbf{r})\mathrm{mod}(2\pi) = -\arctan\frac{v(\mathbf{r})}{u(\mathbf{r})} \;. \tag{3.32}$$

Wie bereits erwähnt, spricht man in diesem Zusammenhang von modulierter Messinformation.

$\Delta\phi^*(\mathbf{r})$ erhält man z. B. für $L = 3$ ($\ell = 1, 2, 3$) und Wahl von $\alpha_\ell = (\ell - 1)\pi/2$ zu

$$\Delta\phi^*(\mathbf{r}) = \arctan\frac{I_1(\mathbf{r}) - I_3(\mathbf{r})}{I_1(\mathbf{r}) - 2I_2(\mathbf{r}) + I_3(\mathbf{r})} \tag{3.33}$$

oder für $L = 5$ ($\ell = 1, 2, \ldots, 5$) und Wahl von $\alpha_\ell = (2\ell - 1)\pi/4$ zu

$$\Delta\phi^*(\mathbf{r}) = \arctan\frac{4I_1(\mathbf{r}) - I_2(\mathbf{r}) - 6I_3(\mathbf{r}) - I_4(\mathbf{r}) + 4I_5(\mathbf{r})}{7I_4(\mathbf{r}) - 7I_2(\mathbf{r})} \;. \tag{3.34}$$

Die gesuchte, von einer Verschiebung $\mathbf{u}$ hervorgerufene, Änderung der Interferenzphase erhält man wiederum zu:

$$\Delta\delta^*(\mathbf{r}) = \Delta\delta(\mathbf{r})\mathrm{mod}(2\pi) = \Delta\phi'(\mathbf{r}) - \Delta\phi(\mathbf{r}) \;. \tag{3.35}$$

Abbildung 3.29c zeigt ein charakteristisches Ergebnis einer ESPI-Messung nach dem Phasenschiebeverfahren ($L = 5$). Das dargestellte Phasenbild entsteht durch punktweise Anwendung der Gln. (3.32) und (3.35). Dieses qualitativ sehr gute Auswerteergebnis zeichnet sich durch eine deutlich erkennbare Sägezahnstruktur der Intensitätsverteilung in Schnitten etwa normal zu den Streifen und durch Streifen mit kontinuierlichem Grauverlauf aus.

3.4.2 Auswertung einer ESPI-Messung

Bei der Anwendung eines ESPI-Systems werden die am Bildschirm im Echtzeitverfahren gewonnenen Streifenbilder zur visuellen qualitativen Beurteilung der gemessenen Deformationsverteilungen herangezogen. Darüber hinaus werden laufend die aktuellen Messbedingungen (Helligkeit, Kontrast, Schwingungen, Luftschlieren, etc.) für die verschiedenen Messrichtungen überprüft.

Zur quantitativen Auswertung der Messinformation wird das beschriebene Phasenschiebeverfahren eingesetzt. Ein wesentlicher Vorteil dieses Verfahrens ist die im Allgemeinen sehr hohe Auswertegenauigkeit sowie die Möglichkeit einer

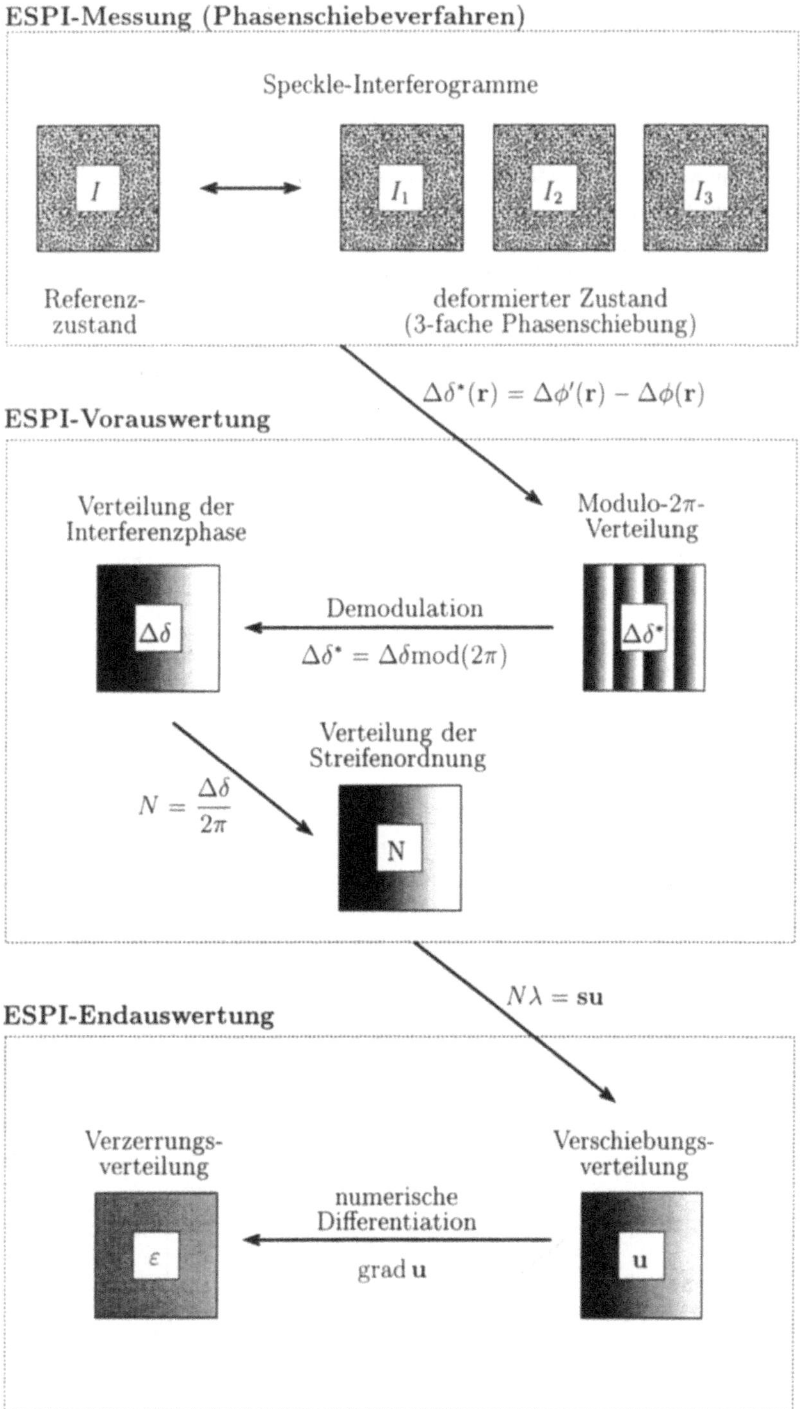

Abbildung 3.30: ESPI-Auswerteschema für eine einzelne Messrichtung

vollautomatisch ablaufenden Messdatenauswertung im Anschluss an einen Versuch. Allerdings besteht auch eine Vielfalt möglicher Probleme und Fehlerquellen, die das Ergebnis eines Auswerteprozesses stark verfälschen können. Auf die Behandlung bzw. Vermeidung derartiger schwerwiegender Auswirkungen auf ein Messergebnis wird im Unterkapitel 3.4.4 näher eingegangen.

Im Rahmen der vorliegenden Aufgabenstellung wird die quantitative Bestimmung der zweidimensionalen Verzerrungsverteilung eines ebenen Messfeldes bei schrittweiser Belastung benötigt. Die hierfür erforderlichen Auswerteschritte sind unter Annahme einer dreifachen Phasenverschiebung ($L = 3$, siehe Gl. (3.27)) in Abb. 3.30 im Überblick dargestellt.

Wie dieses Ablaufschema zeigt, besteht der erste Schritt der Vorauswertung der gemessenen Daten darin, aus den vor bzw. nach einer Deformation der Messfläche aufgezeichneten Speckle-Interferogrammen das modulierte Phasenbild (Modulo-2π-Streifenbild) zu bestimmen. Eine Voraussetzung für eine zuverlässige automatisierte Demodulation des erhaltenen Phasenbildes (Modulo-2π-Streifenbild) ist, dass die Intensitätsverteilungen deutlich erkennbare Sägezahnverläufe entlang von normal zu den Streifen verlaufenden Schnitten aufweisen (siehe etwa Abb. 3.29c). Dies kann durch Einsatz geeigneter Filteralgorithmen, die eine Glättung hochfrequenter Störungen bewirken, erreicht werden. Dabei bleiben die Phasensprünge erhalten bzw. werden diese sogar verdeutlicht. In Abb. 3.31 ist in idealisierter Weise ein Sägezahnverlauf der modulierten Interferenzphasenänderung sowie der entsprechende stetige Verlauf im demodulierten Zustand entlang eines Bildschnittes dargestellt.

Die eigentliche Messdatenauswertung beginnt beim Übergang von der Streifenordnung zum korrespondierenden relativen Verschiebungswert durch direkte Anwendung von Gl. (3.33). Ausgehend von der demodulierten Verteilung der Interferenzphasenänderung wird durch Berücksichtigung der geometrischen Verhältnisse des optischen Aufbaus (Beleuchtungs- und Beobachtungsgeometrie) sowie der Berandung und Abmessungen des Messfeldes die vorerst noch relative, jedoch bereits

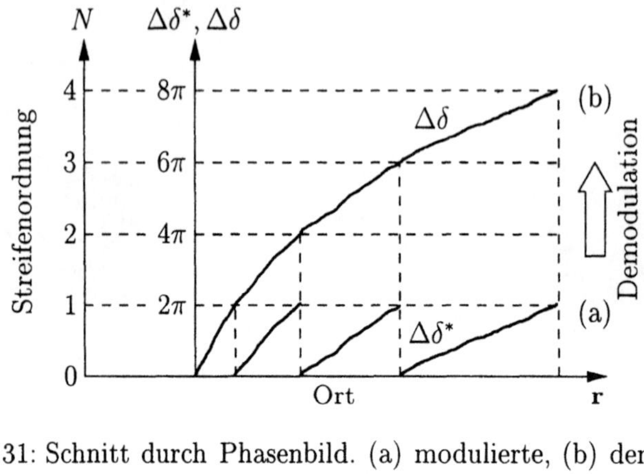

Abbildung 3.31: Schnitt durch Phasenbild. (a) modulierte, (b) demodulierte Interferenzphasenänderung

quantifizierte Verschiebungs- bzw. Deformationsverteilung in der jeweiligen Messrichtung ermittelt. Die totalen absoluten Verschiebungsverteilungen erhält man durch Aufsummieren der einzelnen inkrementellen, relativen Verschiebungsverteilungen und durch explizite Vorgabe von bekannten Verschiebungswerten in einem beliebigen Messpunkt zu Beginn einer Serienmessung. Im vorliegenden Fall wurde angenommen, dass im Mittelpunkt des Probekörpers die beiden Verschiebungskomponenten in *In-plane*-Richtung gleich null sind.

Im letzten Schritt einer ESPI-Auswertung werden durch numerische Differentiation der Verschiebungszustände die Verteilungen der entsprechenden Verzerrungskomponenten ermittelt.

3.4.3 Beschreibung des gegenständlichen ESPI-Systems

Bei dem im vorliegenden Forschungsprojekt eingesetzten ESPI-System der Firma Ettemeyer (Neu-Ulm, Deutschland) handelt es sich um einen Prototyp, der in Zusammenarbeit mit dem Institut für Festigkeitslehre der Technischen Universität Wien in wesentlichen Punkten weiterentwickelt und für die konkrete Messaufgabe adaptiert wurde [Eberhardsteiner, 1995, Gingerl, 1998]. Die Entwicklungsarbeiten betrafen insbesondere die Auswahl einzelner optischer und elektronischer Systemkomponenten, die softwaretechnische Realisierung einer ortsabhängigen Messdatenauswertung im Rahmen dreidimensionaler Deformationsanalysen sowie die Durchführung von Serienmessungen.

Interferometrische Messverfahren sind äußerst empfindlich gegenüber Schwingungseinflüssen. Zur Sicherstellung eines zuverlässigen und störungsfreien Zusammenwirkens der hydraulischen Belastungseinrichtung mit dem ESPI-System wird daher der gesamte optische Aufbau – ESPI-Messkopf, Laser und optische Komponenten wie Spiegel, Linsen und Strahlteiler – von einer schwingungsdämpfenden Wabenplatte getragen. Alle Tragkonstruktionen zur Montage optischer Komponenten sind ausschließlich mit der Wabenplatte verschraubt und bestehen aus steifen Aluminium-Systemprofilen. Wie Abb. 3.32 zeigt, wird die Wabenplatte mit dem optischen Aufbau von einer zweiten, ebenfalls aus Aluminium-Systemprofilen bestehenden Rahmenkonstruktion getragen, welche fest mit dem Stahlrahmen der Belastungseinrichtung verbunden ist.

Die beiden genannten Tragkonstruktionen des ESPI-Systems sind, wie bereits erwähnt, vollständig entkoppelt und nur über die schwingungsdämpfende Wabenplatte miteinander verbunden. Die zuletzt genannte Tragkonstruktion bildet zusammen mit dem Stahlrahmen der Belastungseinrichtung ein weitgehend starres mechanisches System. Niederfrequente Schwingungen der optischen Komponenten durch externe Einflüsse werden durch die Lagerung der mechanischen Belastungseinrichtung auf beanspruchungsoptimierten Elastomermatten weitgehend vermieden. Hochfrequente Schwingungsanteile, etwa zufolge der Hydraulikpumpe, werden dagegen auf Grund der schwingungsdämpfenden Eigenschaften der Wabenplatte ausreichend gedämpft.

Wie Abb. 3.32 erkennen lässt, sind die einzelnen strahlführenden optischen

Abbildung 3.32: Tragkonstruktion des ESPI-Systems

Komponenten wie Spiegel, Strahlteiler, Linsen und Piezospiegel in einem offenem Konzept auf der zuvor erwähnten schwingungsdämpfenden Wabenplatte positioniert. Die damit verbundene Flexibilität hinsichtlich des geometrischen Aufbaus hat sich in der Entwicklungs- und Optimierungsphase der Versuchseinrichtung als sehr vorteilhaft erwiesen.

Das ESPI-System ist wahlweise für die Messung ein-, zwei- oder dreidimensionaler Deformationszustände im *Out-of-plane-* bzw. *In-plane-*Verfahren konzipiert. Die quasi-simultane Messung mehrdimensionaler Deformationszustände erfolgt durch rasches Umschalten zu den optischen Aufbauten der einzelnen Messrichtungen mit Hilfe elektronisch gesteuerter Verschlussblenden (*shutter*). Die drei vorgesehenen Messrichtungen werden durch permanente Aufteilung der Lichtleistung eines frequenzverdoppelten Nd:YAG-Lasers (Wellenlänge $\lambda = 532\,\text{nm}$, sichtbares grünes Licht) mit einer Leistung von 140 mW mit kohärentem Licht versorgt. Diese Vorgangsweise hat zwar offensichtlich den Nachteil, dass bei jeder einzelnen Messung in eine bestimmte Messrichtung ein großer Teil der Lichtenergie ungenutzt bleibt, sie verfügt aber über den unschätzbaren Vorteil einer gegenüber äußeren Störeinflüssen unempfindlichen und stabilen Lichtstrahlführung, die bei gleichbleibenden Messbedingungen nicht nachjustiert werden muss.

Abbildung 3.33 illustriert das Aufbauschema des eingesetzten ESPI-Systems,

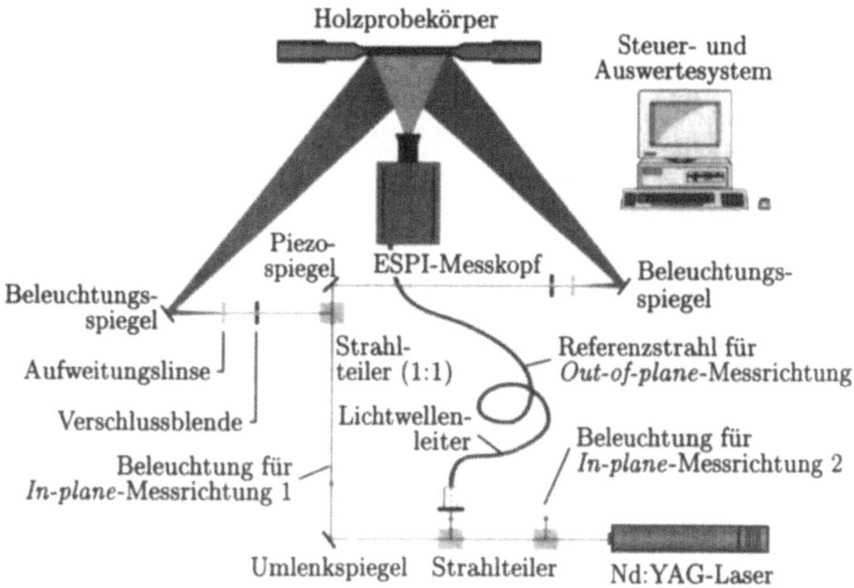

Abbildung 3.33: Schema des optischen Aufbaus für eine *In-plane*-Messrichtung

wobei zur besseren Übersicht nur ein *In-plane*-Aufbau dargestellt ist. Der Lichtstrahl des Nd:YAG-Lasers wird mit Hilfe von Strahlteilern auf vier Beleuchtungsstrahlen mit annähernd gleicher Lichtleistung sowie für *Out-of-plane*-Messungen benötigten Referenzstrahl mit einem geringfügigen Anteil von etwa 5 % an der Gesamtleistung aufgeteilt. Jeweils zwei aktive Beleuchtungsstrahlen (Objektwellen, siehe Abb. 3.26) bilden gemeinsam einen *In-plane*-Aufbau. Im Fall einer *Out-of-plane*-Messung wird mit Hilfe der Verschlussblenden der Referenzstrahl und einer der vier Beleuchtungsstrahlen aktiviert. Der Referenzstrahl wird über einen Lichtwellenleiter zum ESPI-Messkopf geführt. Letzterer stellt das eigentliche Messinstrument des ESPI-Systems dar. Im Messkopf werden die mittels eines Zoomobjektivs mit einer Brennweite von 12.5 bis 75 mm aufgenommenen, mit der Messfläche korrespondierenden, Interferogramme fourier-transformiert und auf einen hochauflösenden monochromen CCD-Sensor (Aufnehmerfläche: 8.8 x 6.6 mm $\hat{=}$ 739 x 575 Bildpunkte) abgebildet. Die damit digital zur Verfügung stehende Messinformation kann dann entsprechend Gl. (3.32) ausgewertet werden.

Beim Einsatz des beschriebenen ESPI-Systems für die biaxialen Festigkeitsuntersuchungen an Fichtenholz wurde entsprechend den konstruktiven Möglichkeiten der in Abb. 3.34 dargestellte optische Aufbau gewählt. Er ist durch annähernd in die Koordinatenrichtungen x_i weisende *In-plane-* bzw. *Out-of-plane*-Messrichtungen gekennzeichnet. Die räumlichen Positionen der in Abb. 3.34 eingetragenen Beleuchtungsquellen B_1 bis B_4 und des Detektors Q sind in Tabelle 3.4 angegeben, wobei der Koordinatenursprung dem Mittelpunkt der quadratischen Messfläche (140×140 mm) des Probekörpers entspricht [Karner, 1997]. Die Beleuchtungsquellen B_1 und B_2 bzw. B_3 und B_4 dienen den *In-plane*-Messrichtungen

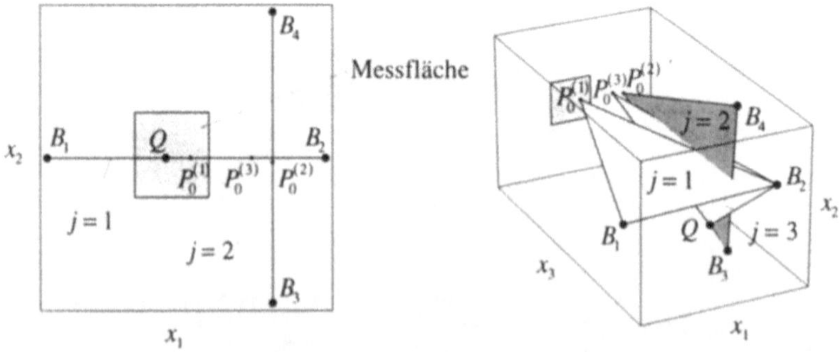

Abbildung 3.34: Räumliche Aufbaugeometrie

Tabelle 3.4: Optische Aufbaugeometrie

	x_1	x_2	x_3
Beleuchtungsquelle B_1	-235 mm	-5 mm	868 mm
Beleuchtungsquelle B_2	290 mm	-5 mm	831 mm
Beleuchtungsquelle B_3	190 mm	-245 mm	718 mm
Beleuchtungsquelle B_4	190 mm	235 mm	763 mm
Ort der Bildentstehung Q	-13 mm	-5 mm	983 mm

$j = 1$ bzw. $j = 2$, während der optische Aufbau für die *Out-of-plane*-Messrichtung $j = 3$ durch die Beleuchtungsquelle B_2 und den Detektor Q gebildet wird. Die in Abb. 3.34 eingetragenen Punkte $P_0^{(j)}$ werden als Symmetriepunkte bezeichnet. Auf sie wird im Unterkapitel 3.4.4 noch näher eingegangen.

Unter Zugrundelegung der in Tabelle 3.4 enthaltenen aktuellen Aufbaugeometrie erhält man die in Abb. 3.35 qualitativ und quantitativ dargestellte Ortsabhängigkeit der Komponenten $k = 1, 2, 3$ der Sensitivitätsvektoren $\mathbf{s}_j(\mathbf{r})$ für die Messrichtungen $j = 1, 2, 3$ (siehe Gl. (3.11)) im Bereich der quadratischen Messfläche des Probekörpers. Die grafische Darstellung der Koeffizienten der zur so genannten Geometriematrix zusammengefassten Sensitivitätsvektoren zeigt eine deutliche Dominanz der Koeffizienten auf der Hauptdiagonale. Sie repräsentieren die Messempfindlichkeiten des eingesetzten ESPI-Systems in den drei Messrichtungen. Die nicht auf der Hauptdiagonale liegenden Koeffizienten geben den Einfluss von Messfehlern (Symmetriefehlern, siehe Unterkapitel 3.4.4) zufolge von Verschiebungskomponenten wider, die von der jeweiligen Messrichtung abweichen.

Die Aufnahme und Auswertung von Speckle-Interferogrammen im Echtzeit- und im Phasenschiebeverfahren erfolgt mit Hilfe eines von der Firma ETTEMEYER entwickelten und für die gegenständlichen biaxialen Festigkeitsuntersuchungen angepassten und erweiterten Programmpakets [Ettemeyer, 1988]. Die wesentlichen Eigenschaften bzw. Funktionen dieser Mess- und Auswertesoftware lassen sich wie

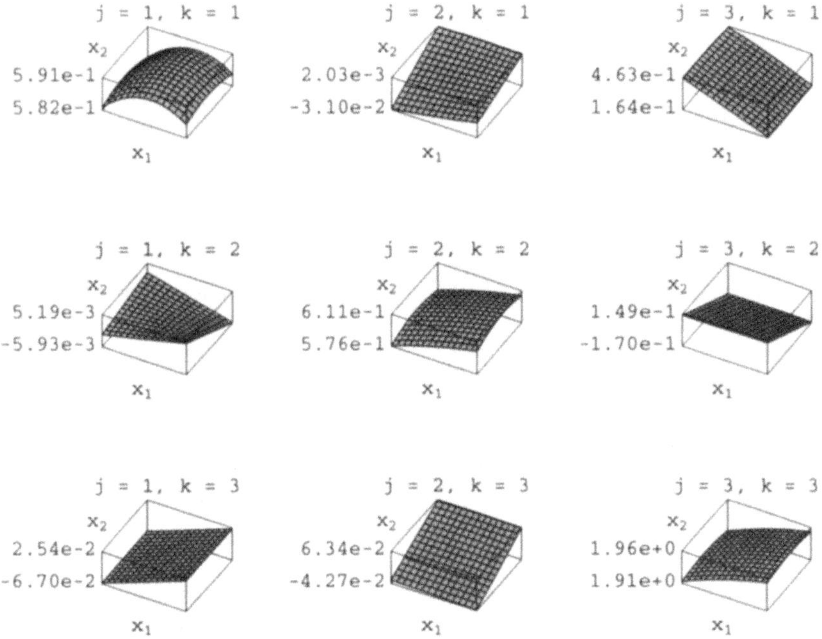

Abbildung 3.35: Geometriematrix (Komponenten der Sensitivitätsvektoren $\mathbf{s}_j(\mathbf{r}), j = 1,2,3$)

folgt zusammenfassen:

- Darstellung von Speckle-Interferogrammen als Streifenbild durch schnelle Bildsubtraktion im Echtzeitverfahren.
- Anwendung des Phasenschiebeverfahren mit drei-, vier- oder fünffacher Phasenverschiebung wahlweise am Anfang oder am Ende einer Messung.
- Demodulation nach der bewährten *Minimal-scanning-tree*-Methode unter Zuhilfenahme eines Berandungseditors [Ettemeyer, 1989]. Das genannte Verfahren zeichnet sich durch eine hohe Zuverlässigkeit aus, wobei der globale Verlauf der demodulierten Verteilung der Interferenzphasenänderung von lokalen Störungen im Allgemeinen nicht wesentlich beeinträchtigt wird.
- Quantitative Auswertung dreidimensionaler Deformationsfelder unter Berücksichtigung einer ortsabhängigen Beleuchtungs- und Beobachtungsgeometrie.
- Bestimmung der *In-plane*-Komponenten des Verzerrungszustandes im Messbereich durch punktweise numerische Differentiation der Verschiebungsverteilungen.

- Automatische Serienaufnahme, Speicherung und Serienauswertung von aufeinanderfolgenden Einzelmessungen, wie es bei den schrittweise ausgeführten biaxialen Bruchversuchen vonnöten ist.

3.4.4 Beurteilung der Genauigkeit von ESPI-Messungen und -Auswertungen

Die Messempfindlichkeit des eingesetzten interferometrischen Verfahrens liegt in der Größenordnung eines Bruchteils der verwendeten Lichtwellenlänge. Die tatsächliche Messgenauigkeit des ESPI-Systems zur räumlichen Deformationsanalyse ist jedoch wesentlich geringer. Für den Verlust an Genauigkeit sind mehrere, grundsätzlich verschiedenartige Einflüsse verantwortlich, welche das Messergebnis in unterschiedlichem Ausmaß verfälschen können. Einige davon sind unvermeidbar, andere dagegen können bis zu einem bestimmten Ausmaß durch geeignete Maßnahmen verringert bzw. im Zuge der Messdatenauswertung besonders berücksichtigt werden [Eberhardsteiner et al., 1996a, Gingerl, 1998].

Störungen und Fehlereinflüsse während einer Messung

Wie bereits eingangs erwähnt, können neben Fehlern und Ungenauigkeiten, die auf eine unsachgemäße ESPI-Auswertung zurückzuführen sind, während einer Messung eine Reihe von zum Teil unvermeidbaren Problemsituationen auftreten. Diese sehr komplexe und nicht genau quantifizierbare Thematik wird in [Gingerl, 1998] ausführlich behandelt und soll an dieser Stelle nur zusammenfassend dargestellt werden. Im Einzelnen sind folgende Fehlereinflüsse möglich:

- Inkohärenz und gestörte Monochromasie: Durch Instabilität des Lasers bzw. durch zu lange Lichtwege kann die zeitliche und räumliche Kohärenz der Beleuchtungsstrahlen – eine Grundvoraussetzung für die Interferenzfähigkeit einer Lichtwelle – verloren gehen. Darüber hinaus sind Änderungen der Lichtwellenlänge möglich.

- Depolarisation: Die teilweise oder vollständige Depolarisation eines Objektstrahls bei der Remission von der Messfläche führt durch einen sichtbaren Kontrastverlust zu einer qualitativen Beeinträchtigung des Messsignals. Dieser Effekt tritt häufig bei stark glänzenden bzw. spiegelnden Messoberflächen auf.

- Rauscheinflüsse: Überlange Signalwege bzw. mangelhafte elektrische Schirmung signalführender Leitungen führt zu einer Überlagerung des Messsignals mit einem elektronischen Rauschanteil. Zur Kompensation können geeignete Filteralgorithmen eingesetzt werden, welche allerdings ihrerseits eine Fehlerquelle darstellen.

- Speckle-Dekorrelation: Darunter versteht man den Verlust der Vergleichbarkeit korrespondierender Speckle-Interferogramme vor und nach einem Deformationsschritt. Ein Hauptgrund für das Auftreten von völliger oder teilweiser Speckle-Dekorrelation entsprechend Abb. 3.36 sind Veränderungen der Mikrostruktur der Messoberfläche zufolge chemischer, thermischer oder mechanischer Einflüsse. Mikrorisse an der Messoberfläche oder das Verdampfen von Lösungsmitteln bzw. lose Partikel von Beschichtungen zur Verbesserung der Remissionseigenschaften dunkler Messflächen zählen zu den häufigsten Ursachen für Dekorrelation.

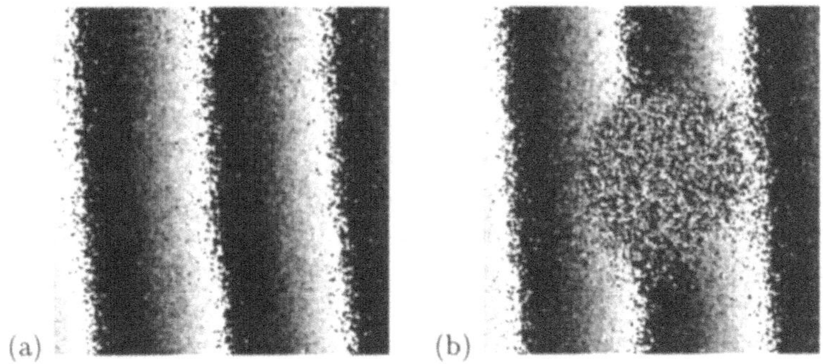

Abbildung 3.36: Modulo-2π-Phasenbild; (a) ungestört, (b) mit deutlich erkennbarem Dekorrelationseffekt

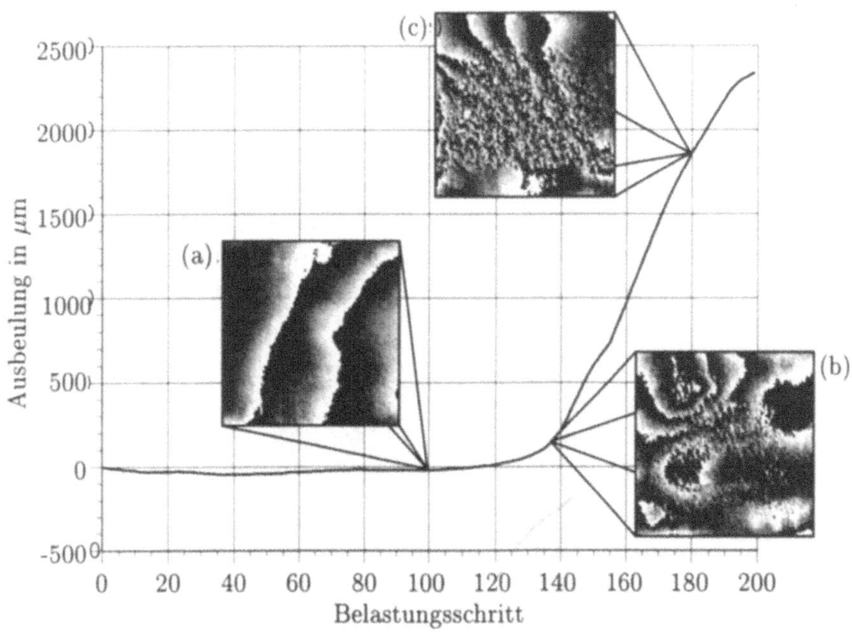

Abbildung 3.37: Dekorrelation in *In-plane*-Messrichtung auf Grund des Ausbeulens des Messobjekts

Eine andere Ursache für die Dekorrelation von Speckle-Interferogrammen sind große Starrkörperbewegungen des Messobjekts, aber auch das Auftreten großer Deformationen in von der Messrichtung abweichenden Richtungen. In beiden Fällen ändern sich die Lichtwege für einzelne Messpunkte unter Umständen beträchtlich. Ein Beispiel für den zweitgenannten Fall ist in Abb. 3.37 dargestellt. Diese Abbildung illustriert einerseits die starke Zunahme der *Out-of-plane*-Deformationen des Mittelpunktes eines unter Druckbeanspruchung stehenden Probekörpers nach Erreichen der Stabilitätsgrenze (etwa bei Lastschritt 130) und andererseits den damit verbundenen fortschreitenden Dekorrelationseffekt bei einer *In-plane*-Verschiebungsmessung.

- Schwingungseinflüsse: Derartige, im gegenständlichen Fall durch Schienen- und Straßenverkehr bzw. durch das Hydraulikaggregat der mechanischen Belastungseinrichtung verursachte Störeinflüsse führen zum einen zu Relativbewegungen zwischen Messobjekt und Messsystem und zum anderen zu Vibrationen von strahlführenden optischen Komponenten wie Spiegel, Strahlteiler und Linsen. Auf Grund des im Allgemeinen damit verbundenen völligen Kontrastverlustes im Messergebnis ist das Auftreten dynamischer Einwirkungen bei der Anwendung interferometrischer Messverfahren äußerst problematisch. Durch geeignete schwingungsdämpfende Maßnahmen (Lagerung der Belastungseinrichtung auf Elastomermatten, Entkopplung zwischen Belastungs- und ESPI-System, Positionierung des gesamten optischen Aufbaus auf schwingungsdämpfender Wabenplatte, ...) sowie durch Erhöhung der Anzahl der Phasenschiebungen für eine Messung von $L = 3$ auf $L = 4$ oder $L = 5$ und der damit verbesserten Auswertequalität konnten im vorliegenden Fall störende Einflüsse zufolge von Schwingungen weitgehend eliminiert werden.

- Luftschlieren durch Wärmekonvektion: Auf Grund der Wärmeabstrahlung von den etwa 60 °C heißes Öl führenden Hydraulikleitungen kommt es zu nicht-stationären und turbulenten Luftströmungen im Bereich des Probekörpers. Die davon verursachte wechselnde Lichtbrechung und die ständige Veränderung der relativen Wege der interferierenden Lichtwellen macht sich

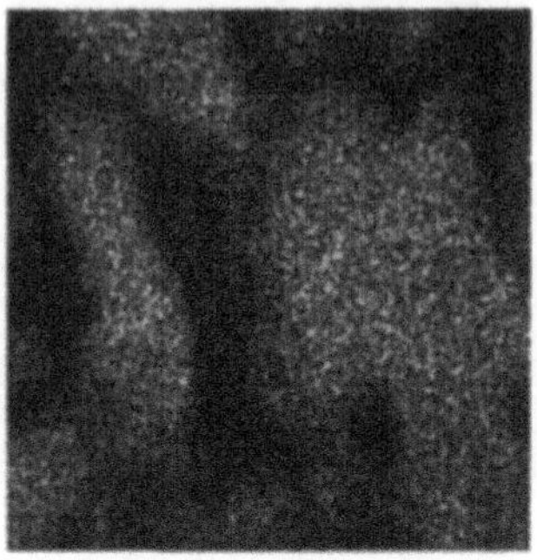

Abbildung 3.38: Störende Schlierenbildung durch Wärmekonvektion

im Echtzeitverfahren durch das Auftreten von Schlieren (siehe Abb. 3.38) bemerkbar. Ein dadurch hervorgerufener Messfehler ist nicht genau quantifizierbar. Das beschriebene Phänomen konnte durch Anordnung geeigneter Ventilatoren zur Erreichung möglichst stationärer Luftströmungen beseitigt werden.

- Inhomogene Beleuchtungsintensität: Voraussetzung für den Erhalt kontrastreicher Streifenbilder sind sowohl eine gleichmäßige und ausreichende Beleuchtung der Messfläche als auch eine gleichmäßige Lichtremission von jedem einzelnen Messpunkt. Lokale Störungen der Homogenität der Beleuchtungsintensität durch ungleiche Strahlteilung und ungünstige Strahlaufweitung, durch Beugungseffekte auf Grund von Verunreinigungen optischer Komponenten oder durch lokale Reflexionen sind daher zu vermeiden. Probleme mit der Lichtremission wie sie häufig bei metallisch glänzenden Oberflächen auftreten, wurden im gegenständlichen Fall bei den gefrästen Holzoberflächen nicht beobachtet.

- Phasenschiebefehler: Fehlfunktionen von Piezospiegeln bzw. Fehler bei der Piezokalibrierung verursachen Störungen beim Phasenschieben. Sie führen zu demodulierten Streifenbildern entsprechend Abb. 3.39. Sie sind durch das Fehlen eines gleichmäßigen Intensitätsverlaufes zwischen den Intensitätsmaxima (Sägezahnstruktur) gekennzeichnet und für eine weitere Auswertung völlig ungeeignet.

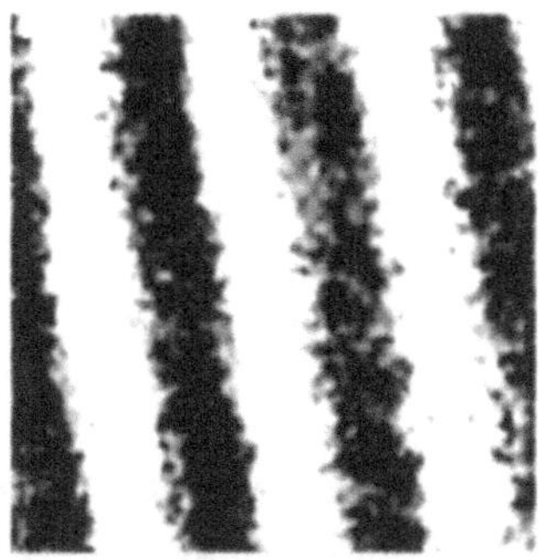

Abbildung 3.39: Modulo-2π-Phasenbild bei Auftreten eines Phasenschiebefehlers

Fehler und Ungenauigkeiten bei der Auswertung einer ESPI-Messung

Neben den bisher behandelten Problemsituationen, die während einer Messung auftreten können, ist insbesondere bei der automatisierten Auswertung von ESPI-Serienmessungen folgenden Gesichtspunkten besondere Aufmerksamkeit zu schenken [Eberhardsteiner et al., 1996a, Eberhardsteiner et al., 1996b, Gingerl, 1998]:

- Demodulationsfehler: Die in Abb. 3.31 in idealisierter Form dargestellte Demodulation von Phasenbildern stellt den kritischen Teil einer automatischen

ESPI-Auswertung dar. Dabei besteht, wie in Abb. 3.40 veranschaulicht, das Hauptproblem in der algorithmisch fehlerfreien Erkennung von Phasensprüngen. Im Gegensatz zu der in Abb. 3.40a dargestellten, sehr guten Streifenstruktur, ist die Demodulation der in Abb. 3.40b, c dargestellten Phasenbilder insbesondere in quantitativer Hinsicht fehlerhaft. Besonders deutlich erkennt man den durch Nichterkennen einzelner Phasensprünge verursachten Verlust an Messinformation anhand des Vergleiches der in Abb. 3.40 enthaltenen Schnittdarstellungen entlang durch die jeweilige Bildmitte verlaufender horizontaler Schnitte.

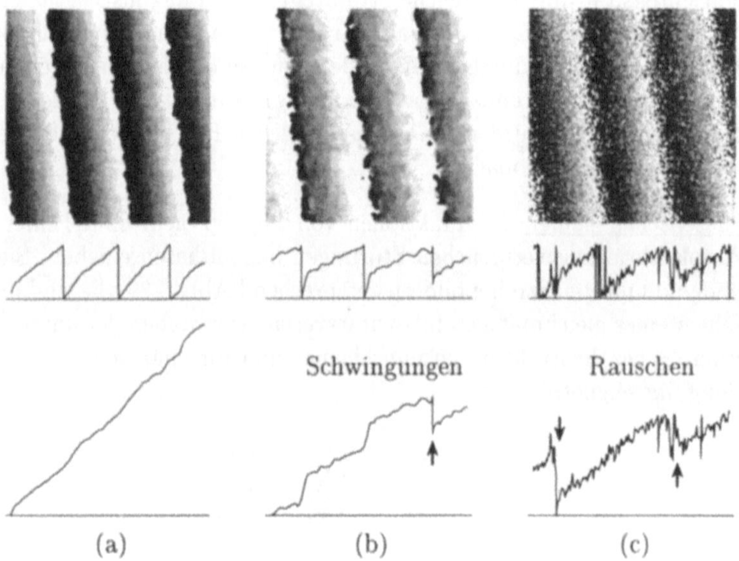

Abbildung 3.40: Beispiele für eine (a) fehlerfreie und (b) bzw. (c) fehlerhafte Demodulation

Durch die Bearbeitung der Phasenbilder mittels geeigneter Bildverarbeitungsfilter können die Voraussetzungen für eine zuverlässige Anwendung von Demodulationsalgorithmen deutlich verbessert werden. Wie Abb. 3.41 illustriert wird dabei einerseits der Rauschanteil verringert und andererseits durch Hervorheben der Intensitätssprünge (Phasensprünge) die Sägezahnstruktur verbessert. Im Zuge einer automatisierten und damit weitgehend unkontrollierten Anwendung von Filterprozessen ist jedoch zu bedenken, dass bei Phasenbildern mit schlechterer Qualität eine allzu starke Filterung die Messergebnisse unter Umständen deutlich verfälschen kann.

- Systematische Auswertefehler auf Grund vereinfachter Messungen: Wie im Zusammenhang mit Abb. 3.35 erläutert wurde, ist eine exakte quantitative Auswertung des räumlichen Deformationszustandes einer Messfläche nur mittels dreier unabhängiger Messinformationen und unter Berücksichtigung der Ortsabhängigkeit der Sensitivitätsvektoren $\mathbf{s}_j(\mathbf{r})$ möglich. Wie

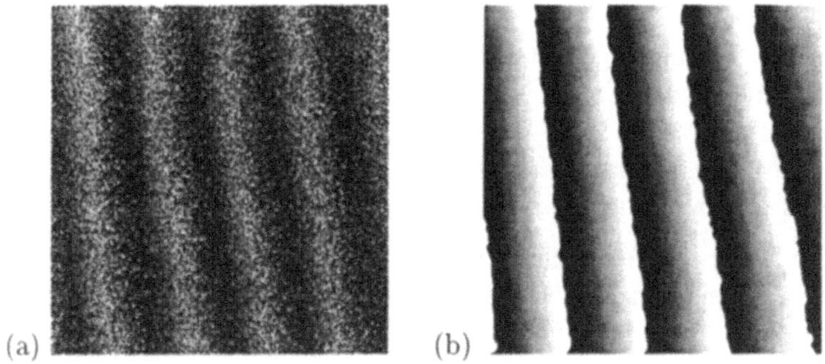

Abbildung 3.41: Moduliertes Phasenbild mit (a) schwacher und (b) starker Filterung

das in Abb. 3.42 dargestellte, auf die Messung einer einzelnen *In-plane*-Verschiebungskomponente beschränkte, vereinfachte Messschema beispielsweise zeigt, ändert der Sensitivitätsvektor auf Grund der divergenten Beleuchtung seine Richtung in Abhängigkeit vom Ort auf der Messfläche. Dieser Aufbau ist daher insbesondere in den Randbereichen der Messfläche gegenüber *Out-of-plane*-Verformungen empfindlich. Eine genaue quantitative Bestimmung der interessierenden *In-plane*-Deformationen ist daher ohne Kenntnis der *Out-of-plane*-Verschiebungen nicht möglich.

Das Ausmaß des auf Grund der Nichtberücksichtigung einzelner Messrichtungen entstehenden Fehlers lässt sich anhand der in Abb. 3.43 enthaltenen Berechnungsergebnisse abschätzen. Diese Abbildung zeigt auf der Basis der aktuellen Beleuchtungsgeometrie (siehe Tabelle 3.4) numerisch ermittelte Phasenbilder für die Messrichtungen $j = 1, 2, 3$ zufolge der in der linken Spalte der Abbildung dargestellten Verschiebungsfelder. Man erkennt deutlich,

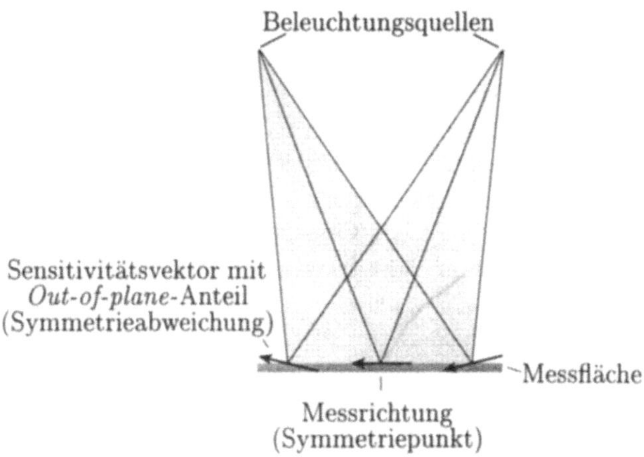

Abbildung 3.42: *In-plane*-Aufbau – Messempfindlichkeit in *Out-of-plane*-Richtung

dass die idealerweise anzustrebende Diagonalform der drei zur Geometriematrix zusammengefassten Sensitivitätsvektoren bei der Aufbaugeometrie des eingesetzten ESPI-Systems nicht voll erfüllt ist. Dies trifft insbesondere auf die *Out-of-plane*-Messrichtung (rechte Spalte, $j = 3$) zu, die in den beiden angenommenen Fällen einer *In-plane*-Verschiebung deutliche Messsignale (Streifen) liefert.

Die Hauptursache für dieses Verhalten geht aus Abb. 3.34 hervor. Zur fehlenden Übereinstimmung von Beleuchtungs- und Beobachtungsrichtung kommt eine ungünstige Lage des Symmetriepunkts.

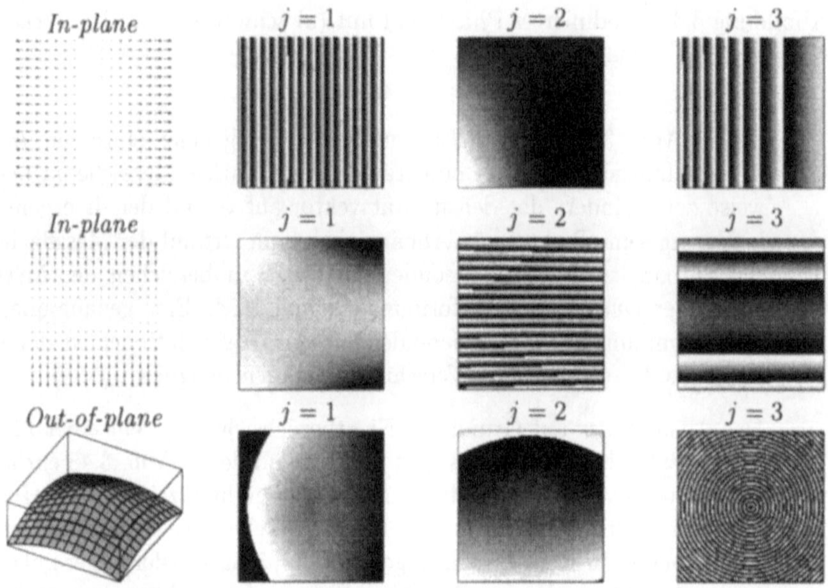

Abbildung 3.43: Numerisch ermittelte Streifenfehler für verschiedene Verschiebungsfelder

- Geometriefehler: Darunter werden quantitative Einflüsse auf ein Messergebnis verstanden, die durch Ungenauigkeiten der geometrischen Festlegung der Lage der Beleuchtungsquellen und des Beobachtungsortes sowie der Form und der Lage der Messfläche verursacht werden. Geometriefehler bewirken eine fehlerhafte Bestimmung der Sensitivitätsvektoren und haben daher einen direkten Einfluss auf das ausgewertete Messergebnis. Wie in [Gingerl, 1998] ausführlich dargestellt ist, sind beim eingesetzten ESPI-System Sensitivitätsänderungen zufolge fehlerhafter Abstandsmessungen und fehlerhafter Winkelangaben, welche die Neigung von *In-plane*-Messebenen zur Messfläche des Probekörpers betreffen, vernachlässigbar. Der dadurch verursachte Auswertefehler liegt bei maximal 0.2 %.

  Im Gegensatz dazu, kann ein vergleichsweise geringfügiger Winkelfehler in der Messebene (siehe Abb. 3.44) einen relativ großen prozentuellen Fehler im Messergebnis bewirken. Ein Winkelfehler von $\Delta\vartheta_i^{(j)} = 2°$ bei nur einer der beiden Beleuchtungsrichtungen führt zu den in Abb. 3.45 dargestellten absoluten bzw. relativen Empfindlichkeitsänderungen, die beide ausgeprägt nichtlinear von der Sensitivität des jeweiligen optischen Aufbaus abhängen.

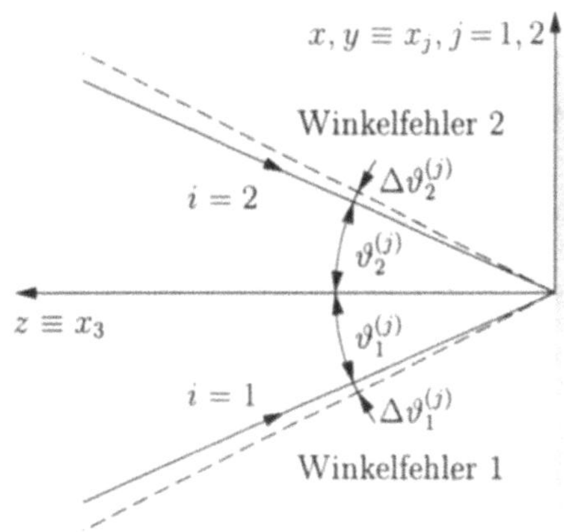

Abbildung 3.44: Winkelfehler in Bezug auf Beleuchtungsrichtungen

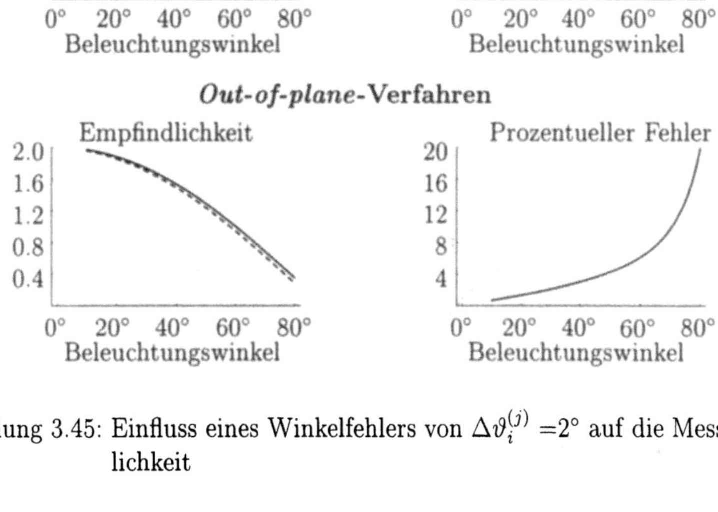

Abbildung 3.45: Einfluss eines Winkelfehlers von $\Delta\vartheta_i^{(j)} = 2°$ auf die Messempfindlichkeit

- Summationsfehler bei Serienmessungen: Nicht vernachlässigbare Summationsfehler können insbesondere dann auftreten, wenn bei einer großen Anzahl von Belastungsinkrementen systematische Auswertefehler bei den einzelnen Schritten entstehen. Typische Beispiele sind fehlerhafte Behandlungen der Randbereiche bei der Anwendung von Maskenfiltern oder bei der numerischen Differentiation der Verschiebungsfelder.

Kapitel 4

Biaxiale Bruchversuche an Fichtenholz

Nach der Beschreibung der für die Durchführung biaxialer Werkstoffversuche an Fichtenholz am Institut für Festigkeitslehre entwickelten Versuchseinrichtung folgt in diesem Kapitel eine umfassende Behandlung der durchgeführten experimentellen Arbeiten und eine Zusammenfassung und Diskussion der gewonnenen Ergebnisse.

Wie bereits zu Beginn des Kapitels 3 ausgeführt wurde, besteht der Inhalt dieses Forschungsvorhabens in der Bestimmung der Werkstoffeigenschaften von Fichtenholz bei biaxialer mechanischer Beanspruchung bis zum Materialversagen. Im Einzelnen wurden 439 Versuche an scheibenförmigen Probekörpern aus der LR-Ebene eines Stammes mit gegenüber den Probenrändern geneigter Faserlängsrichtung ($\varphi = 0°, 7.5°, 15°, 30°, 45°$) durchgeführt. Dabei wurden einerseits das Steifigkeitsverhalten von Holz in Form von Spannungs-Dehnungszusammenhängen zufolge verschiedener biaxialer Beanspruchungsverhältnisse im Zug/Zug-, im gemischten Zug/Druck- und im Druck/Druck-Bereich untersucht und andererseits die Materialfestigkeiten in Abhängigkeit von der Faserlängsrichtung φ als Bruchumhüllende im zweidimensionalen Hauptspannungsraum ermittelt. Wie in diesem Kapitel dokumentiert wird, bildet die Gesamtheit der gewonnenen Messergebnisse eine breite Grundlage für die Entwicklung leistungsfähiger mathematischer Werkstoffmodelle für zweiachsig, schräg zur Faserlängsrichtung beanspruchtes Fichtenholz.

4.1 Versuchsbedingungen, Materialparameter

Angesichts der zur Erreichung des Forschungszieles erforderlichen Vielzahl durchzuführender Versuche wurde den experimentellen Untersuchungen ausschließlich ausgewähltes, technologisch fehlerfreies und homogenes Probenmaterial zugrunde gelegt. Dieser Umstand erlaubt, wie in Unterkapitel 2.2.3 ausführlich erläutert wurde, eine deutliche Einschränkung der zu untersuchenden Versuchsparameter. Demgemäß wurden in der gegenständlichen experimentellen Arbeit neben den mechanischen Versuchsparametern – biaxiales Beanspruchungsverhältnis κ und Winkel zwischen Beanspruchungs- und Materialhauptrichtung φ – lediglich die Materialparameter Rohdichte ρ und Holzfeuchtigkeit u berücksichtigt. Letztere wurde durch Lagerung der Holzproben unter geregelten klimatischen Bedingungen bei einer Temperatur von 20 °C und einer relativen Luftfeuchtigkeit von 65 % konstant bei $u = 12$ % gehalten [DIN 52183, 1977]. Die Bestimmung der Rohdichte erfolgte für jeden Probekörper durch Volumen- und Massebestimmung gemäß DIN 52 182 [DIN 52182, 1976].

Die experimentellen Untersuchungen wurden auf der Grundlage einer kontinuumsmechanischen Betrachtungsweise mittels des verallgemeinerten HOOKE'schen Gesetzes für orthotrope Werkstoffe durchgeführt. Die in Unterkapitel 2.1 angegebene zweidimensionale, differentielle konstitutive Beziehung (2.7) besteht aus drei Gleichungen mit vier unabhängigen Werkstoffkenngrößen E_L, E_R, ν_{LR} und G_{LR} (siehe Gl. (2.8)). Dieses Gleichungssystem ist unterbestimmt. Die Berücksichtigung der zusätzlichen Beziehung (2.9) führt dazu, dass das Gleichungssystem im Allgemeinen ($\varphi > 0$) grundsätzlich lösbar wird. Wie allerdings numerische Analysen zeigten, ist das resultierende algebraische Gleichungssystem auf Grund der sehr unterschiedlichen Steifigkeiten in den Materialhauptrichtungen ($E_L/E_R \approx$ 30-40, $\nu_{LR} \approx 0.45$) numerisch sehr schlecht konditioniert. Dadurch führen bereits geringfügige Fehler bei der Ermittlung der Spannungs- und Verzerrungskomponenten zu beträchtlichen Abweichungen bei der Bestimmung der Materialparameter. Realistische Annahmen für die erzielbaren Genauigkeiten von ±2-3 % bei den an sich sehr präzisen Kraft- und Verschiebungsmessungen ergeben potentielle Fehler von bis zu 100 % bei den ermittelten Werkstoffkenngrößen.

Ein grundsätzliches Problem tritt bei der Behandlung des Sonderfalls koinzidierender Material- und Beanspruchungshauptachsen auf. Bei schubspannungs- bzw. schubverzerrungsfreier Beanspruchung ($d\tau_{LR} = d\gamma_{LR} = 0$; $\varphi = 0$) entfällt die dritte Gleichung der Beziehung (2.5) und es verbleibt unabhängig von der zusätzlichen Beziehung (2.9) ein nicht eindeutig lösbares System aus zwei Gleichungen mit den drei unbekannten Werkstoffkenngrößen E_L, E_R und ν_{LR}.

Eine naheliegende Möglichkeit zur Beseitigung der angeführten Probleme bei der Parameteridentifikation und zur Beschaffung zusätzlicher Messinformationen besteht darin, jeweils zwei Versuche mit einem Probekörper, jedoch mit unterschiedlichem Beanspruchungsverhältnis κ durchzuführen. Dabei muss allerdings die erste Versuchsdurchführung absolut schädigungsfrei bis zu einer möglichst hohen Belastungsintensität erfolgen, während der zweite Versuchsdurchgang auch zur Ermittlung der Festigkeitsgrenze dienen kann. Diese Vorgehensweise liefert im Falle von $\varphi > 0$ bzw. $\varphi = 0$ sechs bzw. vier unabhängige Gleichungen für die Bestimmung von vier bzw. drei Materialkennwerten. In der Praxis ist diese Strategie allerdings nicht anwendbar. Aus Gründen der numerischen Stabilität bei der Identifikation der Materialparameter sind für die beiden Versuche jeweils deutlich unterschiedliche Beanspruchungsverhältnisse vonnöten. Dabei sind jedoch permanente Schädigungen verursachende Zug- oder Druckbeanspruchungen normal zur Faserlängsrichtung in der jeweils ersten Versuchsdurchführung kaum vermeidbar.

Eine effiziente Möglichkeit zur Ergänzung der bei einem biaxialen Bruchversuch gewonnenen Messinformation sowie zur technologischen Charakterisierung des für die Herstellung der 2D-Proben verwendeten Rohmaterials besteht in der begleitenden Durchführung von einaxialen Zugversuchen parallel – entsprechend DIN 52 188 [DIN 52188, 1979] – und normal zur Faserrichtung. Mit Hilfe dieser Versuche kann zunächst der Einfluss der Rohdichte auf ausgewählte mechanische Eigenschaften von Holz bestimmt und daraus Relationen zwischen diesen Werkstoffparametern abgeleitet werden.

4.2 Einaxiale Zugversuche

Zur Durchführung dieser begleitenden Versuche wurde aus der Gesamtheit der für die biaxialen Werkstoffversuche benötigten Fichtenholzstämme eine repräsentative Anzahl (etwa 100 Proben je Versuchsart) aus der LR-Ebene der Stämme entnommen und damit die einaxialen Zugfestigkeiten $f_{t,0}$ und $f_{t,90}$ ermittelt. Die elastischen Materialkennwerte E_L, E_R und ν_{LR} wurden aus den linearen Bereichen der Spannungs-Dehnungsbeziehungen in Abhängigkeit von der Rohdichte bestimmt. Als Resultat wurden die charakteristischen rohdichtebezogenen mechanischen Initialeigenschaften jenes Rohmaterials erhalten, aus dem die biaxialen Holzproben hergestellt wurden.

Die angesprochenen einachsigen Zugversuche wurden mit Hilfe einer uniaxialen spindelgetriebenen Festigkeitsprüfmaschine (*Wolpert Testatron, 100 kN*) durchgeführt. Für die Messung der aufgebrachten Kräfte und der korrespondierenden Verzerrungen wurden Messwertaufnehmer der Firma *Hottinger Baldwin Messtechnik* eingesetzt. Im Einzelnen kamen Kraftaufnehmer der Type U2A mit Nennkräften von 2 kN und 10 kN (Kennwerttoleranz: ±0.2 %) sowie Setzdehnungsaufnehmer vom Typ DD1 mit Ausgangsmessabständen von 25 mm und 50 mm (Kennwerttoleranz: ±0.5 %) zum Einsatz. Letztere wurden jeweils an zwei gegenüberliegenden Seiten eines Probekörpers angebracht und die gesuchte Verzerrung über eine Mittelwertbildung bestimmt.

Die Form der verwendeten Holzprobekörper für die drei Arten von durchgeführten einaxialen Zugversuchen zur Bestimmung der Materialparameter E_L, E_R und ν_{LR} wurde, den jeweiligen Anforderungen entsprechend, unterschiedlich gewählt:

- Der in Abb. 4.1 dargestellte Probekörper für einaxiale Zugbeanspruchung parallel zur Faserrichtung entspricht der DIN 52 188 [DIN 52188, 1979]. Er dient zur rohdichtebezogenen Bestimmung des Elastizitätsmoduls

  $$E_L = \frac{\sigma_L}{\varepsilon_L} \,. \tag{4.1}$$

  Die Kraftaufbringung erfolgte mittels Keilklemmbacken und die resultierenden Verzerrungen wurden mit zwei gegenüberliegenden, in der Stabmitte in Längsrichtung angebrachten, Dehnungsaufnehmern gemessen.

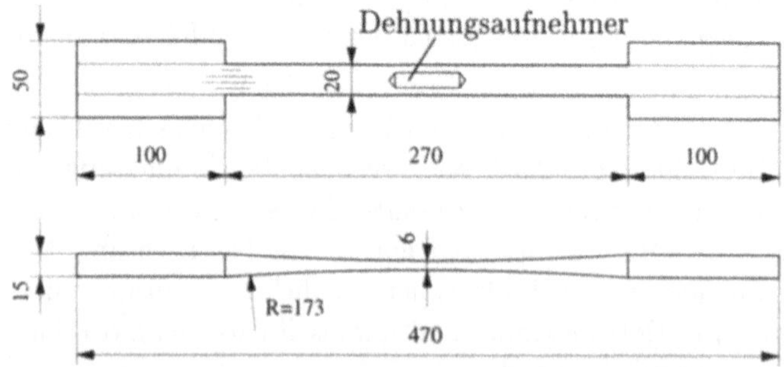

Abbildung 4.1: Probekörper zur Bestimmung des Elastizitätsmoduls $E_L(\rho)$

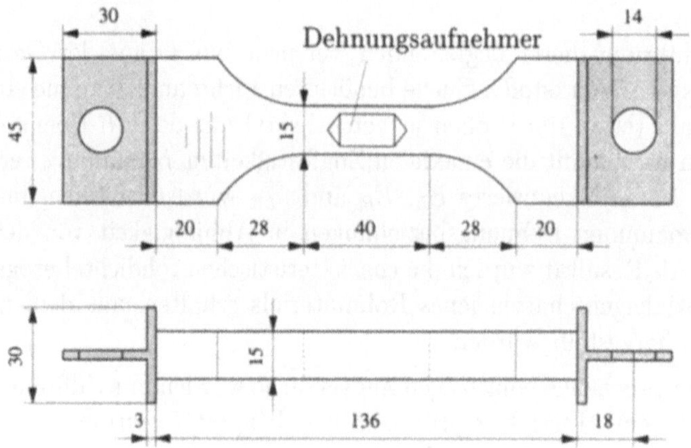

Abbildung 4.2: Probekörper zur Bestimmung des Elastizitätsmoduls $E_R(\rho)$

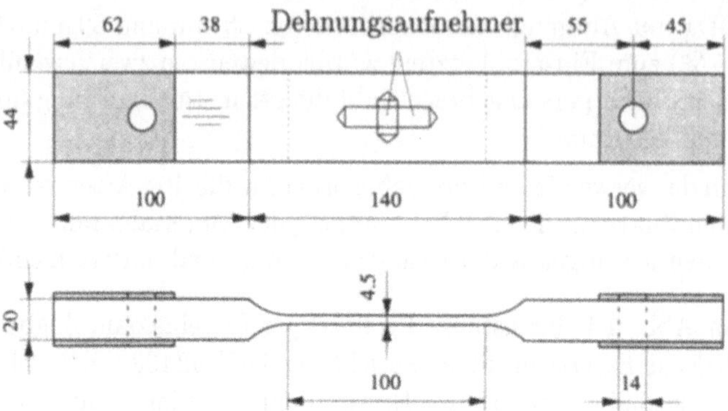

Abbildung 4.3: Probekörper zur Bestimmung der Querdehnungszahl $\nu_{RL}(\rho)$

- Die Form des in Abb. 4.2 dargestellten Holzprobekörpers für einaxiale Zugbeanspruchung normal zur Faserrichtung zur experimentellen Bestimmung des Elastizitätsmoduls

$$E_R = \frac{\sigma_R}{\varepsilon_R} \tag{4.2}$$

in Abhängigkeit von der Rohdichte entspricht im Wesentlichen einem Vorschlag von ENQUIST [Enquist, 1991]. In diesem Fall wurden die Kräfte mit Hilfe von Stahlbolzen über aufgeklebte T-förmige Aluminiumprofile in den Probekörper eingeleitet. Die Verzerrungsmessung erfolgte wie im zuvor beschriebenen Fall mittels angeklemmter Dehnungsaufnehmer.

- Abb. 4.3 enthält eine Darstellung der Holzprobe für einaxiale Zugbeanspruchung, wie sie für die Bestimmung der Querdehnungszahl

$$\nu_{LR} = -\frac{\varepsilon_R}{\varepsilon_L} \tag{4.3}$$

verwendet wurde. Wie ein Vergleich mit Abb. 3.5 zeigt, entspricht diese Form mit Ausnahme des Fehlens der Schlitze im Lasteinleitungsbereich genau dem mittleren Ausschnitt eines biaxialen Holzprobekörpers. Die Faserrichtung verlief parallel zur Probenlängsachse, die Dehnungsmessung erfolgte mittels gegenüberliegend, kreuzweise angeordneten Aufnehmern.

Für jede der drei beschriebenen Versuchskonfigurationen wurden etwa 100 Experimente durchgeführt. Die Proben wiesen eine Holzfeuchtigkeit von $u = 12$ % auf, welche durch Lagerung der Proben bei einer Raumtemperatur von 20 °C und einer relativen Luftfeuchtigkeit von 65 % erreicht wurde. Die Rohdichte jeder einzelnen Holzprobe wurde durch Volumen- und Massebestimmung gemäß DIN 52 182 [DIN 52182, 1976] ermittelt.

Die folgenden Diagramme enthalten die im Zuge der einaxialen Zugversuche ermittelten Materialkennwerte E_L (Abb. 4.4), E_R (Abb. 4.5) und ν_{LR} (Abb. 4.6) sowie die erreichten einaxialen Zugfestigkeiten parallel und normal zur Faserrichtung, $f_{t,0}$ und $f_{t,90}$ (Abb. 4.7 und Abb. 4.8), in Abhängigkeit von der Rohdichte ρ. Der Schubmodul G_{LR} lässt sich damit mittels Gl. (2.9) berechnen. Die Bestimmung der Werkstoffparameter erfolgte jeweils durch Mittelwertbildung der Messwerte für lineare Spannungs-Dehnungszusammenhänge im Bereich von etwa 20 bis 60 % des jeweiligen Bruchlastniveaus. Die Gleichungen für die in den Diagrammen eingezeichneten Regressionsgeraden lauten:

$$E_L^\star(\rho) = [3.82 + 21.8\rho] \cdot 10^3 \ , \quad R = 0.45 \ , \tag{4.4}$$

$$E_R^\star(\rho) = [-0.14 + 2.02\rho] \cdot 10^3 \ , \quad R = 0.38 \ , \tag{4.5}$$

$$\nu_{LR}^\star(\rho) = 0.45 + 0.112\rho \ , \quad R = 0.04 \ , \tag{4.6}$$

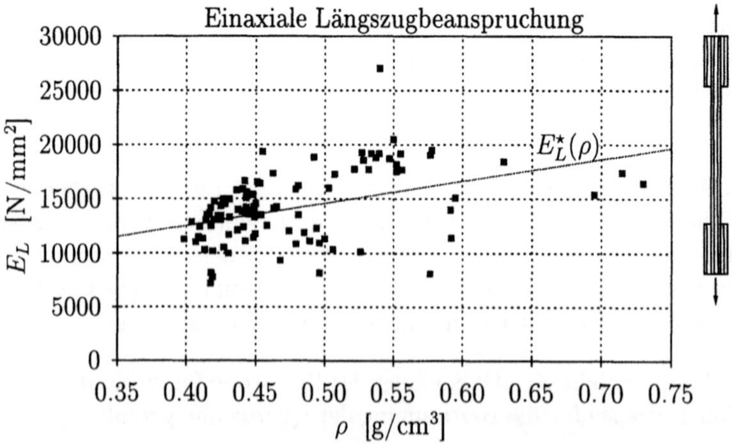

Abbildung 4.4: Elastizitätsmodul E_L in Abhängigkeit von ρ

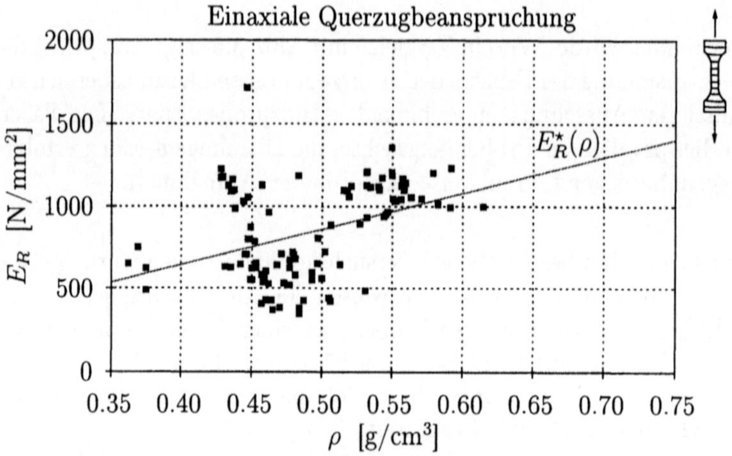

Abbildung 4.5: Elastizitätsmodul E_R in Abhängigkeit von ρ

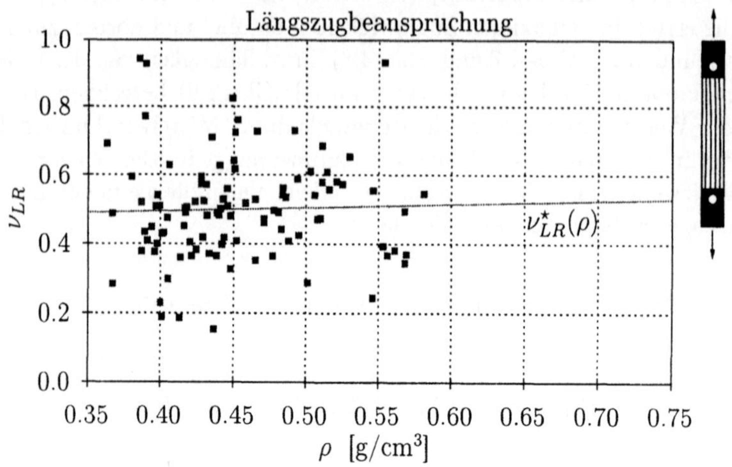

Abbildung 4.6: Querdehnungszahl ν_{LR} in Abhängigkeit von ρ

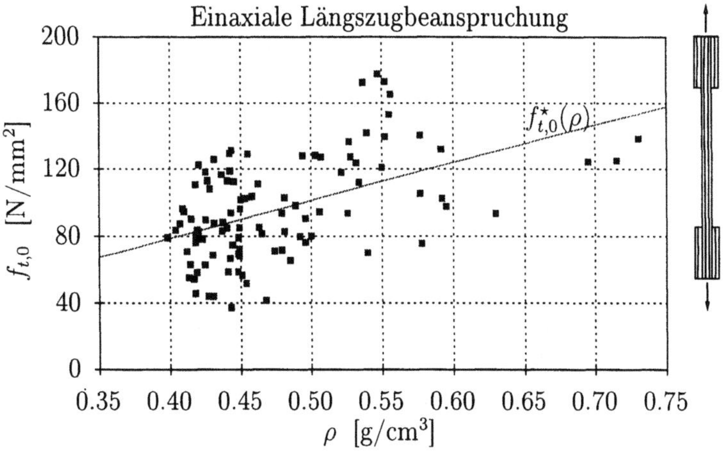

Abbildung 4.7: Einaxiale Zugfestigkeit $f_{t,0}$ in Abhängigkeit von ρ

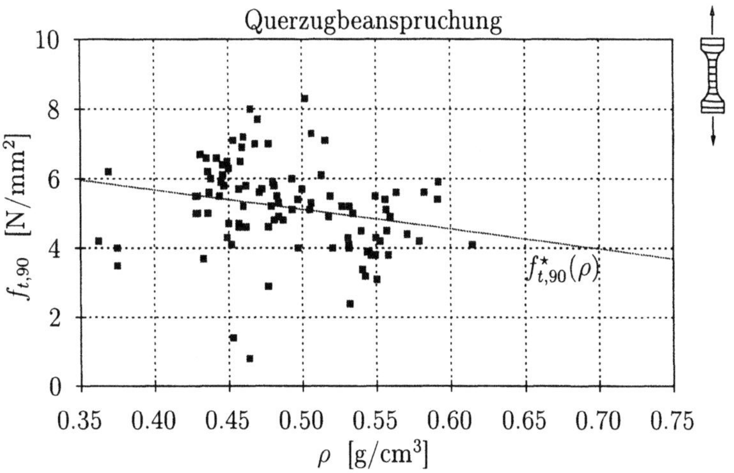

Abbildung 4.8: Einaxiale Zugfestigkeit $f_{t,90}$ in Abhängigkeit von ρ

$$f^\star_{t,0}(\rho) = [-12.2 + 227.0\rho] \ , \quad R = 0.50 \ , \tag{4.7}$$

$$f^\star_{t,90}(\rho) = [7.94 - 5.66\rho] \ , \quad R = 0.23 \ , \tag{4.8}$$

mit $E^\star$ und $f^\star$ in N/mm², ρ in g/cm³ und R als dem Regressionskoeffizienten. Die in den Abb. 4.4 und 4.5 dargestellten Zusammenhänge für $E_L(\rho)$ und $E_R(\rho)$ bzw. die entsprechenden linearen Regressionen (siehe Gln. (4.4) und (4.5)) geben die bei Holz zu erwartenden relativ starken Streuungen wieder [Kollmann, 1982]. Eine signifikante Abhängigkeit der Elastizitätsmoduln E_L und E_R von der Rohdichte ρ ist aber noch erkennbar. Im Gegensatz dazu lässt das in Abb. 4.6 dargestellte

Diagramm gemeinsam mit dem in Gl. (4.6) angegebenen Regressionskoeffizienten von 0.04 keine signifikante Abhängigkeit von der Rohdichte erkennen. Der in Abb. 4.8 dargestellte, mit steigender Rohdichte absinkende Verlauf der einaxialen Zugfestigkeit normal zur Faserrichtung ist in Anbetracht des niedrigen Regressionskoeffizienten von 0.23 zumindest qualitativ realistisch.

4.3 Biaxiale Bruchversuche

4.3.1 Versuchsvorbereitung und -durchführung

Ausgangspunkt für die Vorbereitung der Versuche war die Auswahl von geeignetem Fichtenholz (DIN 52 180). Die weitgehend fehlerfreien Holzproben wurden in die endgültige Form (Typ A, B, C; siehe Unterkapitel 3.2.2) gebracht und danach zur Sicherstellung einer Holzfeuchtigkeit von $u = 12$ % über mehrere Wochen in einem klimatisierten Raum bei 65 % relativer Luftfeuchtigkeit und 20 °C Raumtemperatur gelagert. Während der Beklebung der Holzprobekörper mit Stahlplättchen befanden sich diese bis zum Aushärten des Klebers für einen Zeitraum von etwa 24 Stunden außerhalb des Klimaraums.

Die Versuchsdurchführung gliederte sich im Wesentlichen in drei aufeinanderfolgende Phasen, und zwar der Einricht-, der Vorspann- und der Belastungsphase:

- Die Einrichtphase hat einen kräftefreien Initialzustand des Probekörpers in der hydraulischen Belastungseinrichtung zum Ziel. Der Einrichtvorgang besteht zum Teil aus manuellen und zum Teil aus automatisierten Positionierabläufen (siehe Abschnitt 3.3.2), wobei es hauptsächlich darum geht, die zwölf Lasteinleitungsbolzen einzuführen, ohne nennenswerte Kräfte auf den Probekörper auszuüben. Damit sollte eine Vorschädigung des Probekörpers verhindert werden.

- Die Vorspannphase dient dazu, mechanische Spiele der drehbaren Aufhängungen der 24 Lasteinleitungsachsen an der Belastungseinrichtung sowie Toleranzen zwischen den 12 Bohrungen des Probekörpers und den eingeführten Lasteinleitungsbolzen zu überwinden. Das in Abbildung 3.20 dargestellte Vorspannziel in Bezug auf die Lasteinleitungskräfte wird mit Hilfe des im Unterkapitel 3.3.2 beschriebenen speziell entwickelten Software-Algorithmus zuverlässig und rasch erreicht.

- Die Belastungsphase entspricht der eigentlichen Versuchsdurchführung im Sinn einer gezielten schrittweisen biaxialen Beanspruchung des Probekörpers (bis zum Materialversagen) unter Zugrundelegung der im nachfolgenden Unterkapitel angegebenen Verschiebungsvorschriften. Die automatisierte Ablaufsteuerung erfolgt mit Hilfe der im Unterkapitel 3.3.2 beschriebenen asynchronen Kommunikation zwischen dem hydraulischen Belastungssystem und dem ESPI-System. Die für die gegenständlichen Materialuntersuchungen erforderlichen Messungen werden von beiden Messsystemen nach jedem einzelnen Lastschritt gemäß einem im Unterkapitel 3.3.2 beschriebenen Belastungszyklus durchgeführt.

4.3.2 Probenbeanspruchung, Verschiebungsvorschriften

Über die Entwicklung geeigneter Verschiebungsvorschriften im Zuge einer ausführlichen numerischen Studie wurde bereits in Unterkapitel 3.2.3 berichtet. Wesentliches Kennzeichen dieser Verschiebungsvorgaben sind die Sicherstellung homogener Verzerrungsverteilungen sowie das Fehlen von Schubspannungen im Messbereich der Probe für beliebige Faserrichtungen φ.

Die beiden mechanisch wesentlichen Versuchsparameter sind der Winkel φ zwischen der Faserlängsrichtung L und der Richtung der Hauptnormalspannung σ_1 ($\equiv x$-Achse in Abb. 3.11) sowie das biaxiale Beanspruchungsverhältnis $\kappa = \bar{u} : \bar{v}$. Im Einzelnen umfasst das Versuchsprogramm die experimentelle Bestimmung von fünf Bruchumhüllenden, nämlich jene für

$$\varphi = 0°,\ 7.5°,\ 15°,\ 30° \text{ und } 45°.$$

Die Wahl der Beanspruchungsverhältnisse κ erfolgte derart, dass für die einzelnen Faserrichtungen jeweils möglichst dichte und geschlossene Festigkeitsdaten für alle Beanspruchungsbereiche – biaxiale Zug-, biaxiale Druck- und gemischte Zug- und Druckbeanspruchung – erhalten wurden (siehe Abbildungen 4.21 bis 4.30). Versuche für die Faserrichtungen

$$\varphi = 60°,\ 75°,\ 82.5° \text{ und } 90°$$

wurden nicht durchgeführt. Alle ergänzenden, für die mechanische Werkstoffbeschreibung benötigten experimentellen Informationen, erhält man auf Grund der in Abbildung 4.9 dargestellten Äquivalenz zweier Versuchskonfigurationen

$$\{\varphi; \kappa = \bar{u} : \bar{v}\} \equiv \{\varphi' = 90 - \varphi; \kappa' = 1/\kappa = \bar{u}' : \bar{v}'\} \tag{4.9}$$

mit $\bar{u}' = \bar{v}$ und $\bar{v}' = \bar{u}$.

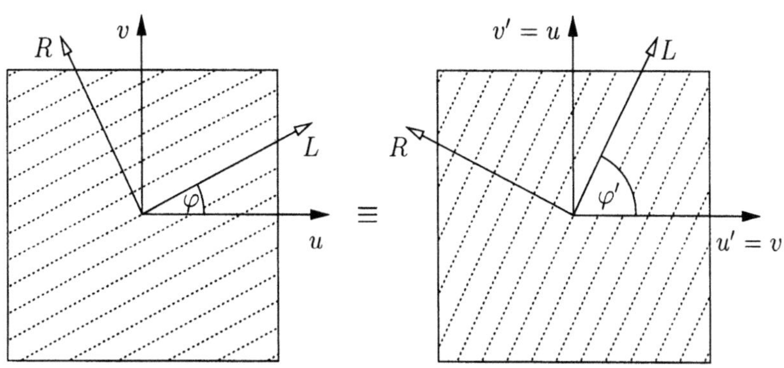

Abbildung 4.9: Äquivalenz zweier Versuchskonfigurationen

Die für eine bestimmte Versuchskonfiguration $\{\varphi; \kappa\}$ in den zwölf Lasteinleitungspunkten schrittweise aufgebrachten Verschiebungskomponenten sind in den Gleichungen (3.1) sowie in der Tabelle 3.3 angegeben.

4.3.3 Versuchsdokumentation

Auf Grund der großen Zahl von Versuchen und den damit verbundenen zeitaufwendigen Verarbeitungs- bzw. Auswerteprozeduren, kommt der systematischen Versuchsdokumentation und der effizienten Verarbeitung der Messinformation große Bedeutung zu. Auf die Entwicklung von geeigneter effizienter Software zur Verwaltung und Verarbeitung der vielfältigen und umfangreichen Messdaten sowie zur gesicherten und kontrollierten Auswertung und Darstellung der experimentellen Ergebnisse wurde daher besonderes Augenmerk gelegt.

Zum Zweck einer späteren eindeutigen Identifizierung wurde jeder einzelne Probekörper mit einer Nummer versehen, die aus dem jeweiligen Klebedatum und einer zusätzlichen Ziffer besteht, die der Position des Probekörpers in der dafür entwickelten Klebevorrichtung entspricht. In der Regel erfolgte die Verklebung der Stahlplättchen im Lasteinleitungsbereich jeweils an vier Probekörpern gleichzeitig. Die genannte Probekörpernummer wurde in der Form „JJMMTTN" angegeben. Beispielsweise wurde der Probekörper mit der Bezeichnung „9806272" am 27. Juni 1998 an der Position 2 der Klebevorrichtung mit Stahlplättchen beklebt.

Die einzelnen Versuche wurden in der Reihenfolge ihrer Durchführung mit einer fortlaufenden dreistelligen Nummer (001, 002, ...) versehen, die zur eindeutigen Identifikation innerhalb einer umfassenden Dokumentationsdatenbank dient. Diese speziell strukturierte Versuchsdatenbank enthält über eine detaillierte Dokumentation der Versuche hinaus ein Bruchbild des jeweiligen Probekörpers (siehe Unterkapitel 4.3.4) sowie zwei spezielle Filmdarstellungen, welche die bei den ESPI-Messungen für die beiden Messrichtungen gewonnenen Modulo-2π-Darstellungen der einzelnen Lastinkremente enthalten. Der Ablauf der einzelnen Streifenbilder als Film stellt das Ergebnis einer zumeist mehrere Stunden währenden Auswerteprozedur dar und ermöglicht dem erfahrenen ESPI-Anwender eine sehr rasche Qualitätsbeurteilung einer Messung durch visuelle Kontrolle des Grauverlaufes in Bezug auf die für die Demodulation wichtige Sägezahnstruktur der einzelnen Streifenbilder. Darüber hinaus liefern diese Filmdarstellungen detaillierte Informationen, bei welchen Lastinkrementen Bruchvorgänge (auch Fasereinrisse) stattgefunden haben.

Mit Hilfe der im Unterkapitel 3.3.2 beschriebenen Mess- und Steuerungssoftware des Belastungssystems `BiaxPro` wurden am Ende der Einricht- und Vorspannphase und nach jedem Schritt der Belastungsphase eines Versuchs die absoluten und relativen Lasteinleitungskräfte (bezogen auf den Vorspannzustand) sowie die entsprechenden Soll- und Ist-Werte der Positionen und Positionsänderungen der Hydraulikzylinder und der Lasteinleitungspunkte sowie der kraftabhängigen Längenänderungen der 24 Belastungsachsen festgehalten. Von diesen Messdaten wurden für verschiedene Auswertungsfälle sowohl zylinderbezogene als auch polare und kartesische (zweidimensionale) Darstellungen berechnet. Darüber hinaus wurden die jeweiligen Vorspannvorgaben für die Lasteinleitungskräfte und die Verschiebungsvorgaben für die schrittweise biaxiale Beanspruchung in der Belastungsphase sowie Warnungen und Fehler (beispielsweise Überschreitungen der Soll-Ist-Toleranzen bei der Zylinderpositionierung) während der Versuchsdurchführung festgehalten.

Bei den mit dem Programm `Istra` durchgeführten ESPI-Messungen wurde zu Dokumentationszwecken jeweils eine Bilddarstellung des Probekörpers in Form der digitalen Aufnahme eines Speckle-Interferogramms gesichert (siehe beispielsweise Abbildung 3.29a). Darüber hinaus wurden die für eine Auswertung verwendete Berandung mit der entsprechenden Bemaßung sowie relevante Software-Parametereinstellungen, wie beispielsweise die verwendeten Grafikfilter, gesichert.

4.3.4 Grundlagen der Versuchsauswertung

Im Hinblick auf das beschriebene experimentelle Konzept wurden biaxiale Festigkeiten sowie Verzerrungs- und Spannungsinkremente für jeden biaxialen Holzversuch in der nachfolgend beschriebenen Weise ermittelt.

Bestimmung der biaxialen Festigkeiten

Zur Bestimmung der biaxialen Holzfestigkeiten wurde eine Analyse des Materialversagens durchgeführt. Bei der Dokumentation eines Versuchs wurde ein Bruchbild des gesamten Probekörpers in der in Abbildung 4.10 dargestellten Art aufgenommen.

Bei der Untersuchung des Bruchs kommt es hauptsächlich darauf an, festzustellen, bei welchem Belastungsschritt und an welcher Stelle des Probekörpers die erste Materialschädigung aufgetreten ist. Im Regelfall trat der Bruch im Messfeld auf, wo mit Hilfe des ESPI-Systems auch die Verzerrungsverteilungen gemessen wurden. Die Rissausbreitung erfolgte in den meisten Fällen parallel zur Faserrichtung und führte so zu einem Spaltbruch des Probekörpers. Abbildung 4.11 zeigt ein charakteristisches Beispiel eines derartigen Bruchverlaufs. Bei einigen biaxialen Beanspruchungen dominierte die Belastung parallel zur Faser derart, so dass Splitterbrüche auftraten, wie sie aus einachsigen Zugversuchen parallel zur Faserrichtung bekannt sind. Abbildung 4.12 stellt ein Beispiel einer derartigen Bruchart dar. In seltenen Fällen kam es zum Versagen des Lasteinleitungsbereichs.

Abgesehen vom Bruchbild stehen für eine individuelle Festigkeitsanalyse verschiedene Informationsquellen zur Verfügung. Erste Hinweise auf einen Bruch lieferten akustische und visuelle Wahrnehmungen während des Versuchsablaufs, wobei beim Werkstoff Holz diesbezüglich auffällt, dass die Lautstärke des Bruch- bzw. Rissgeräusches nicht unbedingt mit dem Ausmaß des jeweiligen Materialversagens korreliert. Mit freiem Auge nicht erkennbare, lokale (oft oberflächliche) Fasereinrisse führten in einigen Fällen zu deutlich hörbaren, knallartigen Geräuschen,

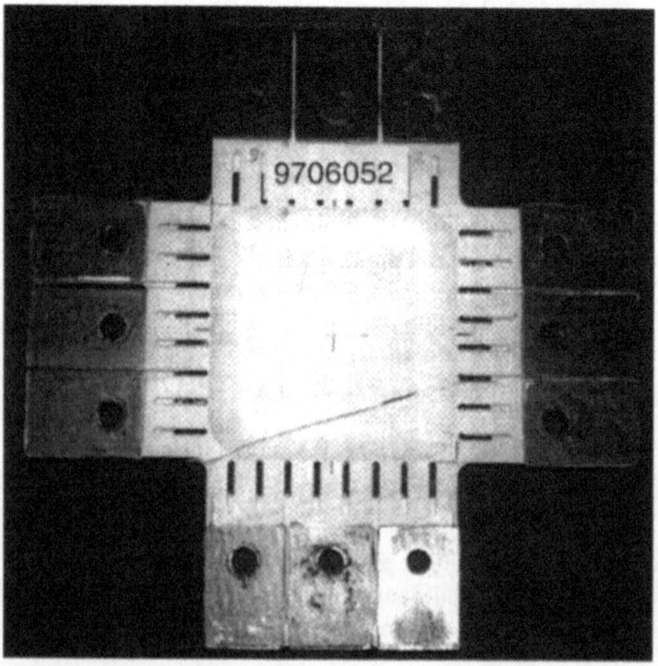

Abbildung 4.10: Bruchbild eines Probekörpers mit der Faserrichtung $\varphi = 15°$ nach einer biaxialen Beanspruchung im Verhältnis $\kappa = +1$:-2

die keine weiteren makroskopischen Auswirkungen (wie beispielsweise signifikante Einbrüche von Lasteinleitungskräften) zeigten.

In der überwiegenden Mehrzahl der Fälle stellten die empfindlichen ESPI-Messungen – insbesondere im Zusammenhang mit den zuletzt beschriebenen mikroskopischen Effekten – mit Abstand die zuverlässigste Informationsquelle dar, wenn es um die Feststellung von Materialveränderungen bei bestimmten Lastschritten ging. Die diesbezügliche messtechnische Problematik – ein möglicher Dekorrelationseffekt, der bis zum völligen Verlust des Messsignals führen kann – wurde als „Störungen und Fehlereinflüsse während einer Messung auf Grund von Speckle-Dekorrelation“ im Unterkapitel 3.4.4 beschrieben.

Die größte praktische Bedeutung für die Ermittlung der biaxialen Festigkeiten haben im gegenständlichen Zusammenhang die vom Belastungssystem gelieferten Lasteinleitungskräfte, die für jeden durchgeführten Versuch in Form von zwölf Kraftvektoren in Abhängigkeit vom Belastungsschritt vorliegen. Die in Abbildung 4.19 für einen ausgewählten Versuch dargestellten Diagramme enthalten für den entsprechenden biaxialen Beanspruchungsfall ($\varphi = 15°$, $\kappa = +1$:-2) charakteristische (fett dargestellte) Verläufe der zwölf normal zum jeweiligen Probekörperrand ausgerichteten Komponenten der Lasteinleitungskräfte in Abhängigkeit vom Belastungsschritt. Darüber hinaus ist in jedem der beiden Diagramme jeweils der Verlauf der (dünn dargestellten) Mittelwerte gegenüberliegender horizontaler bzw. vertikaler Kraftkomponenten eingetragen.

Ausgehend von den gemessenen Lasteinleitungskräften wurden die gemittelten Spannungskomponenten $\overline{\sigma}_1$ und $\overline{\sigma}_2$ im Messfeld des Probekörpers entsprechend Abschnitt „Bestimmung der Spannungen" dieses Unterkapitels ermittelt und in Abhängigkeit von den Belastungsschritten dargestellt. Die so erhaltenen Diagramme bildeten die Grundlage zur Festlegung des Bruchpunktes eines Versuches, wobei als Kriterium für die Definition des Bruchpunkts das Erreichen eines Maximalwerts einer der beiden Spannungskomponenten diente. In der überwiegenden Mehrzahl der Versuche, insbesondere bei Auftreten von sprödem Zugversagen (siehe z. B. Abb. 4.13a) bzw. ausgeprägt duktilem Druckversagen (siehe z. B. Abb. 4.13b),

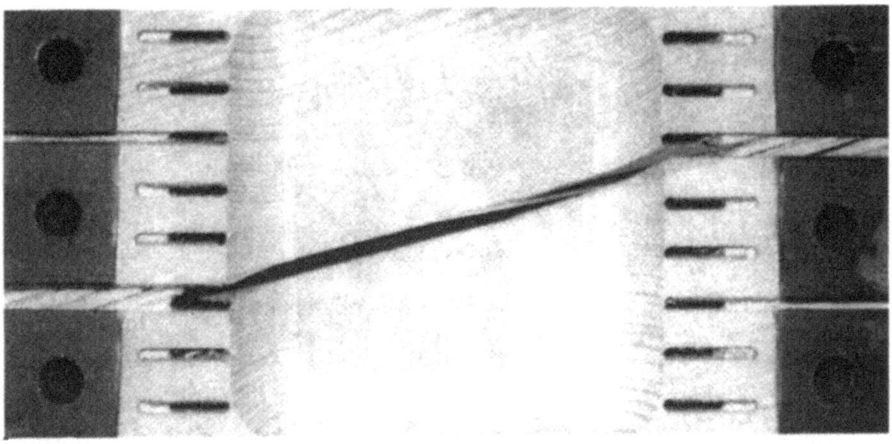

Abbildung 4.11: Spaltbruch eines Probekörpers mit der Faserrichtung $\varphi = 15°$ nach einer biaxialen Beanspruchung im Verhältnis $\kappa = +1{:}0$

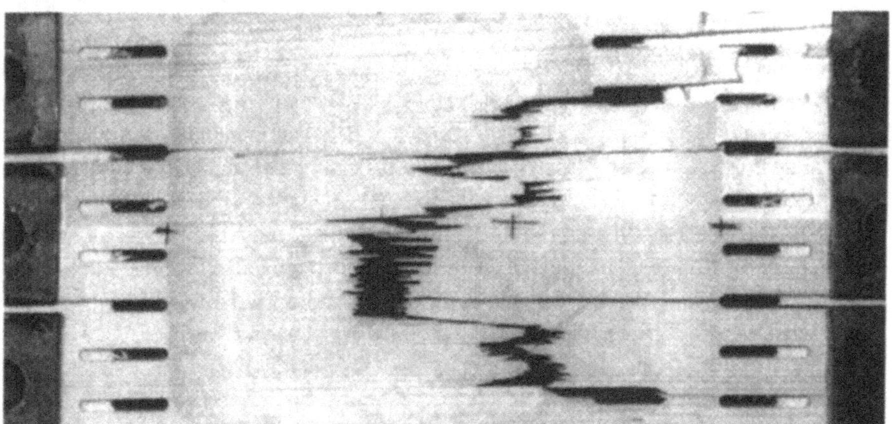

Abbildung 4.12: Splitterbruch eines Probekörpers mit der Faserrichtung $\varphi = 0°$ nach einer biaxialen Beanspruchung im Verhältnis $\kappa = +1{:}0$

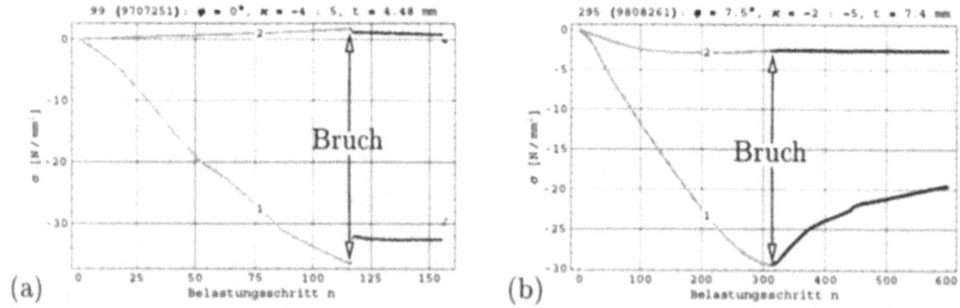

Abbildung 4.13: Identifizierung des Bruchpunktes bei (a) sprödem Zugversagen, (b) duktilem Druckversagen

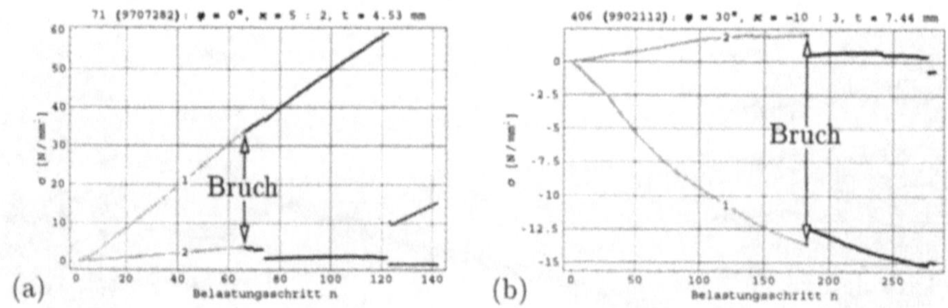

Abbildung 4.14: Beispiele für die Festlegung der biaxialen Festigkeit

war die Identifikation des Bruchzeitpunktes problemlos möglich.

Die Spannungsverläufe einiger Versuche weisen mehrere oder unterschiedliche Extremwerte für die einzelnen Spannungskomponenten auf. Die in diesen Fällen durchgeführten Analysen des Bruchverhaltens ergaben, dass in der Regel der erste auftretende Extremwert im Spannungsverlauf als Bruchpunkt (biaxiale Festigkeit) anzusehen ist. Bei dem in Abbildung 4.14a als charakteristisches Beispiel dargestellten biaxialen Zugversuch ($\varphi = 0°, \kappa = +5 : +2$) ist die zweiachsige Festigkeit durch das Erreichen der Zugfestigkeit in Faserquerrichtung (Lastschritt 66) gegeben. Die darauf folgende Belastungsphase ist zwar durch einen zusätzlichen Anstieg der Spannungen in Faserlängsrichtung gekennzeichnet, auf Grund von Brucherscheinungen in den seitlichen Lasteinleitungsbereichen des Probekörpers entspricht dieser Teil des Experiments jedoch einem einaxialen Experiment und ist daher für die Ermittlung der biaxialen Bruchfestigkeit ohne Bedeutung. Eine ähnliche Situation liegt bei dem in Abbildung 4.14b enthaltenen Versuchsergebnis für $\varphi = 30°, \kappa = -10 : +3$ vor. Die biaxiale Festigkeit wird wiederum durch das Überschreiten der Querzugfestigkeit in Lastschritt 182 bestimmt.

Bestimmung der Verzerrungen

Die Verteilungen der Verzerrungskomponenten wurden durch numerische Differentiation der mit Hilfe des ESPI-Systems gemessenen Verschiebungsfelder ermittelt. Im Hinblick auf die Zielsetzung – Entwicklung biaxialer Werkstoffgesetze – erfordert die Versuchsauswertung bei jedem einzelnen Lastschritt eine geeignete Reduktion dieser flächenhaften Messinformation auf einzelne skalare Werte für die gesuchten mechanischen Größen $\varepsilon_{11} \equiv \varepsilon_x$, $\varepsilon_{22} \equiv \varepsilon_y$ und $\gamma_{12} \equiv \varepsilon_{xy}$. In diesem Zusammenhang ist zu bedenken, dass es sich hier um eine sehr große Anzahl von Einzelversuchen mit teilweise bis zu 1 000 Belastungsinkrementen handelt. Der mit den Serienauswertungen verbundene Zeitaufwand (bis zu einem Tag je Versuch) erforderte auch in dieser letzten Phase der Auswertung der ESPI-Messungen effiziente Algorithmen. In erster Approximation erfolgte eine einfache Mittelwertbildung, wobei durch gezielte Variation des Auswertebereichs gleichzeitig die Homogenität der Verzerrungsverteilung kontrolliert wurde.

Abbildung 4.15 illustriert die eingeschlagene Vorgangsweise an einem konkreten, durch deutliche Inhomogenität gekennzeichneten Beispiel. Abbildung 4.16 zeigt die entsprechende Ergebnisdarstellung, wie sie bei einer routinemäßigen Auswertung der biaxialen Holzversuche für eine erste Beurteilung der Homogenität der inkrementell ermittelten Verzerrungsverteilungen herangezogen wurde.

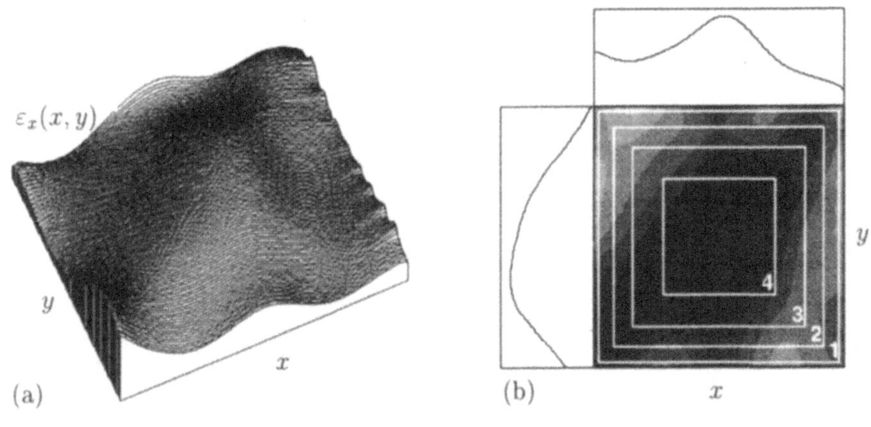

Abbildung 4.15: (a) Höhenliniendarstellung bzw. (b) Konturdarstellung einer Verzerrungsverteilung ε_x über dem Messfeld des Probekörpers (140 × 140 mm)

Abbildung 4.15a zeigt die Höhenliniendarstellung der sichtlich inhomogenen Verteilung der Verzerrungen in x-Richtung über dem Messfeld des Holzprobekörpers am Ende der Belastungsphase. Abbildung 4.15b stellt dieselbe Verteilung in Graustufen dar, wobei die vier im Bild eingezeichneten konzentrischen Quadrate den bei den bisherigen Routineauswertungen festgelegten Auswertebereichen für die jeweiligen Mittelwertbildungen entsprechen. Zur Verdeutlichung der inhomogenen Verhältnisse (sowohl in Horizontal- als auch in Vertikalrichtung) zeigen zwei weitere (eindimensionale) Diagramme in Abbildung 4.15b die Verteilungen der über ganze Zeilen bzw. Spalten gebildeten Mittelwerte.

Die in Abbildung 4.15 dargestellte Verzerrungsverteilung entspricht dem Deformationszustand der quadratischen Messfläche des Probekörpers am Ende des

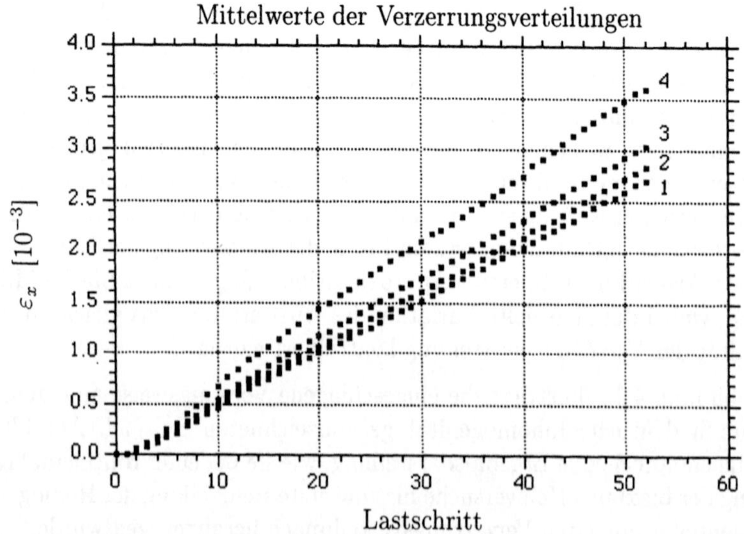

Abbildung 4.16: Lastschrittabhängiger Verlauf der mittleren Verzerrungen ε_x unter Zugrundelegung der vier in Abbildung 4.15 dargestellten Auswertebereiche 1-4

vom Vorspannzustand bis zum Bruch schrittweise durchgeführten Versuchs. Abbildung 4.16 zeigt die quantitativen Auswirkungen der zuvor beschriebenen Variation der Auswertebereiche 1 bis 4 auf die Mittelwerte der darin enthaltenen Verzerrungen in Abhängigkeit vom Belastungsschritt. Diese inkrementelle Art der Ergebnisdarstellung ist noch unabhängig von der nachfolgend beschriebenen Auswertung der Kraftmessungen zur Ermittlung der zugeordneten Spannungswerte, was die Interpretierbarkeit im gegenständlichen Zusammenhang erleichtert.

Im Fall des vorliegenden Beispiels liefern die relativ deutlich erkennbaren Unterschiede der in Abbildung 4.16 dargestellten Verläufe einen ersten Hinweis auf eine Inhomogenität, wobei deren Ursache (Lasteinleitungsproblem, Materialimperfektion oder Fehler bei der Fertigung des Probekörpers) vorerst nicht feststellbar ist. Erst bei näherer Betrachtung der in Abbildung 4.15 dargestellten Verzerrungsverteilung erhält man ein genaueres Bild. Es vermittelt einen Aufschluss über das Gebiet bzw. die Art der Inhomogenität und erlaubt Rückschlüsse auf deren Ursache.

Die in den beiden Darstellungen der Abbildung 4.15 erkennbare Verzerrungskonzentration im mittleren Bereich des Messfeldes ist ein deutlicher Hinweis auf eine Ungleichmäßigkeit der Materialstruktur oder der Probekörpergeometrie (beispielsweise eine unbeabsichtigte Änderung der Dicke des Probekörpers). Darüber hinaus ist im linken unteren Randbereich des Messfeldes eine weitere Inhomogenität erkennbar, deren Ursache in direktem Zusammenhang mit der Lasteinleitung steht. Weitere Aufschlüsse gibt die nachfolgend beschriebene Auswertung der Lasteinleitungskräfte.

Die Vielfalt der an einem einzelnen Beispiel dargelegten Messinformationen über die Verformung der Messfläche während des Versuchsablaufs rechtfertigt letztlich den Einsatz des ESPI-Systems im Rahmen des gegenständlichen Messvorhabens.

Bestimmung der Spannungen

Da grundsätzlich keine Möglichkeit besteht, die Verteilung der Normalspannungen im Probekörper selbst zu messen, ist auch eine direkte Kontrolle der geforderten Homogenität der Krafteinleitung in den Messbereich von vornherein ausgeschlossen. Die qualitative Beurteilung der Krafteinleitung sowie die Bestimmung der mittleren biaxialen Normalspannungskomponenten stützt sich daher auf ausgewählte numerische Berechnungen, welche mittels eines Finite-Elemente-Modells des Probekörpers und der vom hydraulischen Belastungssystem gelieferten Kräfte $\mathbf{F}_i$ und der Verschiebungen $\mathbf{u}_i$ der Lasteinleitungspunkte $i = 1,\ldots,12$, durchgeführt wurden. Darüber hinaus lieferten die mit Hilfe des verwendeten ESPI-Verfahrens gewonnenen flächenhaften Verzerrungsverteilungen zusätzliche Hinweise über die Homogenität der Spannungsverteilungen im Messbereich.

Zur Bestimmung von Mittelwerten der Normalspannungen in Abhängigkeit von den in Abbildung 4.18 bezeichneten Lasteinleitungskräften wird in einer ersten Approximation von der vereinfachten Modellvorstellung ausgegangen, dass nur jene Kraftkomponenten einen diesbezüglichen Beitrag liefern, die normal zum jeweiligen Rand des Probekörpers ausgerichtet sind (normierte Richtungsvektoren $\mathbf{n}_x$ und $\mathbf{n}_y$), und dass diese in der in Abbildung 4.17 dargestellten Art gleichsam an einem effektiven Querschnitt des Probekörpers angreifen. Auf Grund der weitgehenden Schubspannungsfreiheit der biaxialen Beanspruchungszustände werden also Kraftkomponenten, die parallel zum jeweiligen Rand des Probekörpers ausgerichtet sind, im Rahmen dieser ersten Annäherung vernachlässigt.

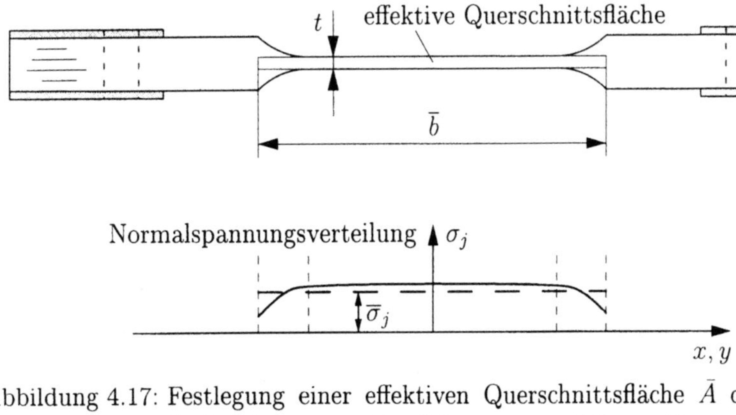

Abbildung 4.17: Festlegung einer effektiven Querschnittsfläche $\bar{A}$ des biaxialen Probekörpers zur Ermittlung von mittleren Normalspannungen $\bar{\sigma}_1$ und $\bar{\sigma}_2$

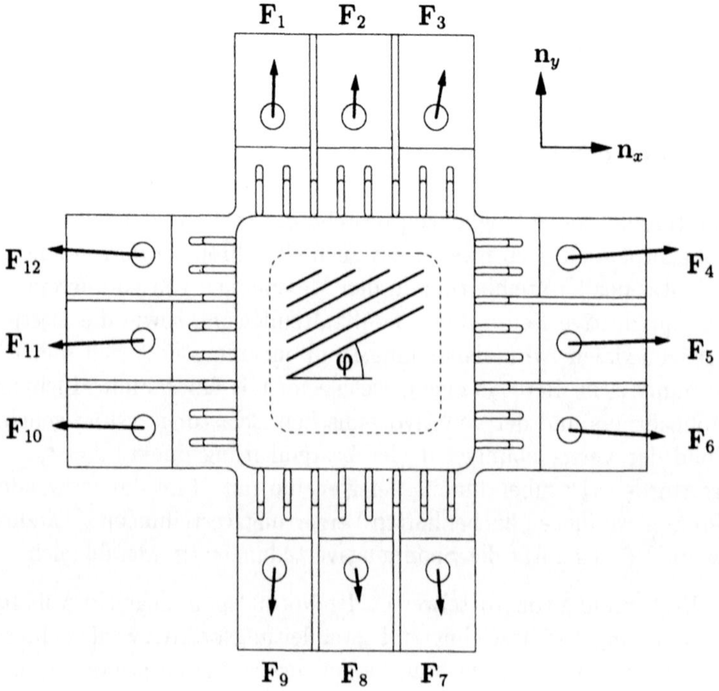

Abbildung 4.18: Bezeichnung der Lasteinleitungkräfte

Zur Berechnung der mittleren Normalspannungen $\overline{\sigma}_1$ und $\overline{\sigma}_2$ wird jeweils die Summe der horizontalen bzw. der vertikalen Komponenten gegenüberliegender Lasteinleitungskräfte gebildet und durch den doppelten Wert der effektiven Querschnittsfläche $\bar{A} = \bar{b}t$ dividiert:

$$\overline{\sigma}_1 = \frac{1}{2\,\bar{A}} \left(\sum_{i=4}^{6} \mathbf{n}_x \mathbf{F}_i + \sum_{i=10}^{12} \mathbf{n}_x \mathbf{F}_i \right), \tag{4.10}$$

$$\overline{\sigma}_2 = \frac{1}{2\,\bar{A}} \left(\sum_{i=1}^{3} \mathbf{n}_y \mathbf{F}_i + \sum_{i=7}^{9} \mathbf{n}_y \mathbf{F}_i \right). \tag{4.11}$$

Bei der Breite des in Abbildung 4.17 dargestellten effektiven Querschnitts handelt es sich um einen mit Hilfe des FE-Modells numerisch bestimmten Wert von $\bar{b} = 140\,\text{mm}$. Die jeweilige Dicke t wird durch entsprechende Messungen für jeden Probekörper individuell ermittelt und beträgt je nach Typ des Probekörpers etwa 4.5 mm (Typ A), 7.5 mm (Typ B) oder 9.5 mm (Typ C).

4.3.5 Qualitative Beurteilung von Versuchsergebnissen

Bei dem in Abbildung 4.19 dargestellten biaxialen Beanspruchungsfall ($\varphi = 15°$, $\kappa = +1$:-2) ist deutlich erkennbar, dass die horizontale Zugbeanspruchung im Vergleich zur vertikalen Druckbeanspruchung dominiert, wobei die Hauptanteile der Kräfte über die jeweils äußeren Lasteinleitungspunkte auf den Probekörper übertragen werden. Die lastschrittabhängigen Kraftverläufe in horizontaler Richtung deuten auf ein lineares und in vertikaler Richtung auf ein schwach nicht-lineares Steifigkeitsverhalten hin. Der Bruch erfolgte abrupt nach dem Lastschritt 252 und ist als signifikanter Einbruch sämtlicher (jeweils maximal erreichten) Lasteinleitungskräfte eindeutig erkennbar.

Der in Abbildung 4.20 dargestellte Beanspruchungsfall ($\varphi = 0°$, κ = -1:0) entspricht einer Druckbeanspruchung parallel zur Faserrichtung. Während die vertikalen Normalkräfte einen wenig signifikanten Verlauf mit vergleichsweise geringen Beträgen aufweisen, lassen die horizontalen Druckkräfte einen ausgeprägt nichtlinearen Verlauf erkennen, wobei die Maximalbeanspruchung beim Lastschritt 145 erreicht wurde. Danach ist eine Entfestigung des Materials erkennbar.

Die einzelnen in den Diagrammen fett dargestellten Kraftverläufe lassen unregelmäßige Schwankungen erkennen, die einem Rauschsignal sehr ähnlich sind. Die tatsächliche Ursache für diese Abweichungen vom stetigen Verlauf ist die digitale Auflösung der bereits im Unterkapitel 3.3.1 beschriebenen Positionssteuerung der 24 Hydraulikzylinder des Belastungssystems. Die außerordentlich hohe Messempfindlichkeit des ESPI-Verfahrens erfordert im Rahmen einer schrittweisen Versuchsdurchführung entsprechend kleine biaxiale Beanspruchungsinkremente (bis maximal 10 μm je Lasteinleitungspunkt). Dies bedeutet, dass schrittweise Positionsänderungen einzelner Hydraulikzylinder in der Größenordnung der digitalen Auflösung des Steuerungssystems von 2.44 μm (je Hydraulikzylinder) liegen. Aus diesem Grund sind die in Abbildung 3.11 mit unterbrochenen Linien dargestellten „Verschiebungsrampen“ bei einem einzelnen Belastungsinkrement nicht immer realisierbar. Erst bei Betrachtung einer größeren Anzahl von wenigstens 10 Lastschritten entsteht die gewünschte Verschiebungsvorgabe mit einer absoluten Positionierungsgenauigkeit von 2 μm (für die Horizontal- bzw. Vertikalbewegung eines einzelnen Lasteinleitungspunktes).

Die in Abbildung 4.19 dargestellten Kraftmessungen spiegeln das beschriebene digitale Positionierverhalten durch daraus resultierende Änderungen der einzelnen Lasteinleitungskräfte wider. Diese Unregelmäßigkeiten in den Kraftänderungen sind umso ausgeprägter, je steifer sich der Werkstoff bei der jeweiligen Beanspruchung verhält. Wegen der Gleichgewichtsbedingungen für die am Probekörper angreifenden Kräfte, verschwindet dieser Effekt bei der schrittweisen Mittelwertbildung über jeweils sechs gegenüberliegende Kraftkomponenten weitgehend, obwohl bei dieser vereinfachten Betrachtung die parallel zum jeweiligen Rand des Probekörpers ausgerichteten Kraftkomponenten (auf Grund ihrer vernachlässigbaren Beträge) unberücksichtigt sind. Dieser an dem in Abbildung 4.19b dargestellten Beispiel deutlich erkennbare „Glättungseffekt“ durch Mittelwertbildung lässt die Schlussfolgerung zu, dass die letztlich in Summe ins Messfeld eingeleiteten Kräfte

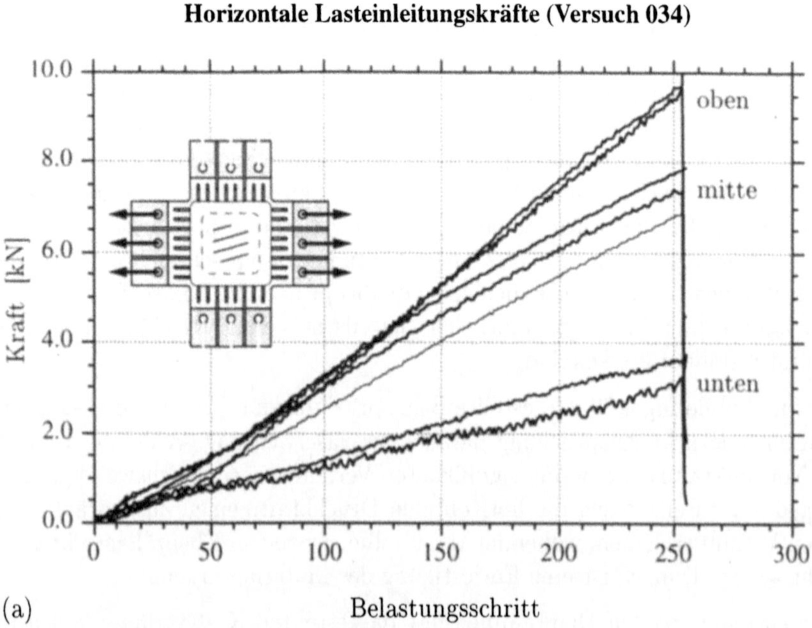

(a)

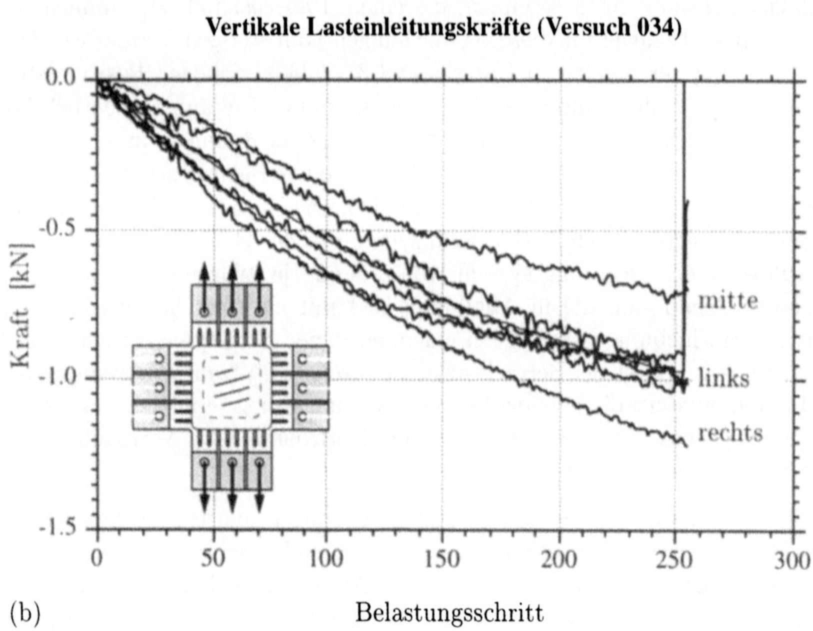

(b)

Abbildung 4.19: Lastschrittabhängige Verläufe: (a) der horizontalen und (b) der vertikalen Lasteinleitungskräfte zum Zweck einer Festigkeitsanalyse ($\varphi = 15°$, $\kappa = +1$:-2); der Verlauf der Mittelwerte ist in dünner Linienstärke dargestellt

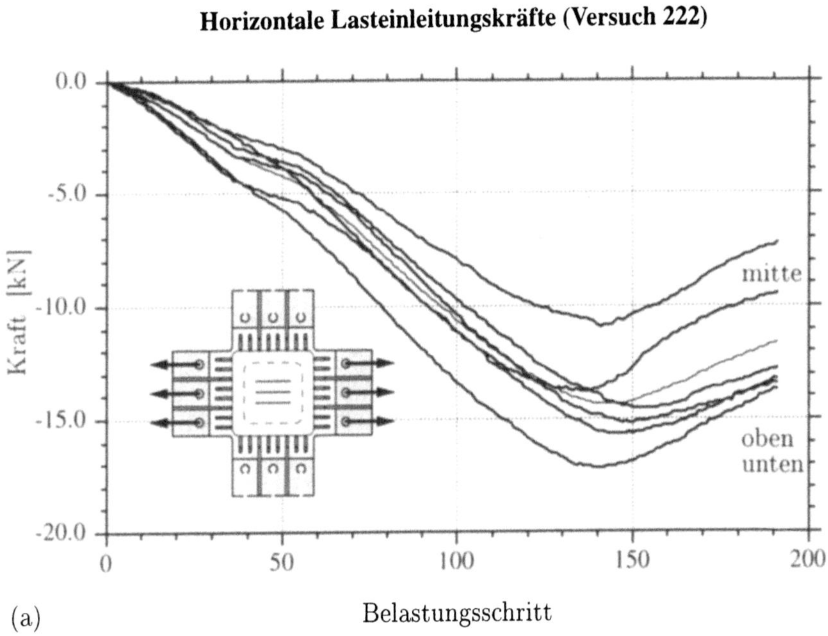

(a)

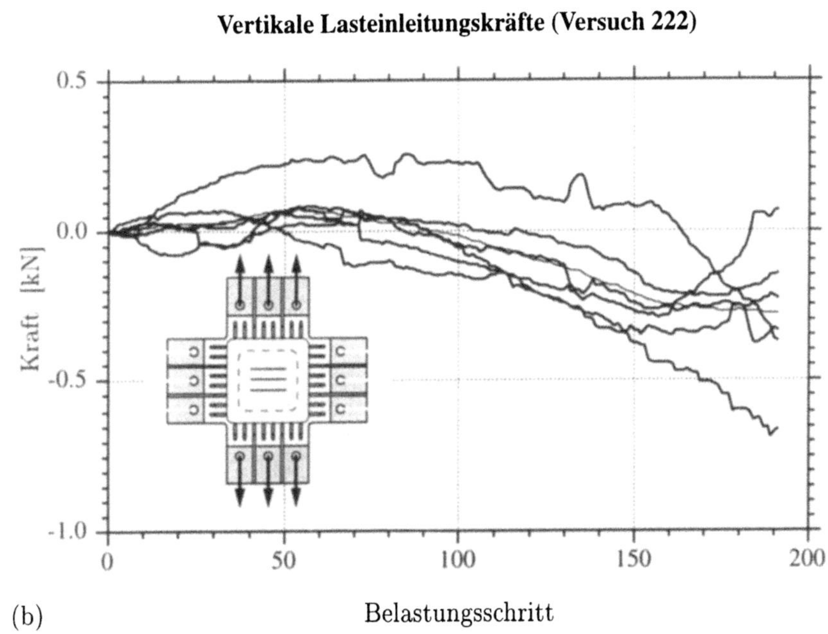

(b)

Abbildung 4.20: Lastschrittabhängige Verläufe: (a) der horizontalen und (b) der vertikalen Lasteinleitungskräfte zum Zweck einer Festigkeitsanalyse ($\varphi = 0°$, κ = -1:0); der Verlauf der Mittelwerte ist in dünner Linienstärke dargestellt

einen ähnlich gleichmäßigen inkrementellen Verlauf aufweisen, so dass die Festigkeitsuntersuchungen dadurch weitgehend ungestört erfolgen. Diese Aussage wird von den mit Hilfe des ESPI-Systems durchgeführten Verschiebungsmessungen gestützt.

4.3.6 Umfang des Versuchsprogrammes

Die nachfolgende Tabelle 4.1 liefert eine Übersicht über die Anzahl der für verschiedene Parametersätze $\{\varphi;\kappa\}$ durchgeführten biaxialen Bruchversuche. Wie man aus dieser Tabelle ersieht, wurden nicht für alle Faserrichtungen die gleichen Beanspruchungsverhältnisse untersucht. Die Wahl der Beanspruchungsverhältnisse $\kappa = \bar{u} : \bar{v}$ erfolgte unter dem Gesichtspunkt, eine möglichst geschlossene Messinformation für die Bruchumhüllende der jeweiligen Faserrichtung zu erhalten. Insgesamt wurden 439 biaxiale Versuche durchgeführt, wobei 423 Versuche durch eine proportionale und 16 Versuche durch eine nichtproportionale Beanspruchungsgeschichte gekennzeichnet sind. Letztere sind in Tabelle 4.1 durch '+' gekennzeichnet.

Tabelle 4.1: Anzahl der durchgeführten Versuche

κ	0°	7.5°	15°	30°	45°
-10:+3	–	6	6	6+1	6
-7:+4	–	–	–	–	5
-4:-5	–	–	6	–	–
-4:+5	6	6	–	6	6
-3:-5	6	–	6+1	5+1	–
-2:-5	–	6+1	–	–	–
-2:+5	8	6	6	6	6
-1:-10	1	–	–	–	–
-1:-5	6	6	6+1	–	–
-1:-1	–	–	–	–	6
-1:0	6	6	6	6+2	6+1
-1:+1	–	–	6	–	–
0:-1	6+3	6+2	6+1	6+1	–
0:+1	7	6	6	6	9
+1:-10	6+1	6	–	–	–
+1:-2	6	6	6	–	–
+1:0	7	6	6	6	–
+1:+1	–	–	–	–	6
+2:+5	6	6	6	6	6
+3:-10	6	6	6	–	
+3:-5	6	–	–	–	–
+5:-4	6	6	6	6	–
+5:-2	6	6	6	6	–
+5:+2	6	6	6	6	–
+13:-50	–	–	3	–	–

4.4 Auswertung charakteristischer Versuchsergebnisse

4.4.1 Experimentelle Ergebnisse für die biaxialen Festigkeiten von Fichtenholz

In den nachfolgenden Abbildungen sind die in der experimentellen Untersuchung jeweils für eine bestimmte Faserrichtung ermittelten biaxialen Festigkeiten im Hauptspannungsraum dargestellt. Jedes Diagramm enthält die Ergebnisse aus sämtlichen für einen bestimmten Faserwinkel φ, mit den in Tabelle 6.1 (Anhang A) angegebenen biaxialen Beanspruchungsverhältnissen, durchgeführten Versuchen.

Die jeweils rechten oberen Quadranten des dargestellten ebenen Hauptspannungsraums entsprechen einer biaxialen Zugbeanspruchung ($\sigma_1 > 0$, $\sigma_2 > 0$), die linken unteren Quadranten einer biaxialen Druckbeanspruchung ($\sigma_1 < 0$, $\sigma_2 < 0$). Die beiden anderen Bereiche des Hauptspannungsraums betreffen somit gemischte biaxiale Beanspruchungen ($\sigma_1 > 0$, $\sigma_2 < 0$ bzw. $\sigma_1 < 0$, $\sigma_2 > 0$).

In den Abbildungen 4.21, 4.23, 4.25, 4.27 und 4.29 sind die erhaltenen Festigkeiten für $\varphi = 0°$, 7.5°, 15°, 30° und 45° dargestellt. Gemeinsames Kennzeichen aller Ergebnisse sind die beobachteten geringen Streuungen der biaxialen Festigkeiten. Ein Ausnahme bilden lediglich die für überwiegende Zugbeanspruchung in Faserlängsrichtung erhaltenen Festigkeitswerte. Wie die Abbildungen zeigen, liegen die Bruchpunkte für die einzelnen Faserrichtungen jeweils auf gedachten Bruchkurven mit annähernd elliptischer Form. Die Hauptachsen dieser Ellipsen sind etwa um einem dem Faserwinkel φ entsprechenden Winkel gegenüber der σ_1-Achse geneigt. Den nominell unterschiedlichen einaxialen Festigkeiten von Holz für Zug- und Druckbeanspruchung in Faserrichtung gemäß, nehmen die Bruchumhüllenden eine exzentrische Lage zum Ursprung des σ_1-σ_2-Koordinatensystems ein.

Die Abbildungen 4.22, 4.24, 4.26, 4.28 und 4.30 enthalten für die untersuchten Faserwinkel φ neben den biaxialen Bruchfestigkeiten auch die Spannungspfade bis zum Erreichen der Bruchwerte. Die experimentell festgestellten Spannungspfade geben Auskunft über das Verhältnis der Spannungskomponenten, σ_2/σ_1, in Abhängigkeit vom Spannungsniveau. Die genannten Ergebnisdarstellungen zeigen, dass zwei unterschiedliche Beanspruchungsbereiche existieren. Ein größerer Bereich mit ausnahmslos konstantem Spannungsverhältnis während des gesamten Versuches und ein zweiter, etwas kleinerer Beanspruchungsbereich, welcher durch deutliche Abweichungen von der Proportionalität der Spannungskomponenten bei höheren Belastungsintensitäten gekennzeichnet ist. Der zuletzt genannte Fall tritt bei Versuchskonfigurationen mit dominanter Druckbeanspruchung quer zu Faserlängsrichtung auf. Auf dieses Problem wird in Unterkapitel 4.4.3 im Rahmen der Diskussion von Spannungs-Dehnungsdiagrammen näher eingegangen.

4.4.2 Parameteridentifikation für das Bruchkriterium von TSAI und WU

Eine für orthotrope Werkstoffe gut geeignete und daher in der Literatur häufig verwendete mathematische Beschreibung von Bruchspannungszuständen ist jene von TSAI und WU [Tsai & Wu, 1971]. Wie in Unterkapitel 2.3 angeführt, lässt sich dieses tensoriell formulierte Bruchkriterium allgemein zu

$$a_{ij}\,\sigma_{ij} + a_{ijkl}\,\sigma_{ij}\,\sigma_{kl} + a_{ijklmn}\,\sigma_{ij}\,\sigma_{kl}\,\sigma_{mn} + \ldots = 1\ , \qquad i,j,k,l,m,n = 1,2,3 \tag{4.12}$$

angeben, mit a_{ij}, a_{ijkl} und a_{ijklmn} als Koeffiziententensoren 2., 4. und 6. Stufe. Bei Vorliegen einer hinreichend großen Anzahl von Versuchsergebnissen für verschiedene Beanspruchungszustände lassen sich die das Festigkeitsverhalten des untersuchten Werkstoffs beschreibenden Koeffizienten a_{ij}, a_{ijkl} und a_{ijklmn} in Gl. (4.12) z. B. mit Hilfe der Methode der kleinsten Fehlerquadrate bestimmen.

Zu diesem Zweck werden zunächst die für die Versuche $p = 1, 2, \ldots, N$ erhaltenen Bruchspannungszustände $\bar{\sigma}_{ij}^{(p)}$ mit Hilfe von

$$\sigma_{ij}^{(p)} = n_{ik}\,n_{jl}\,\bar{\sigma}_{kl}^{(p)} \tag{4.13}$$

in einem gemeinsamen Koordinatensystem im Spannungsraum dargestellt. Die Größen n_{ij} in Gl. (4.13) sind Komponenten einer Transformationsmatrix. Sie stellen Richtungskosinusse dar [Mang & Hofstetter, 2000]. Einsetzen der so gewonnenen Bruchspannungszustände $\sigma_{ij}^{(p)}$, $p = 1, \ldots, N$, in das Bruchkriterium (4.12) führt auf

$$f\left(\sigma_{ij}^{(p)}\right) = a_{ij}\,\sigma_{ij}^{(p)} + a_{ijkl}\,\sigma_{ij}^{(p)}\,\sigma_{kl}^{(p)} + a_{ijklmn}\,\sigma_{ij}^{(p)}\,\sigma_{kl}^{(p)}\,\sigma_{mn}^{(p)} + \ldots = 1 \qquad p = 1,2,\ldots,N\ . \tag{4.14}$$

Die Bestimmung der gesuchten Koeffizienten a_{ij}, a_{ijkl} und a_{ijklmn} erfolgt im Rahmen einer Ausgleichsrechnung durch Auffinden des Minimums der Funktion

$$\Phi(a_{ij}, a_{ijkl}, a_{ijklmn}, \ldots) = \sum_{p=1}^{N} \left[f\left(\sigma_{ij}^{(p)}\right) - 1\right]^2 \rightarrow \text{Minimum}\ . \tag{4.15}$$

Dies geschieht durch Lösung des aus dem Nullsetzen der partiellen Ableitungen von Φ nach den unbekannten Koeffizienten resultierenden Gleichungssystems

$$\frac{\partial \Phi}{\partial a_{ij}} = 0\ , \quad \frac{\partial \Phi}{\partial a_{ijkl}} = 0\ , \quad \frac{\partial \Phi}{\partial a_{ijklmn}} = 0\ , \tag{4.16}$$

unter Sicherstellung von

$$\frac{\partial^2 \Phi}{\partial a_{ij}^2} > 0\ , \quad \frac{\partial^2 \Phi}{\partial a_{ijkl}^2} > 0\ , \quad \frac{\partial^2 \Phi}{\partial a_{ijklmn}^2} > 0\ . \tag{4.17}$$

Wie aus Tabelle 4.1 hervorgeht, wurden in der gegenständlichen experimentellen Untersuchung 423 proportionale biaxiale Bruchversuche mit Beanspruchung

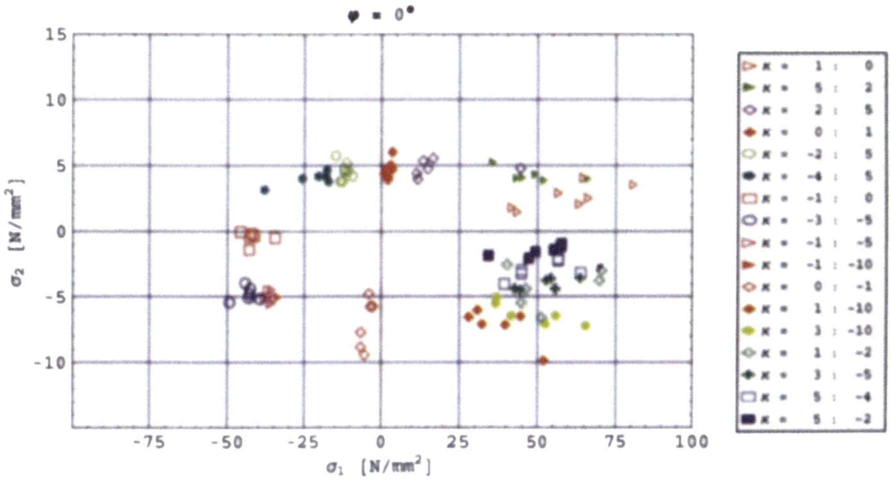

Abbildung 4.21: Biaxiale Festigkeiten für Faserrichtung $\varphi = 0°$

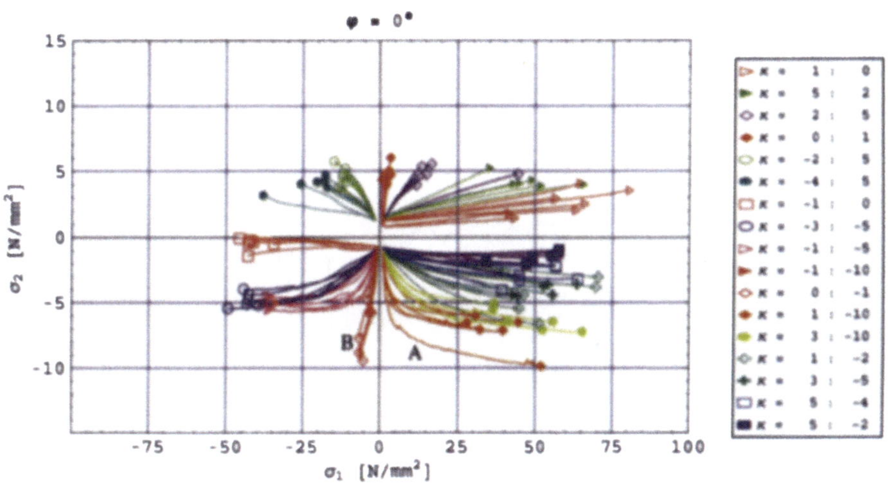

Abbildung 4.22: Verlauf des Spannungsverhältnisses σ_2/σ_1 für $\varphi = 0°$

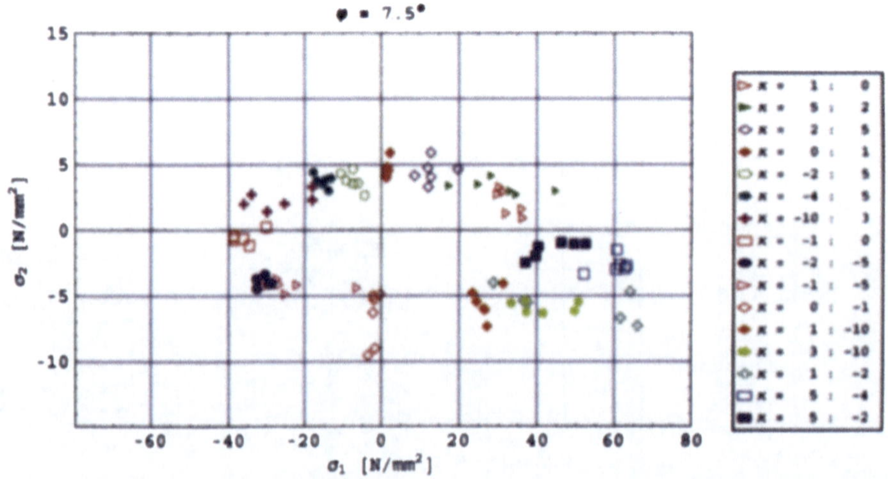

Abbildung 4.23: Biaxiale Festigkeiten für Faserrichtung $\varphi = 7.5°$

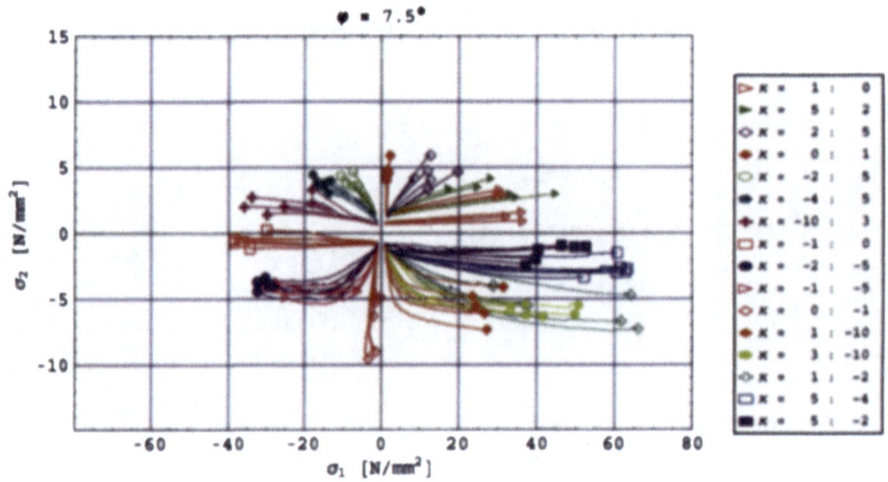

Abbildung 4.24: Verlauf des Spannungsverhältnisses σ_2/σ_1 für $\varphi = 7.5°$

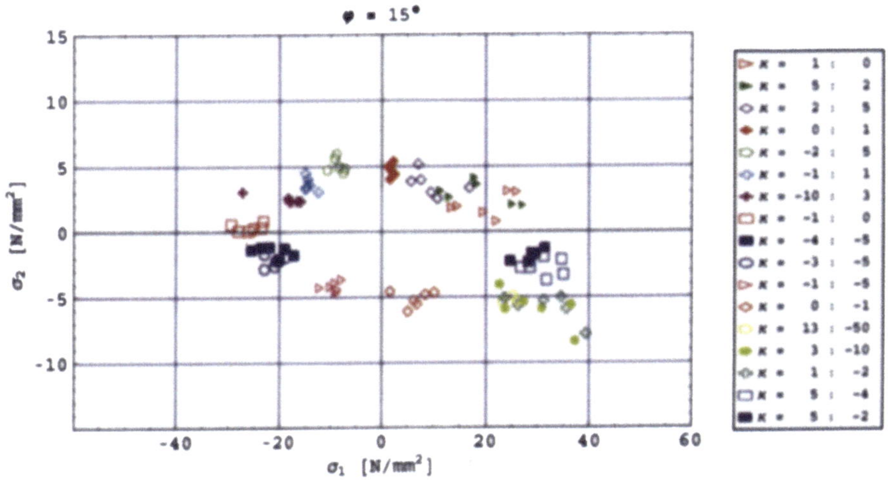

Abbildung 4.25: Biaxiale Festigkeiten für Faserrichtung $\varphi = 15°$

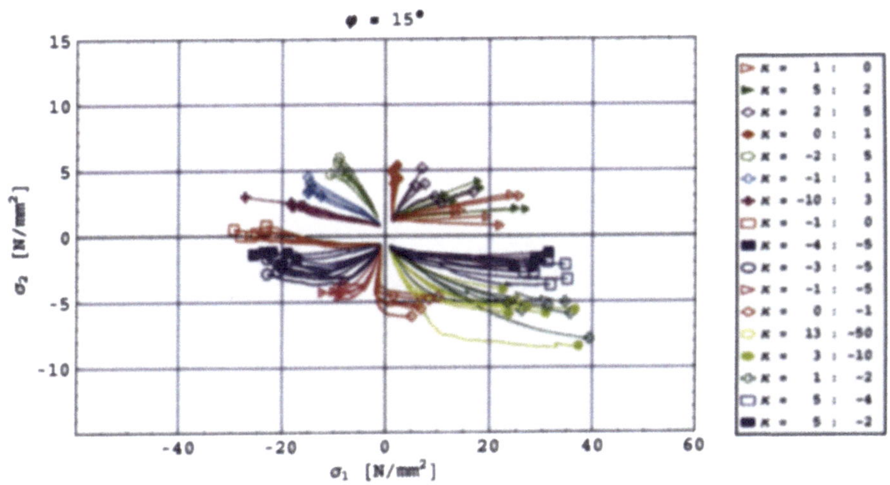

Abbildung 4.26: Verlauf des Spannungsverhältnisses σ_2/σ_1 für $\varphi = 15°$

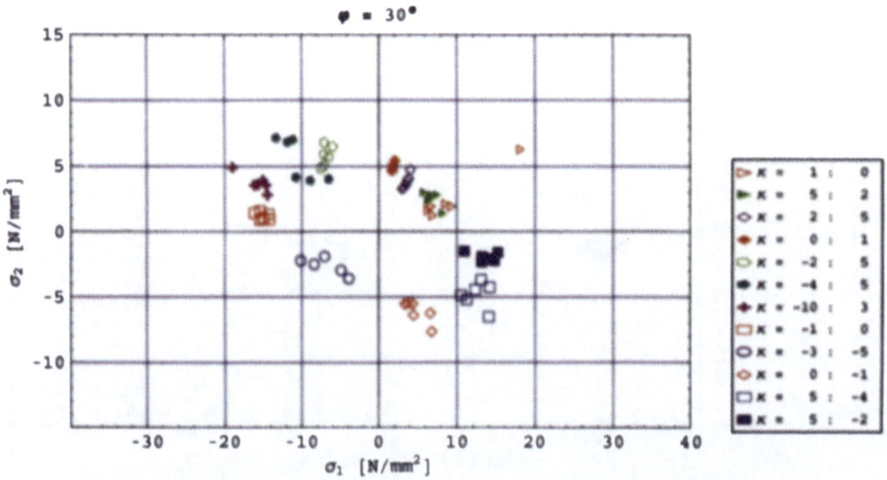

Abbildung 4.27: Biaxiale Festigkeiten für Faserrichtung $\varphi = 30°$

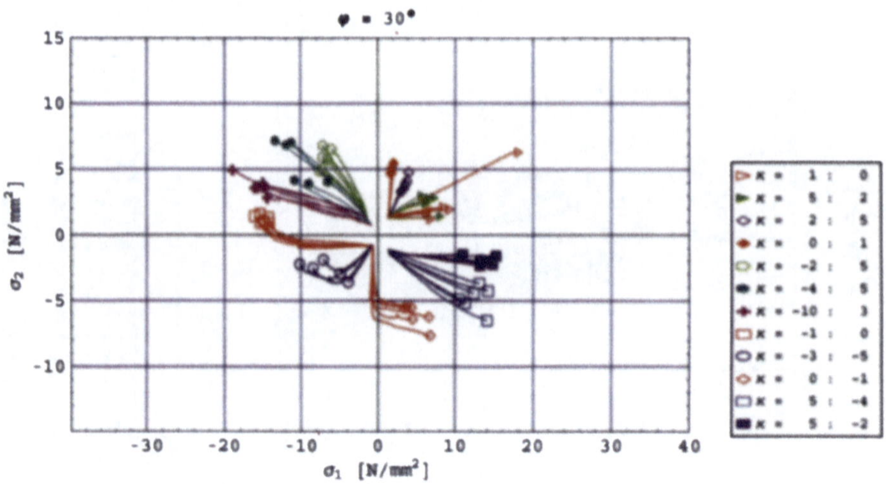

Abbildung 4.28: Verlauf des Spannungsverhältnisses σ_2/σ_1 für $\varphi = 30°$

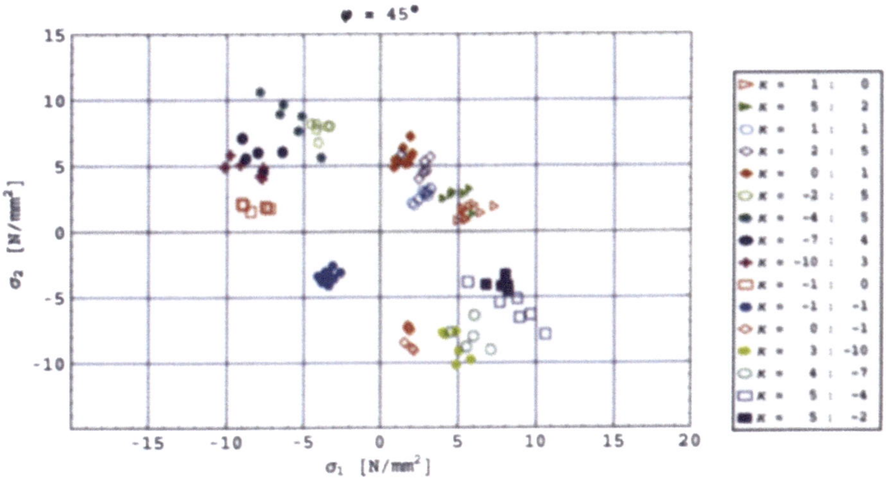

Abbildung 4.29: Biaxiale Festigkeiten für Faserrichtung $\varphi = 45°$

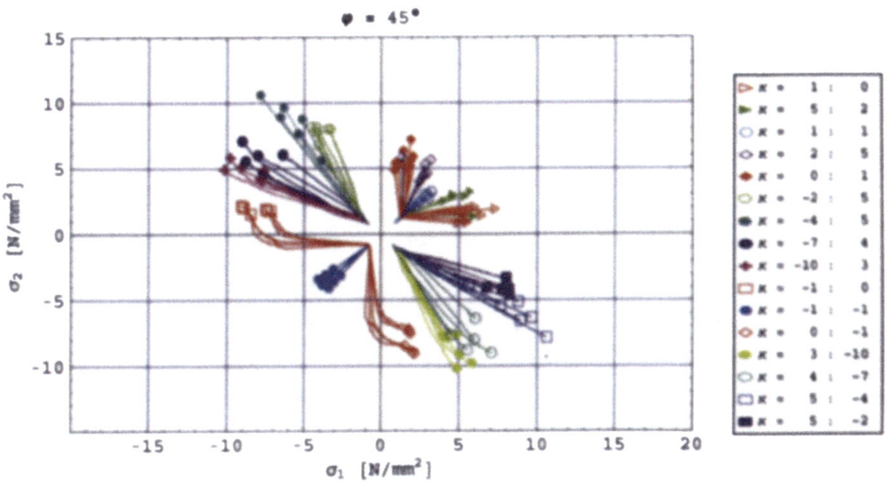

Abbildung 4.30: Verlauf des Spannungsverhältnisses σ_2/σ_1 für $\varphi = 45°$

in der LR-Ebene durchgeführt. Berücksichtigt man die in Unterkapitel 4.3.2 beschriebene Äquivalenz von Versuchskonfigurationen, so stehen als Basis für die Bestimmung der Parameter der Bruchfläche mittels Ausgleichsrechnung $N = 846$ Versuche zur Verfügung.

Spezialisiert man die Gleichungen (4.13) bis (4.17) für einen in der LR-Ebene wirkenden ebenen Spannungszustand ($i, j, k, l, m, n = 1{,}2$) und wählt man die mit der Faserrichtung $\varphi = 0°$ korrespondierenden Materialhauptrichtungen L und R als Achsen eines gemeinsamen Koordinatensystems, so erhält man die Transformationskomponenten n_{ij} der Gl. (4.13) in Matrixdarstellung zu:

$$\{n_{ij}\} = \begin{bmatrix} \cos(-\varphi) & -\sin(-\varphi) & 0 \\ \sin(-\varphi) & \cos(-\varphi) & 0 \\ 0 & 0 & 1 \end{bmatrix} . \tag{4.18}$$

Legt man der Ausgleichsrechnung das in Gl. (4.12) angegebene Tensorpolynom 3. Ordnung zu Grunde, so erreicht man zwar einen hohen Grad an Anpassungsgenauigkeit der ermittelten Bruchfläche an die Versuchsergebnisse, wie jedoch Abbildung 4.31 zeigt, ist in diesem Fall bei den gegebenen Versuchsdaten die Bruchfläche in der Regel nicht geschlossen. Ursache hierfür sind die Streuungen der für überwiegende Zugbeanspruchung parallel zur Faserrichtung erhaltenen Festigkeitswerte (vergleiche Abbildung 4.21).

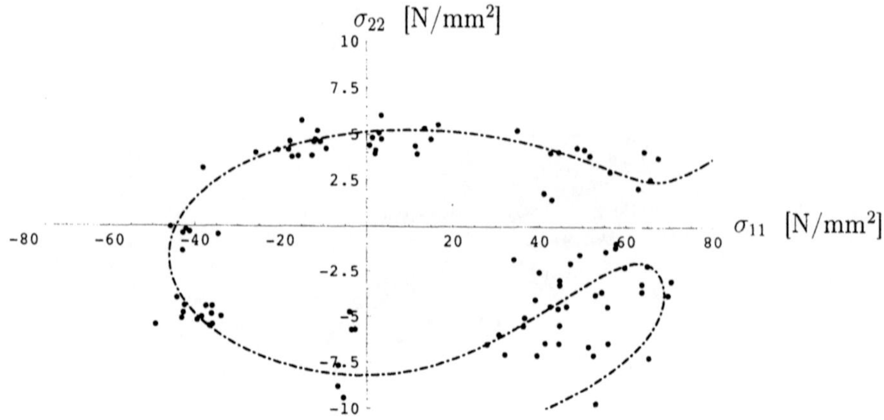

Abbildung 4.31: Bruchkurve 3. Ordnung

Der Einsatz offener Bruchflächen im Zuge numerischer Berechnungsverfahren hat neben dem damit verbundenen erhöhten algorithmischen Aufwand häufig nicht zu unterschätzende numerische Instabilitäten bei der Anwendung derartiger Programme zu Folge. Sie sind daher für eine Implementierung in ein Finite-Elemente-Programm nur sehr eingeschränkt geeignet. Darüber hinaus erfordert die Definition einer Bruchfläche 3. Ordnung eine Vielzahl von Werkstoffparametern. Aus diesem Grund erfolgt im Weiteren eine Beschränkung auf folgendes Tensorpolynom 2. Ordnung

$$f = a_{ij}\,\sigma_{ij} + a_{ijkl}\,\sigma_{ij}\,\sigma_{kl} = 1\ , \qquad i,j,k,l = 1,2 \tag{4.19}$$

zur mathematischen Beschreibung der Bruchfläche. Unter Annahme symmetrischer Koeffiziententensoren

$$a_{ij} = a_{ji}\ , \qquad a_{ijkl} = a_{jikl} = a_{klij}\ (= a_{jilk} = a_{ijlk}) \tag{4.20}$$

verbleiben für einen orthotropen Werkstoff im Allgemeinen zwölf unabhängige, von null verschiedene Tensorkomponenten. Im gegebenen Fall liegen experimentell ermittelte Holzfestigkeiten nur für ebene Spannungszustände in der LR-Ebene $(i,j = 1,2)$ vor. Die Anzahl der unabhängigen, von null verschiedenen Tensorkomponenten reduziert sich daher auf sechs. Unter Berücksichtigung von $a_{1122} = a_{2211}$ und $a_{1212} = a_{2121} = a_{1221} = a_{2112}$ erhält man also mit Hilfe der in Gl. (4.16) angegebenen Bestimmungsgleichungen für das in dieser experimentellen Untersuchung verwendete Fichtenholz folgende Koeffizienten für das in Gleichung (4.19) angegebene Bruchkriterium:

$$\begin{aligned} a_{11} &= -0.00674562 & a_{1111} &= 0.000265262 & a_{1212} &= 0.00341217 \\ a_{22} &= 0.0592192 & a_{1122} &= 0.000202262 & a_{2222} &= 0.0290358\ , \end{aligned} \tag{4.21}$$

mit mm^2/N und $\mathrm{mm}^4/\mathrm{N}^2$ als Einheiten der Koeffizienten a_{ij} und a_{ijkl}.

Ausführlich angeschrieben lautet die Funktion der Bruchfläche für mit den Materialhauptrichtungen koinzidierenden Koordinatenrichtungen somit [Helnwein, 2001]

$$f = a_{11}\sigma_{11} + a_{22}\sigma_{22} + a_{1111}\sigma_{11}^2 + a_{2222}\sigma_{22}^2 + 2\,a_{1122}\sigma_{11}\sigma_{22} + 4\,a_{1212}\sigma_{12}^2 = 1\ , \tag{4.22}$$

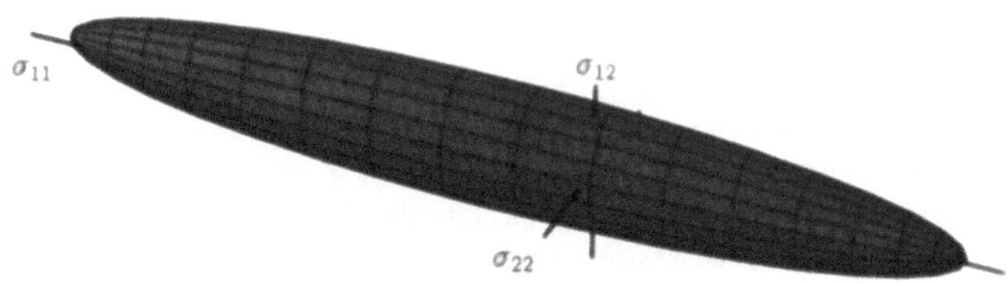

Abbildung 4.32: Bruchfläche 2. Ordnung

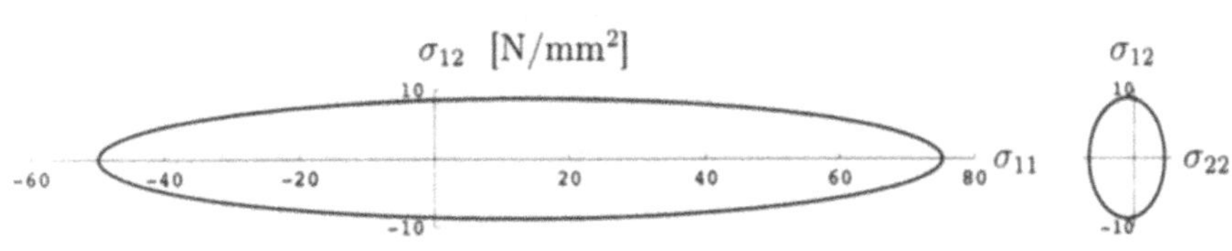

Abbildung 4.33: Hauptschnitte durch die Bruchfläche 2. Ordnung

bzw. in der häufig in der Literatur zu findenden expliziten Form $\sigma_{12} = f(\sigma_{11}, \sigma_{22})$

$$\sigma_{12} = \pm\sqrt{73.27 + 0.4942\sigma_{11} - 0.01943\sigma_{11}^2 - 4.339\sigma_{22} - 0.02964\sigma_{11}\sigma_{22} - 2.127\sigma_{22}^2}\ . \tag{4.23}$$

Abbildung 4.32 zeigt eine dreidimensionale Darstellung des in Gl. (4.23) explizit angegebenen Bruchkriteriums, die Abbildung 4.33 enthält die für $\sigma_{22} \equiv \sigma_R = 0$ bzw. für $\sigma_{11} \equiv \sigma_L = 0$ geltenden Bruchkurven. Letztere stellen so genannte Hauptschnitte des Ellipsoids dar. Sie veranschaulichen das für Holz charakteristische unterschiedliche Festigkeitsverhalten bei Zug- und Druckbeanspruchung sowohl längs als auch quer zur Faserrichtung.

Spezialisierung von Gl. (4.22) für einaxiale Zug- bzw. Druckspannungszustände $\sigma_{11} \equiv \sigma_L$ führt auf

$$f = a_{11}\sigma_{11} + a_{1111}\sigma_{11}^2 = 1\ . \tag{4.24}$$

Durch Einsetzen von Gl. (4.21) erhält man bei Zugrundelegung aller durchgeführten biaxialen Bruchversuche die einaxiale Zug- bzw. Druckfestigkeit parallel zur Faserrichtung, $f_{t,0}$ und $f_{c,0}$, für das untersuchte Fichtenholz aus

$$a_{11} = \frac{1}{f_{t,0}} - \frac{1}{f_{c,0}} \quad \text{und} \quad a_{1111} = \frac{1}{f_{t,0} f_{c,0}} \tag{4.25}$$

zu

$$\begin{aligned} f_{t,0} &= 75.42\ \text{N/mm}^2 \\ f_{c,0} &= 49.98\ \text{N/mm}^2\ . \end{aligned}$$

Durch Spezialisierung von Gl. (4.22) für einaxiale Spannungszustände $\sigma_{22} \equiv \sigma_R$ erhält man auf analoge Weise die einaxiale Zug- bzw. Druckfestigkeit normal zur Faserrichtung, $f_{t,90}$ und $f_{c,90}$, für das untersuchte Fichtenholz zu

$$\begin{aligned} f_{t,90} &= 4.94\ \text{N/mm}^2 \\ f_{c,90} &= 6.98\ \text{N/mm}^2\ . \end{aligned}$$

Ein Vergleich dieser einaxialen Festigkeiten mit in der Literatur für fehlerfreies Fichtenholz angegebenen Festigkeitswerten (z. B. KOLLMANN [Kollmann, 1982] oder Tabelle 2.1) weist auf eine etwas unterdurchschnittliche Zugfestigkeit $f_{t,0}$ sowie auf besonders hohe Festigkeiten quer zur Faserrichtung des untersuchten Fichtenholzes hin.

Wie die Abbildungen 4.21, 4.23, 4.25, 4.27 und 4.29 zeigen, sind die in der experimentellen Untersuchung für einzelne Versuchskonfigurationen erhaltenen biaxialen Festigkeiten durch z. T. größere Streuungen gekennzeichnet. Zur Beurteilung des Einflusses dieser Streuungen auf die Parameteridentifizierung der Bruchfläche wurde eine Ausgleichsrechnung für die von null verschiedenen Tensorkomponenten a_{ij} und a_{ijkl} unter Ausschluss der jeweils kleinsten und größten der für jede Versuchskonfiguration erhaltenen biaxialen Festigkeiten durchgeführt. Die auf diese Weise ermittelten Komponenten der Koeffiziententensoren lauten:

$$\begin{aligned} a_{11} &= -0.00701316 & a_{1111} &= 0.000260280 & a_{1212} &= 0.00367063 \\ a_{22} &= 0.0660182 & a_{1122} &= 0.000241602 & a_{2222} &= 0.0346625\ . \end{aligned} \tag{4.26}$$

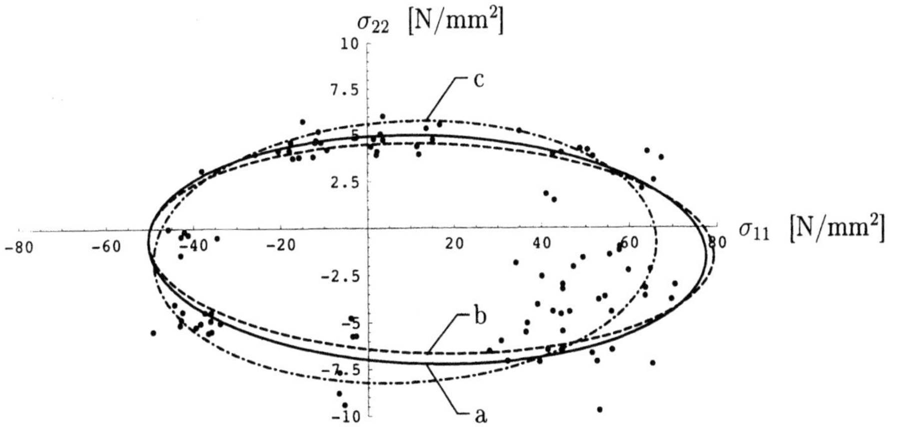

Abbildung 4.34: Bruchkurven 2. Ordnung

Mit Hilfe der in Gl. (4.26) angegebenen Koeffizienten erhält man für die einaxialen Festigkeiten

$$f_{t,0} = 76.90 \text{ N/mm}^2 \qquad f_{t,90} = 4.50 \text{ N/mm}^2$$
$$f_{c,0} = 49.96 \text{ N/mm}^2 \qquad f_{c,90} = 6.41 \text{ N/mm}^2 \,.$$

Ein Vergleich mit den zuvor ermittelten Werten für die einaxialen Festigkeiten zeigt lediglich geringe Abweichungen. Dieser Sachverhalt belegt die statistische Zuverlässigkeit der der Ausgleichsrechnung zu Grunde gelegten Versuchsdaten.

Eine ähnliche Schlussfolgerung lässt sich auch anhand der in Abbildung 4.34 enthaltenen Gegenüberstellung der für $\varphi = 0°$ erhaltenen Versuchsergebnisse und verschiedenen Bruchkurven in der σ_{11}-σ_{22}-Ebene (σ_L-σ_R-Ebene) ziehen. Die gewählte Darstellungsebene entspricht der Ebene $\sigma_{12} = 0$ in Abbildung 4.32. Abbildung 4.34 zeigt zum einen jene beiden Bruchkurven a bzw. b, die unter Einbeziehung aller Versuchsergebnisse bzw. unter Ausschluss der jeweils für eine Versuchskonfiguration erhaltenen kleinsten und größten biaxialen Festigkeitswerte (Tensorkoeffizienten gemäß Gl. (4.21) bzw. (4.26)) ermittelt wurden. Wie bereits erwähnt, unterscheiden sich diese beiden Bruchkurven nur geringfügig. Zum anderen ermöglicht Abbildung 4.34 einen Vergleich mit einer weiteren Bruchkurve c, welche das Ergebnis einer Ausgleichsrechnung darstellt, bei der ausschließlich die eingetragenen Versuchsergebnisse für $\varphi = 0°$ zu Grunde gelegt wurden. Diese Auswertungsvariante führt auf eine etwa um 13 % niedrigere einaxiale Zugfestigkeit $f_{t,0}$.

In Abbildung 4.35 ist die mit Hilfe des verwendeten Bruchkriteriums – Gleichungen (4.19) und (4.21) – ermittelte Abnahme der einaxialen Zug- bzw. Druckfestigkeit bei zunehmendem Faserwinkel φ dargestellt. Die gezeigten funktionalen Zusammenhänge entsprechen qualitativ sehr gut den in der Literatur dokumentierten Eigenschaften von einachsig, schräg zur Faserrichtung, beanspruchtem Holz (siehe auch Abbildung 2.5).

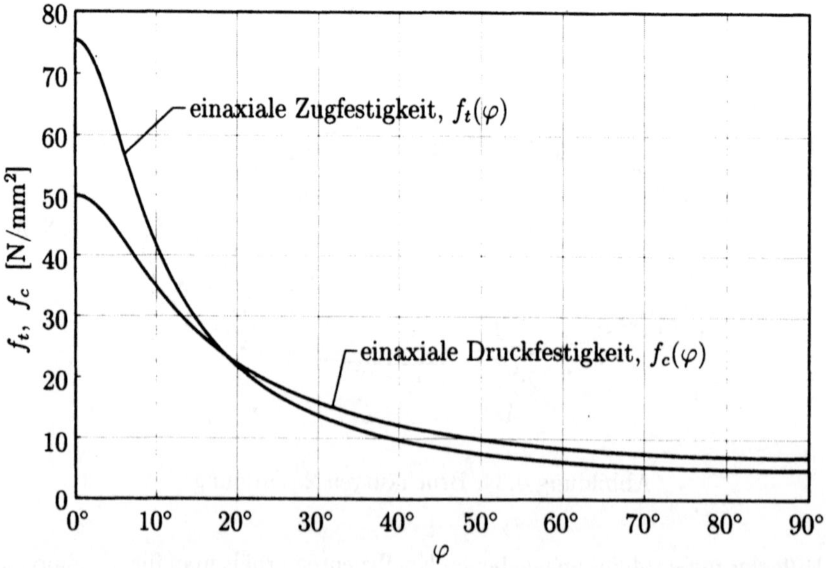

Abbildung 4.35: Abhängigkeit der einaxialen Festigkeiten f_t und f_c von der Faserrichtung φ

4.4.3 Ausgewählte experimentelle Spannungs-Dehnungszusammenhänge

Aus der beschriebenen experimentellen Werkstoffuntersuchung erhält man neben den biaxialen Festigkeiten als zweite Gruppe von Versuchsergebnissen die mechanischen Steifigkeitseigenschaften von zweiachsig beanspruchtem Fichtenholz in Abhängigkeit von der Beanspruchungsintensität. Diese in Form von Spannungs-Dehnungsdiagrammen dokumentierten Messinformationen sind im Anhang B für alle untersuchten Versuchskonfigurationen mit proportionaler Belastungsfolge ausführlich dargestellt. Im Rahmen dieses Unterkapitels erfolgt dagegen lediglich eine Diskussion ausgewählter Versuchsergebnisse.

Die Spannungs-Dehnungsdiagramme wurden durch konsequente Zuordnung der aus den Kraftmessungen des hydraulischen Belastungssystems für jedes Lastinkrement ermittelten Spannungsinkremente zu den entsprechenden im Rahmen der schrittweisen ESPI-Auswertungen gewonnenen Verzerrungsinkrementen erhalten. In diesem Zusammenhang ist anzumerken, dass aus den Kraftmessungen absolute Spannungswerte resultieren. Die im Rahmen des ESPI-Verfahrens ermittelten Verzerrungswerte beziehen sich jedoch auf Grund der in Unterkapitel 3.4 beschriebenen messtechnischen Gegebenheiten auf einen Referenzzustand, der im gegenständlichen Fall mit dem Vorspannungszustand des Probekörpers korrespondiert. Bei den in den Diagrammen aufgetragenen Verzerrungen handelt es sich daher stets um Relativgrößen.

Zum Zwecke der Vergleichbarkeit wurden im Anhang B sowie in den Abbildungen 4.36 und 4.37 sämtliche für eine Versuchskonfiguration $\{\varphi; \kappa\}$ ermittelten

Spannungs-Dehnungsdiagramme in einer Abbildung zusammengefasst. Die eindeutige Zuordnung der dargestellten Ergebnisse zu den einzelnen Versuchen ist über die eingetragenen Versuchsnummern (siehe auch Anhang A) möglich. Die Stellen, an der diese Versuchsnummern in den Diagrammen eingetragen sind, zeigen darüber hinaus die als biaxiale Bruchpunkte identifizierten Spannungs- und Dehnungszustände an.

Auf der Abszisse der Ergebnisdarstellungen wurden die drei Verzerrungskomponenten $\varepsilon_{11} \equiv \varepsilon_x$ (durchgezogene Linien), $\varepsilon_{22} \equiv \varepsilon_y$ (strichlierte Linien) und $2\varepsilon_{12} = \gamma_{12} \equiv \gamma_{xy}$ (strichpunktierte Linien) aufgetragen. Als Ordinate wurde jeweils die betragsmäßig größere der beiden Hauptspannungskomponenten $\sigma_1 \equiv \sigma_x$ und $\sigma_2 \equiv \sigma_y$ gewählt.

Die beschriebene Darstellungsweise gilt auch für Abb. 4.36. Diese Abbildung enthält Spannungs-Dehnungsdiagramme für alle durch κ = -10:+3 und $\varphi = 30°$ gekennzeichneten Bruchversuche. Die für die einzelnen Versuche erhaltenen experimentellen Ergebnisse weisen in Anbetracht des heterogenen Werkstoffes Holz lediglich geringe Streuungen auf. Die Druckbeanspruchung in x-Richtung führt zu einem deutlich nichtlinearen Materialverhalten bei höheren Beanspruchungsintensitäten. Das spröde Bruchverhalten kann mit dem Erreichen der Zugfestigkeit normal zur Faserrichtung erklärt werden.

Ein interessantes Bruchverhalten ist in Abb. 4.37 dargestellt. Die zugrunde liegenden Versuche sind durch eine Faserrichtung von $\varphi = 7.5°$ und durch eine biaxiale Druckbeanspruchung von κ = -1:-5 gekennzeichnet. Wie Abb. 4.37a zeigt,

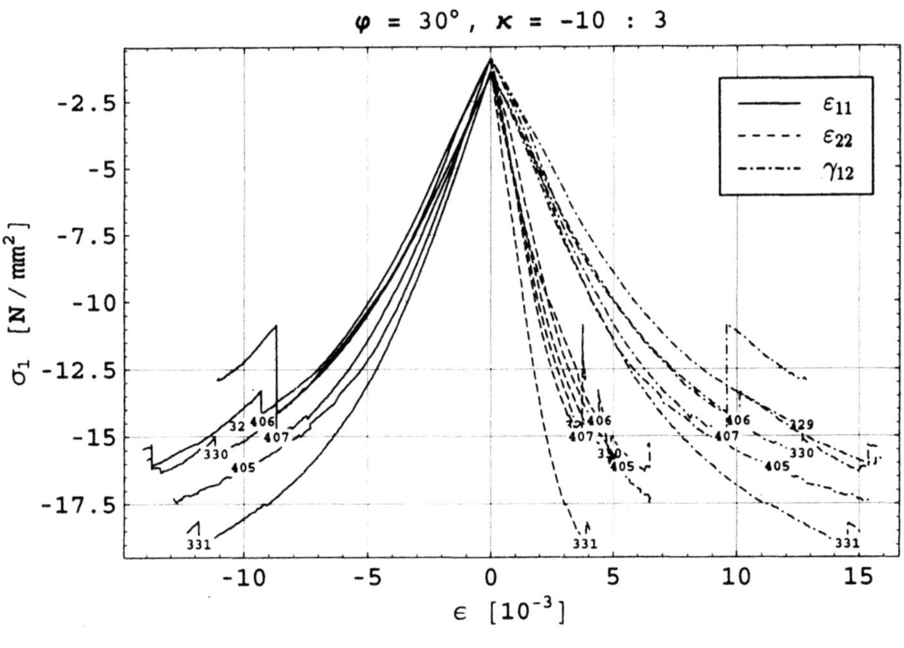

Abbildung 4.36: Spannungs-Dehnungsdiagramme der für κ = -10:+3 und $\varphi = 30°$ durchgeführten Versuche

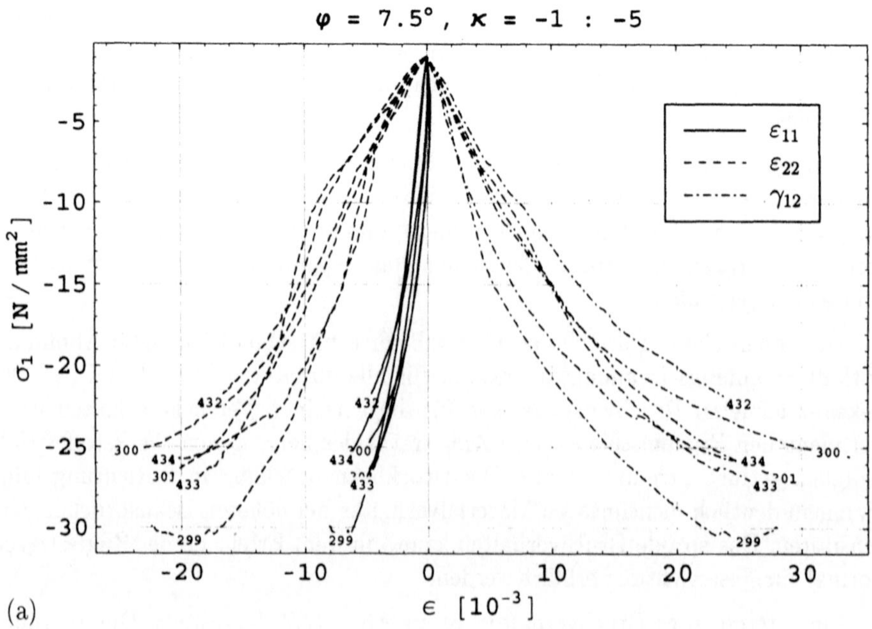

(a)

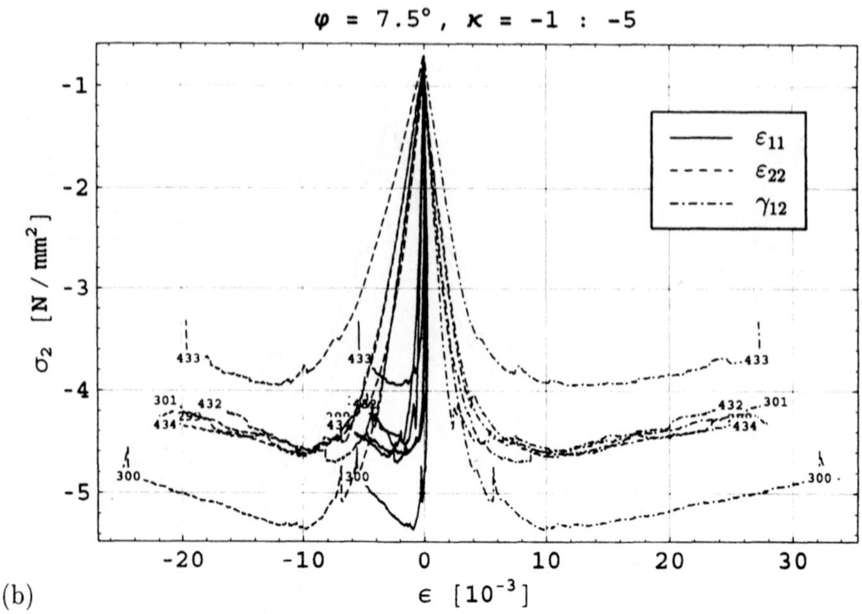

(b)

Abbildung 4.37: Verzerrungen für κ = -1:+5 und φ = 7.5° als Funktion der (a) Hauptspannungskomponente σ_1, (b) Hauptspannungskomponente σ_2

besteht die Versagensursache im Überschreiten der Druckfestigkeit parallel zur Faserrichtung. Aus Abb. 4.37b erkennt man deutlich, dass die Maximalspannungen ungefähr normal zur Faserrichtung wesentlich früher erreicht werden. Daran anschließend tritt in dieser Richtung eine Materialentfestigung auf.

In den Abbildungen 4.38 bis 4.40 sind jeweils für ein bestimmtes Beanspruchungsverhältnis die Spannungs-Dehnungsdiagramme in Abhängigkeit von der Faserrichtung dargestellt. Dabei betrifft Abb. 4.38 biaxiale Zugbeanspruchung mit κ = +2:+5, Abb. 4.39 gemischte Zug-/Druckbeanspruchung mit κ = -2:+5 und Abb. 4.40 biaxiale Druckbeanspruchung mit κ = -3:-5. Die in den beiden erstgenannten Abbildungen aufscheinenden negativen Versuchsnummern zeigen an, dass die entsprechenden Experimente nicht für die dargestellten Versuchskonfigurationen $\{\varphi; \kappa\}$, sondern für die dazu äquivalenten Versuchskonfigurationen $\{\varphi' = 90 - \varphi; \kappa' = 1/\kappa\}$ durchgeführt wurden (siehe Unterkapitel 4.3.2).

Die beiden erstgenannten Ergebnisdarstellungen zeigen ein weitgehend lineares Steifigkeitsverhalten bis zum Auftreten eines Sprödbruches. Beide Versuchsserien weisen jeweils die größere Beanspruchungskomponente in y-Richtung auf. Demgemäß wurden die kleinsten Festigkeiten in Richtung der Hauptspannungskomponente σ_2 für $\varphi = 0°$, das heißt dominante Zugbeanspruchung normal zur Faserrichtung, und die größten Festigkeiten für den durch überwiegende Zugbeanspruchung parallel zu Faserrichtung gekennzeichneten Fall $\varphi = 90°$ erhalten. In Abb. 4.40 ist wieder das für biaxiale Druckbeanspruchung charakteristische nichtlineare Steifigkeitsverhalten erkennbar.

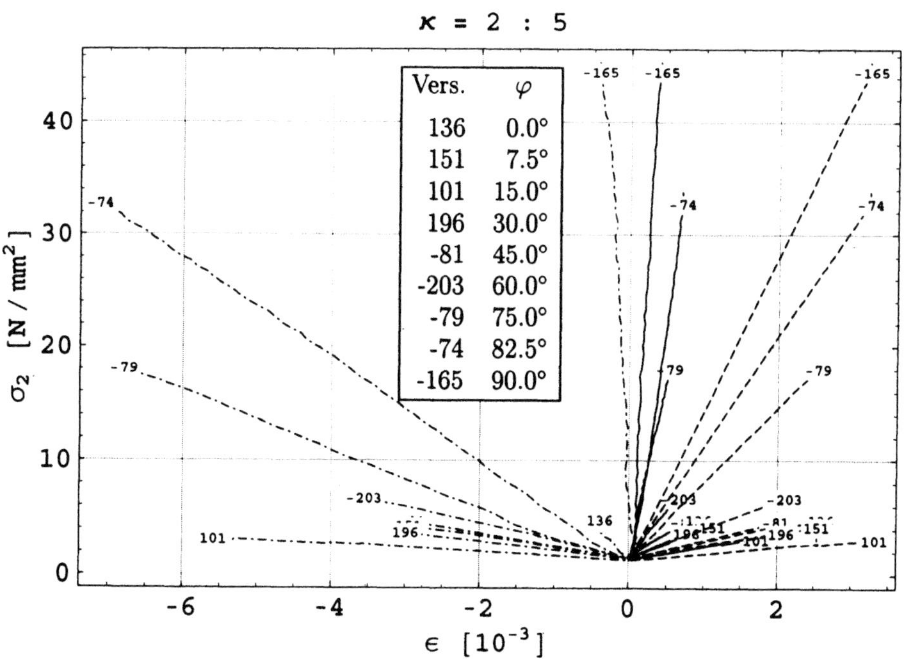

Abbildung 4.38: Spannungs-Dehnungsdiagramme für $\kappa = +2{:}+5$ und $0° \leq \varphi \leq 90°$

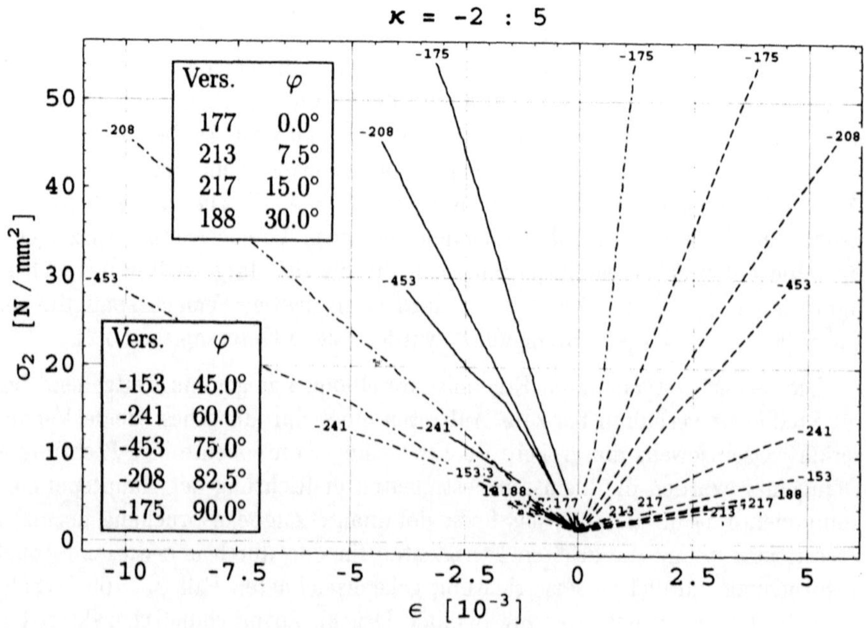

Abbildung 4.39: Spannungs-Dehnungsdiagramme für $\kappa = -2{:}+5$ und $0° \leq \varphi \leq 30°$

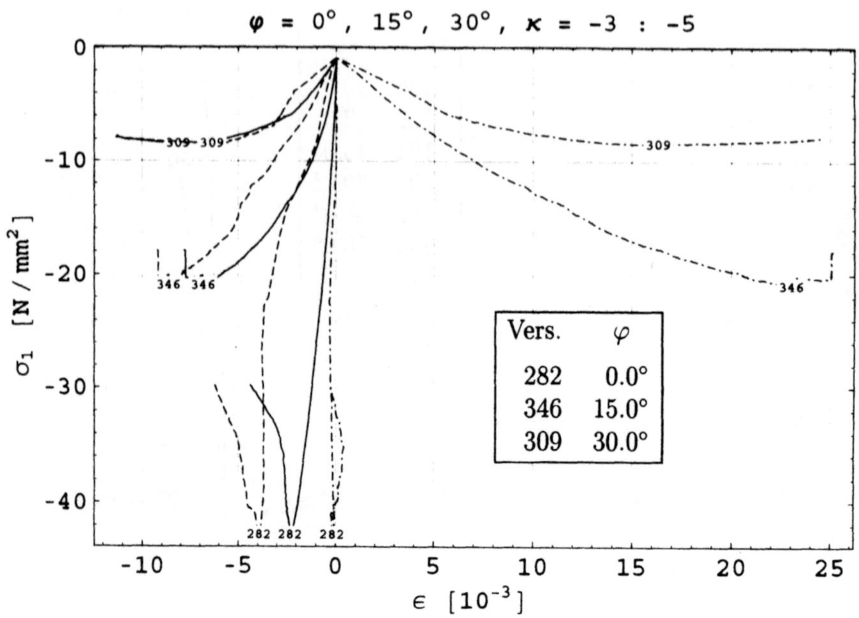

Abbildung 4.40: Spannungs-Dehnungsdiagramme für $\kappa = -3{:}-5$ und $0° \leq \varphi \leq 30°$

Die Abbildungen 4.41 bis 4.44 betreffen Versuchsdurchführungen mit nichtproportionaler Beanspruchungsgeschichte. Bei diesen Versuchen folgten einer ersten proportionalen Teilbelastung mehrere Zyklen mit teilweiser Ent- und anschließender Wiederbelastung. Bei dem in Abb. 4.41 für κ = -10:+3 und $\varphi = 30°$ dargestellten Versuchsergebnis handelt es sich um ein für diese Art von Versuchen typisches Ergebnis. Bemerkenswert ist die auch in den anderen Abbildungen erkennbare, weitgehend konstante Steifigkeit während der Ent- und Wiederbelastungsphasen. Diese Steifigkeit ist darüber hinaus beinahe identisch mit der beobachteten Initialsteifigkeit. Dieses mechanische Verhalten lässt sich im Allgemeinen mit einem so genannten Maximalspannungskriterium gut beschreiben.

Abbildung 4.42 zeigt Ergebnisse für die Konfiguration $\{\varphi = 15°; \kappa = \text{-1:-5}\}$. Ähnlich wie bei Abb. 4.37 tritt in Richtung der Hauptnormalspannung σ_2 Entfestigung auf. Wie ein Vergleich der für σ_1 und σ_2 erhaltenen Versuchsergebnisse zeigt, besteht kein Unterschied hinsichtlich der mechanischen Eigenschaften bei Ent- und Wiederbelastung im Vor- bzw. im Nachbruchbereich. Ein besonderes Merkmal der in Abb. 4.43 für κ = 0:-1 und $\varphi = 45°$ dargestellten Verzerrungen als Funktion der Hauptnormalspannung σ_2 ist die Tatsache beinahe verschwindender Verzerrungskomponenten ε_{11} und betragsmäßig etwa gleich großer Verzerrungskomponenten ε_{22} und γ_{12}. Dieses für den untersuchten orthotropen Werkstoff charakterisitische mechanische Verhalten bestätigt die Eignung der entwickelten Verschiebungsvorschriften für die Durchführung dieser Werkstoffversuche.

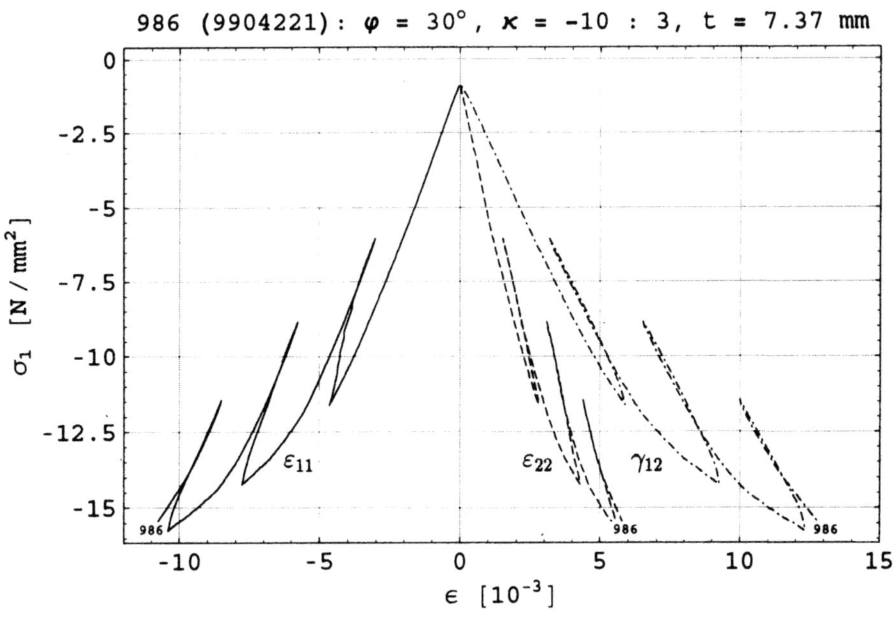

Abbildung 4.41: Spannungs-Dehnungsdiagramme für κ = -10:+3 und $\varphi = 30°$ bei nichtproportionaler Beanspruchung

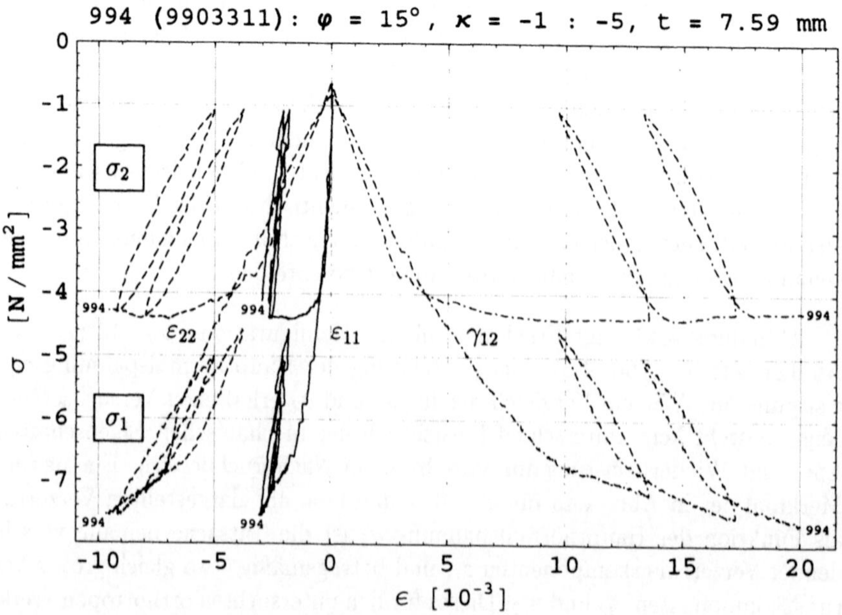

Abbildung 4.42: Spannungs-Dehnungsdiagramme für κ = -1:-5 und $\varphi = 15°$ bei nichtproportionaler Beanspruchung

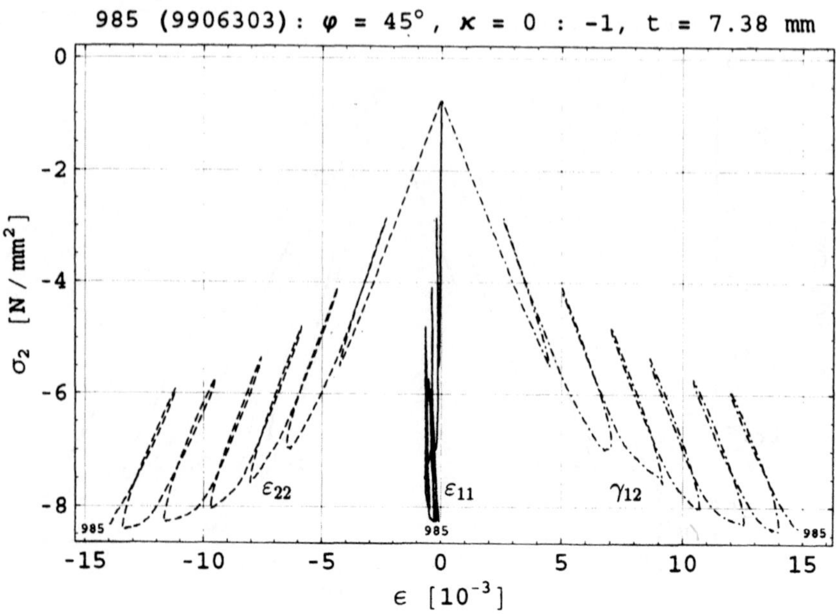

Abbildung 4.43: Spannungs-Dehnungsdiagramme für κ = 0:-1 und $\varphi = 45°$ bei nichtproportionaler Beanspruchung

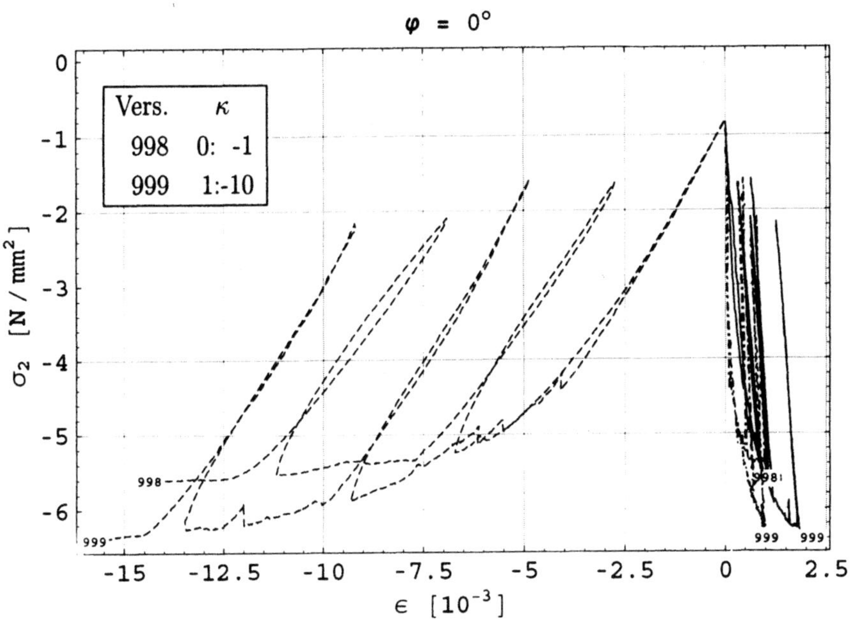

Abbildung 4.44: Spannungs-Dehnungsdiagramme für $\varphi = 0°$ bei nichtproportionaler Beanspruchung

Abbildung 4.44 enthält Versuchsergebnisse für eine Faserrichtung von $\varphi = 0°$ und zwei nur unwesentlich voneinander verschiedenen Beanspruchungsverhältnissen von κ = 1:-10 und κ = 0:-1. Der Ähnlichkeit der Beanspruchung entsprechend, unterscheiden sich auch die erhaltenen Spannungs-Dehnungsdiagramme nur unwesentlich. Demgegenüber steht jedoch ein deutlich unterschiedliches Verhalten, wenn man für die beiden Versuche den Verlauf des Verhältnisses der beiden Haupnormalspannungen σ_2/σ_1 während der Versuchsdurchführung betrachtet. Der erwähnte Verlauf ist in Abb. 4.22 eingetragen und für κ = 1:-10 bzw. κ = 0:-1 mit "A" bzw. "B" gekennzeichnet. Eine mögliche Ursache für dieses bei überwiegender Druckbeanspruchung normal zur Faserrichtung beobachtete Verhalten ist das Auftreten unvorhergesehener Gleitungen entlang der Jahrringe.

Weitergehende, für die Erstellung von Werkstoffmodellen für biaxial beanspruchtes Fichtenholz unerlässliche Auswertungen und Analysen der gewonnenen Versuchsergebnisse werden im Rahmen zukünftiger Forschungsvorhaben durchgeführt.

Kapitel 5

Zusammenfassung

Die Zielsetzung der vorliegenden Arbeit bestand in einer zusammenfassenden Berichterstattung über einen Forschungsschwerpunkt betreffend die experimentelle Bestimmung mechanischer Eigenschaften von Holz bei biaxialer Beanspruchung. Die Inangriffnahme dieser werkstoffmechanischen Grundlagenuntersuchung vor etwa neun Jahren war mit einer Neuorientierung hinsichtlich der Forschungsaktivitäten des dem Institut für Festigkeitslehre der Technischen Universität Wien angegliederten Laboratoriums verbunden. Den Gegebenheiten bei der Realisierung dieses Forschungsvorhabens entsprechend, ist diese Arbeit aber nicht ausschließlich auf eine Beschreibung der durchgeführten biaxialen Bruchversuche an Probekörpern aus Fichtenholz und auf die Darstellung der erhaltenen Versuchsergebnisse beschränkt. Vielmehr wurde auch dem zugrunde gelegten Versuchskonzept und der Entwicklung der zur Durchführung der Experimente erforderlichen biaxialen Versuchseinrichtung breiter Raum gewidmet.

Die Motivation für die Durchführung dieses Forschungsvorhabens war das Fehlen von experimentellen Daten über das Steifigkeits- und Festigkeitsverhalten von biaxial, schräg zur Faserrichtung beanspruchtem Fichtenholz ohne Beschränkung auf den Sonderfall der Koinzidenz einer Materialhauptrichtung (z. B. Faserlängsrichtung) mit einer schubspannungsfreien Richtung (Hauptnormalspannungsrichtung). Die Verfügbarkeit derartiger Versuchsergebnisse ist die Voraussetzung für die Entwicklung leistungsfähiger Werkstoffgesetze für biaxiale Spannungszustände. Solche konstitutiven Gesetze werden etwa für die Berechnung von Flächentragwerken aus Holz oder Konstruktionsdetails von Holzstrukturen mittels der Methode der Finiten Elemente benötigt.

Die Durchführung der Werkstoffversuche sowie die Entwicklung der dazu erforderlichen Versuchseinrichtung erfolgte im Rahmen je zweier vom Fonds zur Förderung der wissenschaftlichen Forschung und vom Bundesministerium für Wissenschaft und Forschung geförderter Forschungsprojekte. Die Versuchseinrichtung besteht zum einen aus einer biaxialen servohydraulischen Festigkeitsprüfmaschine zur schrittweisen Aufbringung von Verschiebungsinkrementen auf den Holzprobekörper bis zu dessen Bruch, und zum anderen aus einem berührungslos arbeitenden, laser-optischen Messsystem (Speckle-Interferometer) zur flächenhaften quantitativen Deformationsanalyse im 140×140 mm großen Messbereich der scheibenförmigen Holzprobekörper. Letzteres dient darüber hinaus auch zur Überprüfung der für Werkstoffversuche unerlässlichen Homogenität der Verteilung der Deformationskomponenten im Prüfbereich.

Die experimentelle Untersuchung wurde auf ausgewähltes, technologisch fehlerfreies und homogenes Fichtenholz beschränkt. Durch Klimatisierung der Proben bei einer Temperatur von 20 °C und einer relativen Luftfeuchtigkeit von 65 % wurde die Holzfeuchtigkeit bei $u = 12$ % konstant gehalten. Unter den angeführten Bedingungen werden die mechanischen Eigenschaften von fehlerfreiem Holz im Wesentlichen nur mehr von der Rohdichte beeinflusst. Im ersten Projektstadium wurde eine repräsentative Anzahl einaxialer Normzugversuche parallel und normal zur Faserlängsrichtung (insgesamt etwa 300 Versuche) durchgeführt. Als Ergebnis wurden neben Vergleichsresultaten zu in der Literatur dokumentierten Versuchen, die rohdichtebezogenen elastischen Werkstoffkennwerte (E_L, E_R und ν_{LR}) jenes Holzes, aus dem die biaxialen Probekörper hergestellt wurden, erhalten.

Die mechanischen Parameter der 439 durchgeführten biaxialen Bruchversuche waren einerseits der Winkel φ, den die Materialhauptachse L (Faserlängsrichtung) mit der Spannungshauptachse σ_1 einschließt, und andererseits das Verhältnis κ der auf den Probekörper aufgebrachten biaxialen Zug-/Zug-, Druck-/Druck- oder gemischten Zug-/Druckbeanspruchung. Die Versuchsdurchführung erfolgte verschiebungsgesteuert durch punktweises Aufbringung von Verschiebungskomponenten sowohl normal als auch parallel zum Rand des Probekörpers. Im Rahmen eines Optimierungsverfahrens wurden mit Hilfe der Methode der Finiten Elemente für die untersuchten Faserneigungen φ jene Normal- und Tangentialkomponenten des Verformungszustandes in den Lasteinleitungspunkten bestimmt, bei denen die korrespondierenden Kräfte lediglich Komponenten aufweisen, die jeweils normal zum Probenrand gerichtet sind. Unter der Voraussetzung homogener Spannungsverteilungen im Messbereich stellen in diesem Fall die x- und y-Achse des Probekörpers die Hauptrichtungen des Spannungszustandes dar. Die Hauptnormalspannungen lassen sich dann auf einfache Weise aus den Lasteinleitungskräften bestimmen. Letztere werden mit Hilfe von in den Belastungsachsen integrierten Kraftaufnehmern gemessen.

Im Zuge der beschriebenen Versuchsreihe wurden für verschiedene Winkel φ jeweils die biaxialen Bruchzustände im Hauptspannungsraum bestimmt. Zur Gewährleistung signifikanter experimenteller Resultate wurden für jede Versuchskonfiguration – gekennzeichnet durch die beiden Parameter φ und κ – in der Regel sechs Versuche durchgeführt. Durch Bestimmung der jeweils aktuellen Rohdichte und unter Zugrundelegung der zuvor in der einaxialen Studie ermittelten Zusammenhänge zwischen Rohdichte und einzelnen Festigkeitswerten konnten die nicht erklärbaren Ergebnisstreuungen soweit minimiert werden, dass statistisch eindeutige Aussagen über die gesuchten biaxialen Festigkeitseigenschaften von Fichtenholz getroffen werden können.

Als Ergebnis jedes Versuches wurden neben den biaxialen Festigkeiten Last-Verschiebungsdiagramme für die einzelnen Lasteinleitungspunkte des Probekörpers sowie die Verteilungen einzelner Deformationskomponenten im Messbereich der Probe erhalten. Die im Rahmen von Werkstoffversuchen zu bestimmenden Spannungs-Dehnungsdiagramme wurden durch Summation der für die einzelnen Lastschritte im Wege von Mittelungsprozessen ermittelten Spannungs- und Verzerrungsinkremente erhalten. Zur Ermöglichung vergleichender Ergebnisanalysen wurden die Spannungs-Dehnungsdiagramme für alle 439 Bruchversuche in einem Anhang zusammengefasst. Diese Versuchsresultate bilden die eigentliche Grundlage für die Entwicklung eines biaxialen konstitutiven Modells für Holz, die statistisch gesicherte Kenntnis der rohdichtebezogenen biaxialen Festigkeitswerte und die Beschreibung der Steifigkeitseigenschaften in Abhängigkeit von der Beanspruchungsintensität von schräg zur Faserrichtung beanspruchtem, fehlerfreiem Holz.

Danksagung

Zur Durchführung der experimentellen Untersuchung des mechanischen Verhaltens von biaxial beanspruchtem Fichtenholz sowie zur Entwicklung der dafür erforderlichen Versuchseinrichtung wurde das Institut für Festigkeitslehre der Technischen Universität Wien im Rahmen verschiedener Forschungsprojekte in überdurchschnittlichem Maß finanziell unterstützt. Besonderer Dank gilt

dem Fonds zur Förderung der wissenschaftlichen Forschung,
Projekte P08029 und P08772,

dem Bundesministerium für Wissenschaft und Forschung,
Projekte GZ 45.311/2-IV/6a/93 und GZ 45.424/1-IV/B/3a/97, sowie

der Hochschuljubiläumsstiftung der Gemeinde Wien,
Projekte H137/92, H191/95, H050/97 und H074/99.

Literaturverzeichnis

[Ashkenazi, 1965] Ashkenazi, E. (1965). Problems of the Anisotropy of Strength. *Mekhanika Polimerov*, 1(2):79–92.

[Betten, 1993] Betten, J. (1993). *Kontinuumsmechanik – Elasto-, Plasto- und Kriechmechanik.* Springer-Verlag.

[Blaß et al., 1995] Blaß, J., Görlacher, R., & Steck, G. (1995). Holzbauwerke nach Eurocode 5, Bemessung und Baustoffe, STEP 1. Technischer Bericht, Düsseldorf: Selbstverlag.

[Bodig & Jayne, 1982] Bodig, J. & Jayne, B. (1982). *Mechanics of Wood and Wood Composites.* London: Van Nostrand Reinhold Comp.

[Bues, 1986] Bues, C. (1986). Untersuchung einiger Eigenschaften von Tannen- und Fichtenholz nach 17jähriger Wasserlagerung. *Holz als Roh- und Werkstoff*, 44(1):7–15.

[DIN 52182, 1976] DIN 52182 (1976). Prüfung von Holz; Bestimmung der Rohdichte.

[DIN 52183, 1977] DIN 52183 (1977). Prüfung von Holz; Bestimmung des Feuchtigkeitsgehaltes.

[DIN 52188, 1979] DIN 52188 (1979). Prüfung von Holz; Bestimmung der Zugfestigkeit parallel zur Faser.

[Eberhardsteiner, 1995] Eberhardsteiner, J. (1995). Biaxial Testing of Orthotropic Materials Using Electronic Speckle Pattern Interferometry. *Measurement*, 16:139–148.

[Eberhardsteiner et al., 1996a] Eberhardsteiner, J., Gingerl, M., & Ondris, Ľ. (1996a). Beurteilung der Meßgenauigkeit eines 3D-ESPI-Systems bei der biaxialen Festigkeitsprüfung von Holz. In *GESA-Symposium 1996, Experimentelle Beanspruchungsanalyse, neue Entwicklungen und Anwendungen*, Schliersee, BRD.

[Eberhardsteiner et al., 1996b] Eberhardsteiner, J., Gingerl, M., & Ondris, Ľ. (1996b). Some Accuracy Aspects of 3D Electronic Speckle Pattern Interferometry. In *13th Danubia-Adria Symposium on Experimental Methods in Solid Mechanics*, S. 13–14, Rajecké Teplice, Slowakei.

[Eberhardsteiner et al., 1991] Eberhardsteiner, J., Pulay, F., & Mang, H. (1991). Zur Frage der Lasteinleitung bei experimentellen Festigkeitsuntersuchungen von zweiaxial beanspruchtem Holz. *Österreichische Ingenieur- und Architekten-Zeitschrift*, 136(6):265–272.

[Edlund, 1982] Edlund, B. (1982). *Bruchhypothesen für orthotropes Material.* Karlsruhe: Bruderverlag.

[Ehlbeck & Hemmer, 1986] Ehlbeck, J. & Hemmer, K. (1986). Erfassung, systematische Auswertung und Ermittlung von Grundlagen über das Zusammenwirken von Längs-, Quer- und Schubspannungen bei fehlerfreiem und fehlerbehaftetem Nadelholz. Technischer Bericht, Stuttgart: IRB Verlag.

[Enquist, 1991] Enquist, B. (1991). Timber Beams Notched at the Support. Technischer Bericht (Report Series R), Nr. 280, Lyngby, Department of Structural Engineering, Technische Universität Dänemark.

[Ettemeyer, 1988] Ettemeyer, A. (1988). *Ein neues holografisches Verfahren zur Verformungs- und Dehnungsbestimmung.* Dissertation, Fakultät Energietechnik, Universität Stuttgart, Deutschland.

[Ettemeyer, 1989] Ettemeyer, A. (1989). Fast and Robust Analysis of Fringe Patterns – An Important Step Towards the Automation of Holographic Testing Procedures. In Osten, W.(Hrsg.), *Fringe 89: 1st International Workshop on Automatic Processing of Fringe Patterns*, S. 23–31. Berlin: Akademie-Verlag.

[Franklin, 1968] Franklin, H. (1968). Classic Theories of Failure of Anisotropic Materials. *Fibre Science and Technology*, 1:137–150.

[Gehri & Steurer, 1979] Gehri, E. & Steurer, T. (1979). Holzfestigkeit bei Beanspruchung schräg zur Faser. Schweizerische Arbeitsgemeinschaft für Holzforschung (SAH), Bulletin 7/2.

[Göhre, 1958] Göhre, K. (1958). Über die Verteilung der Rohdichte im Stamm und ihre Beeinflussung durch Wuchsgebiet und Standort. *Holz als Roh- und Werkstoff*, 16(3):77–90.

[Gingerl, 1998] Gingerl, M. (1998). *Realisierung eines optischen Deformationsmeßsystems zur experimentellen Untersuchung des orthotropen Materialverhaltens von Holz bei biaxialer Beanspruchung.* Dissertation, Fakultät für Bauingenieurwesen, Technische Universität Wien.

[Glos, 1978] Glos, P. (1978). *Zur Bestimmung des Festigkeitsverhaltens von Brettschichtholz bei Druckbeanspruchung aus Werkstoff- und Einwirkungskenngrößen.* Dissertation, Technische Universität München.

[Goodman & Bodig, 1971] Goodman, J. & Bodig, J. (1971). Orthotropic Strength of Wood in Compression. *Wood Science and Technology*, 4(2):83–94.

[Göttsche-Kühn & Frühwald, 1986] Göttsche-Kühn, H. & Frühwald, A. (1986). Holzeigenschaften von Fichten aus Waldschadensgebieten; Untersuchungen an gelagertem Holz. *Holz als Roh- und Werkstoff*, 44:313–318.

[Hagen, 1842] Hagen, G. (1842). Über die Elastizität des Holzes. Bericht der Königlichen Preußischen Akademie der Wissenschaften zu Berlin, Sitzung der physikalisch-mathematischen Klasse, November 1842.

[Hankinson, 1921] Hankinson, R. (1921). Investigation of Crushing Strength of Spruce at Varying Angles to the Grain. *US Air Service Information Circular III*, 259.

[Helnwein, 2001] Helnwein, P. (2001). Some Remarks on the Compressed Matrix Representation of Symmetric Second-Order and Fourth-Order Tensors. *Computer Methods in Applied Mechanics and Engineering*, 190(22-23):2753–2770.

[Hemmer, 1984] Hemmer, K. (1984). *Versagensarten des Holzes der Weißtanne (abies alba) unter mehrachsiger Beanspruchung.* Dissertation, Karlsruhe: Selbstverlag.

[Hill, 1948] Hill, R. (1948). A Theory of the Yielding and Plastic Flow of Anisotropic Metals. *Proceedings of the Royal Society of London*, 193(A):281–297.

[Hoffman, 1967] Hoffman, O. (1967). The Brittle Strength of Orthotropic Materials. *Journal of Composite Materials*, 1:200–206.

[Jones & Wykes, 1989] Jones, R. & Wykes, C. (1989). *Holographic and Speckle Interferometry.* Cambridge University Press, Cambridge.

[Karner, 1997] Karner, C. (1997). Qualitative und quantitative Beurteilung der Messgenauigkeit eines Elektronischen 3D-Speckle-Interferometers. Diplomarbeit, Fakultät für Bauingenieurwesen, Technische Universität Wien.

[Keylwerth, 1951] Keylwerth, R. (1951). *Die anisotrope Elastizität des Holzes und der Lagenhölzer.* VDI-Forschungsheft 430. Düsseldorf: Deutscher Ingenieur-Verlag.

[Kühne, 1955] Kühne, H. (1955). Über den Einfluß von Wassergehalt, Raumgewicht und Jahrringstellung auf die Festigkeit und Verformbarkeit schweizerischen Fichten-, Tannen-, Lärchen-, Rotbuchen- und Eichenholzes. Technischer Bericht 183, Eidgenössische Materialprüfungs- und Versuchsanstalt für Industrie, Bauwesen und Gewerbe, Zürich.

[Kollmann, 1934] Kollmann, F. (1934). Die Abhängigkeit der Festigkeit und der Dehnungszahl der Hölzer vom Faserverlauf. *Bauingenieur*, 15:198–200.

[Kollmann, 1982] Kollmann, F. (1982). *Technologie des Holzes und der Holzwerkstoffe.* Berlin Heidelberg New York: Springer-Verlag.

[Kommert, 1972] Kommert, R. (1972). Untersuchung der Roh- und Raumdichte von Fichtenholz. *Holztechnologie*, 13(4):229–231.

[Krabbe, 1983] Krabbe, E. (1983). Elastizitätszahlen von Fichtenholz in Abhängigkeit von der Holzfeuchtigkeit. *Bauen mit Holz*, 85(4):218–220.

[Kufner, 1985] Kufner, M. (1985). Verteilung von Eigenschaftswerten in einem Fichten-Stammabschnitt. *Holz als Roh- und Werkstoff*, 43(4):123–129.

[Leijten, 1987] Leijten, A. (1987). Development of a General Failure Criterion for Wood. Technischer Bericht 25-87-17/9-HA-35, Stevin Laboratorium, Technische Universität Delft.

[Lekhnitskij, 1981] Lekhnitskij, S. (1981). *Theory of Elasticity of an Anisotropic Body*. Moskau: Mir Publishers.

[Lischke, 1984] Lischke, N. (1984). Elastomechanisches Verhalten von Fichtenholz unter Einbeziehung der räumlichen Werkstoffstruktur. *Bauingenieur*, 59(2):67–71.

[Mang & Hofstetter, 2000] Mang, H. & Hofstetter, G. (2000). *Festigkeitslehre*. Springer-Verlag.

[Marin, 1957] Marin, J. (1957). Theories of Strength for Combined Stresses and Nonorthotropic Materials. *Journal of the Aeronautical Sciences*, 24:265–274.

[Neuhaus, 1983] Neuhaus, H. (1983). Über das elastische Verhalten von Fichtenholz in Abhängigkeit von der Holzfeuchtigkeit. *Holz als Roh- und Werkstoff*, 41(1):21–25.

[Niemz, 1993] Niemz, P. (1993). *Physik des Holzes und der Holzwerkstoffe*. DWR-Verlag.

[ÖNORM B 3012, 1998] ÖNORM B 3012 (1998). Holzarten – Benennungen, Kurzzeichen und Kennwerte.

[Norris, 1962] Norris, C. (1962). Strength of Orthotropic Materials Subjected to Combined Stresses. Technischer Bericht 1816, US Forest Production Laboratory, Madison (Wi).

[Norris & McKinnon, 1956] Norris, C. & McKinnon, P. (1956). Compression, Tension and Shear Tests on Yellow-Poplar Plywood Panels of Sizes that do not Buckle with Tests Made at Various Angles to the Face Grain. Technischer Bericht 1328, US Forest Production Laboratory, Madison (Wi).

[Pulay, 1994] Pulay, F. (1994). *Entwicklung einer Versuchseinrichtung zur Bestimmung des Verformungsverhaltens von Holz bei zweiachsiger Beanspruchung bis zum Bruch*. Dissertation, Fakultät für Bauingenieurwesen, Technische Universität Wien.

[Schwab & Kockelmann, 1988] Schwab, W. & Kockelmann, H. (1988). Holographisch-interferometrische Differenzmethode zur Bestimmung von In-plane-Verschiebungen und Dehnungen mit digitaler Bildverarbeitung. *VDI-Berichte*, 679:241–252.

[Sendeckyj, 1972] Sendeckyj, G. (1972). A Brief Survey of Empirical Multiaxial Strength Criteria for Composites. *Composite Materials: Testing and Design, 2. Conf. American Society for Testing and Materials, Philadelphia*, ASTM STP 497:41–51.

[Spengler, 1986] Spengler, R. (1986). Festigkeitsverhalten von Brettelementen aus Fichte unter zweiachsiger Beanspruchung; Ergebnisse aus experimentellen Untersuchungen. Technischer Bericht, Technische Universität München, Institut für Bauingenieurwesen II.

[Stüssi, 1946] Stüssi, F. (1946). Holzfestigkeit bei Beanspruchung schräg zur Faser. *Schweizerische Bauzeitung*, 64:251–252.

[Szalai, 1992] Szalai, J. (1992). Comparing of Failure Theories for Orthotropic Materials on the Basis of Theoretical Criteria of their Applicability. *Acta Facultatis Ligniensis*, S. 15–31.

[Szalai, 1994] Szalai, J. (1994). *A faanyag és faalapú anyagok anizotróp rugalmasság- es szilárdságtana. (Anisotrope Elastizitäts- und Festigkeitslehre des Holzes und der Holzwerkstoffe)*. Sopron: Müszaki Mechanika Tanszék.

[Tsai, 1965] Tsai, S. (1965). Strength Characteristics of Composite Materials. Technischer Bericht CR-224, NASA.

[Tsai & Wu, 1971] Tsai, S. & Wu, E. (1971). A General Theory of Strength for Anisotropic Materials. *Journal of Composite Materials*, 5:58–80.

[van der Put, 1982] van der Put, T. (1982). A General Failure Criterion for Wood. Technischer Bericht, IUFRO Timber Engineering Group Meeting S5.02, Schweden.

[Vecchio, 1979] Vecchio, F. (1979). Shear Rig Design. Diplomarbeit, University of Toronto.

[Vecchio & Collins, 1982] Vecchio, F. & Collins, M. (1982). The Response of Reinforced Concrete to In-Plane Shear and Normal Stresses. Technischer Bericht, University of Toronto.

[von Mises, 1928] von Mises, R. (1928). Mechanik der plastischen Formänderungen von Kristallen. *ZAMM*, 8(5):161–185.

[Woodward, 1986] Woodward, C. (1986). *The Elastic and Strength Properties of Douglas-Fir in the Radial-Longitudinal Plane.* Dissertation, New Mexico State University, Las Cruces, New Mexico.

[Woodward & Minor, 1988] Woodward, C. & Minor, J. (1988). Failure Theories for Douglas-Fir in Tension. *ASCE-SE*, 114(12):2808–2813.

[Wu, 1972] Wu, E. (1972). Optimal Experimental Measurement of Anisotropic Failure Tensors. *Journal of Composite Materials*, 6:472–489.

Kapitel 6

Anhang

6.1 Anhang A – Versuchsprogramm, Versuchsparameter

Legende:

φ	...	Faserlängsrichtung
κ	...	biaxiales Beanspruchungsverhältnis
Vers.-Nr.	...	laufende Versuchsnummer
PK.-Nr.	...	Probekörperbezeichnung (Klebedatum + Klebeposition)
Datum	...	Datum der Versuchsdurchführung
PK-Dicke	...	Dicke des Probekörpers im Messbereich [mm]
Rohdichte	...	Rohdichte des Probekörpers im Messbereich [g/cm^3]
Bruch	...	Belastungsschritt des Brucheintritts

Tabelle 6.1: Versuchsparameter der durchgeführten biaxialen Bruchversuche

φ	κ	Vers.-Nr.	PK-Nr.	Datum	PK-Dicke	Rohdichte	Bruch
0.0	-4 : +5	98	9707281	1997-09-30	4.57	0.437	50
0.0	-4 : +5	99	9707251	1997-09-30	4.48	0.453	116
0.0	-4 : +5	100	9707101	1997-09-30	4.38	0.411	51
0.0	-4 : +5	170	9711282	1998-01-21	4.61	0.489	81
0.0	-4 : +5	171	9711202	1998-01-22	4.65	0.447	56
0.0	-4.: +5	172	9712102	1998-01-28	4.50	0.461	50
0.0	-3 : -5	282	9804014	1998-09-15	7.40	0.433	291
0.0	-3 : -5	283	9807074	1998-09-15	7.36	0.460	240
0.0	-3 : -5	284	9807073	1998-09-17	7.36	0.445	232
0.0	-3 : -5	361	9811274	1999-02-10	7.38	0.480	255
0.0	-3 : -5	362	9811273	1999-02-11	7.30	0.460	267
0.0	-3 : -5	363	9811272	1999-02-12	7.33	0.460	206
0.0	-2 : +5	176	9712042	1998-01-29	4.58	0.433	70
0.0	-2 : +5	177	9712051	1998-01-30	4.50	0.429	64
0.0	-2 : +5	178	9711211	1998-02-03	4.65	0.475	56
0.0	-2 : +5	207	9803121	1998-03-26	4.65	0.458	65
0.0	-2 : +5	254	9804224	1998-05-27	4.55	0.387	113
0.0	-2 : +5	255	9804234	1998-05-27	4.52	0.431	52
0.0	-2 : +5	256	9805131	1998-07-03	4.59	0.471	74
0.0	-2 : +5	257	9804233	1998-07-06	4.58	0.423	66
0.0	-1 :-10	288	9807161	1998-09-22	7.36	0.442	599
0.0	-1 : -5	285	9807072	1998-09-17	7.38	0.415	600
0.0	-1 : -5	286	9807071	1998-09-18	7.36	0.410	317
0.0	-1 : -5	287	9807311	1998-09-22	7.35	0.453	510
0.0	-1 : -5	367	9811302	1999-02-17	7.05	0.415	555
0.0	-1 : -5	368	9811301	1999-02-18	7.42	0.439	470
0.0	-1 : -5	369	9811241	1999-02-19	7.38	0.427	411
0.0	-1 : +0	221	9803314	1998-04-07	7.55	0.437	192

φ	κ	Vers.-Nr.	PK-Nr.	Datum	PK-Dicke	Rohdichte	Bruch
0.0	-1 : +0	222	9804013	1998-04-15	7.33	0.473	142
0.0	-1 : +0	233	9804214	1998-04-23	9.57	0.466	177
0.0	-1 : +0	364	9811271	1999-02-15	7.38	0.433	139
0.0	-1 : +0	365	9811304	1999-02-15	7.56	0.426	158
0.0	-1 : +0	366	9811303	1999-02-16	7.57	0.443	156
0.0	+0 : -1	43	9707083	1997-07-26	4.47	0.396	501
0.0	+0 : -1	44	9707082	1997-07-29	4.43	0.473	500
0.0	+0 : -1	45	9707081	1997-07-29	4.54	0.492	500
0.0	+0 : -1	220	9803312	1998-04-07	7.49	0.409	401
0.0	+0 : -1	248	9804213	1998-05-18	9.60	0.440	1000
0.0	+0 : -1	249	9804022	1998-05-18	7.49	0.386	1000
0.0	+0 : -1	988	9906153	2000-02-18	4.40	0.441	—
0.0	+0 : -1	997	9906151	1999-10-11	7.24	0.397	—
0.0	+0 : -1	998	9811243	1999-05-20	7.55	0.419	—
0.0	+0 : +1	89	9707221	1997-09-24	4.50	0.432	259
0.0	+0 : +1	90	9707222	1997-09-25	4.48	0.401	196
0.0	+0 : +1	91	9707223	1997-09-25	4.49	0.425	195
0.0	+0 : +1	155	9711051	1997-11-12	4.63	0.430	92
0.0	+0 : +1	156	9711131	1997-12-03	4.60	0.424	61
0.0	+0 : +1	157	9711121	1997-12-03	4.31	0.435	54
0.0	+0 : +1	437	9901293	1999-06-11	7.23	0.465	168
0.0	+1 :-10	235	9804221	1998-05-04	4.61	0.534	800
0.0	+1 :-10	236	9804222	1998-05-04	4.49	0.448	987
0.0	+1 :-10	237	9804223	1998-05-05	4.59	0.397	953
0.0	+1 :-10	358	9809221	1999-02-03	7.44	0.450	791
0.0	+1 :-10	359	9808212	1999-02-04	7.42	0.450	793
0.0	+1 :-10	360	9808213	1999-02-04	7.39	0.440	785
0.0	+1 :-10	999	9811242	1999-05-18	7.34	0.423	—
0.0	+1 : -2	29	9703112	1997-06-06	4.67	0.438	138
0.0	+1 : -2	30	9703111	1997-06-07	4.61	0.450	160
0.0	+1 : -2	350	9811244	1999-01-14	7.45	0.450	115
0.0	+1 : -2	351	9809224	1999-01-15	7.36	0.470	131
0.0	+1 : -2	352	9809223	1999-01-15	7.36	0.450	114
0.0	+1 : -2	353	9809222	1999-01-18	7.37	0.380	120
0.0	+1 : +0	143	9710273	1997-11-06	4.65	0.513	104
0.0	+1 : +0	144	9710312	1997-11-10	4.65	0.439	157
0.0	+1 : +0	145	9711041	1997-11-11	4.62	0.490	184
0.0	+1 : +0	318	9804232	1998-11-06	4.57	0.394	122
0.0	+1 : +0	319	9804231	1998-11-06	4.51	0.435	108
0.0	+1 : +0	320	9808211	1998-11-18	7.45	0.427	111
0.0	+1 : +0	436	9901292	1999-06-10	7.25	0.423	225
0.0	+2 : +5	134	9707102	1997-10-24	4.55	0.426	57
0.0	+2 : +5	135	9707103	1997-10-24	4.44	0.447	190
0.0	+2 : +5	136	9710243	1997-10-30	4.43	0.424	52
0.0	+2 : +5	161	9711073	1997-12-04	4.64	0.419	46
0.0	+2 : +5	162	9711183	1997-12-09	4.26	0.414	52

φ	κ	Vers.-Nr.	PK-Nr.	Datum	PK-Dicke	Rohdichte	Bruch
0.0	+2 : +5	163	9711143	1997-12-10	4.60	0.482	68
0.0	+3 :-10	226	9803132	1998-04-16	4.58	0.413	353
0.0	+3 :-10	228	9803131	1998-04-20	4.55	0.406	307
0.0	+3 :-10	230	9804172	1998-04-21	4.58	0.460	379
0.0	+3 :-10	232	9804174	1998-04-23	4.56	0.419	373
0.0	+3 :-10	354	9809151	1999-01-19	7.35	0.390	372
0.0	+3 :-10	355	9809152	1999-01-20	7.15	0.470	371
0.0	+3 : -5	225	9803122	1998-04-16	4.59	0.453	225
0.0	+3 : -5	227	9803135	1998-04-17	4.62	0.397	194
0.0	+3 : -5	229	9804171	1998-04-21	4.54	0.382	234
0.0	+3 : -5	231	9804173	1998-04-23	4.58	0.393	164
0.0	+3 : -5	356	9809153	1999-01-21	7.42	0.410	193
0.0	+3 : -5	357	9809154	1999-02-03	7.39	0.450	216
0.0	+5 : -4	167	9712031	1998-01-20	4.60	0.445	135
0.0	+5 : -4	168	9712103	1998-01-20	4.62	0.447	125
0.0	+5 : -4	169	9712053	1998-01-21	4.48	0.449	123
0.0	+5 : -4	440	9901273	1999-06-15	7.46	0.426	126
0.0	+5 : -4	441	9901274	1999-06-15	7.40	0.419	109
0.0	+5 : -4	442	9812013	1999-06-15	7.38	0.490	109
0.0	+5 : -2	173	9712123	1998-01-28	4.55	0.448	93
0.0	+5 : -2	174	9712133	1998-01-29	4.63	0.466	110
0.0	+5 : -2	175	9711262	1998-01-29	4.65	0.462	94
0.0	+5 : -2	435	9901291	1999-06-07	7.39	0.447	125
0.0	+5 : -2	438	9901272	1999-06-14	7.52	0.393	99
0.0	+5 : -2	439	9901271	1999-06-14	7.45	0.460	132
0.0	+5 : +2	71	9707282	1997-09-09	4.53	0.422	66
0.0	+5 : +2	72	9707252	1997-09-10	4.50	0.448	149
0.0	+5 : +2	73	9707253	1997-09-11	4.56	0.413	87
0.0	+5 : +2	164	9712211	1998-01-16	4.62	0.438	86
0.0	+5 : +2	165	9712122	1998-01-19	4.49	0.448	73
0.0	+5 : +2	166	9712171	1998-01-19	4.56	0.462	67
7.5	-10 : +3	292	9807092	1998-10-01	7.43	0.422	120
7.5	-10 : +3	293	9807091	1998-10-02	7.45	0.400	122
7.5	-10 : +3	294	9807313	1998-10-07	7.38	0.427	127
7.5	-10 : +3	429	9904082	1999-05-18	7.38	0.470	91
7.5	-10 : +3	430	9904083	1999-05-18	7.36	0.448	111
7.5	-10 : +3	431	9904081	1999-05-19	7.42	0.424	151
7.5	-4 : +5	95	9709111	1997-09-29	4.50	0.438	48
7.5	-4 : +5	96	9709112	1997-09-29	4.54	0.483	46
7.5	-4 : +5	97	9709113	1997-09-29	4.52	0.448	49
7.5	-4 : +5	399	9903172	1999-04-07	7.50	0.446	59
7.5	-4 : +5	400	9903173	1999-04-07	7.40	0.371	77
7.5	-4 : +5	401	9903174	1999-04-08	7.39	0.466	64
7.5	-2 : -5	295	9808261	1998-10-09	7.40	0.384	314
7.5	-2 : -5	296	9808262	1998-10-09	7.43	0.392	367
7.5	-2 : -5	297	9808263	1998-10-12	7.42	0.381	344

φ	κ	Vers.-Nr.	PK-Nr.	Datum	PK-Dicke	Rohdichte	Bruch
7.5	-2 : -5	457	9906093	1999-07-02	7.31	0.365	349
7.5	-2 : -5	458	9906094	1999-07-06	7.29	0.385	419
7.5	-2 : -5	459	9906152	1999-07-09	7.25	0.431	491
7.5	-2 : -5	984	9991312	2000-03-02	7.22	0.434	—
7.5	-2 : +5	211	9803184	1998-03-31	4.50	0.396	73
7.5	-2 : +5	212	9711112	1998-04-01	4.53	0.448	43
7.5	-2 : +5	213	9711061	1998-04-01	4.60	0.418	62
7.5	-2 : +5	214	9803171	1998-04-02	4.56	0.395	51
7.5	-2 : +5	215	9803172	1998-04-02	4.55	0.380	70
7.5	-2 : +5	216	9803133	1998-04-03	4.57	0.407	26
7.5	-1 : -5	299	9810094	1998-10-14	7.45	0.452	499
7.5	-1 : -5	300	9810093	1998-10-14	7.41	0.417	570
7.5	-1 : -5	301	9810092	1998-10-15	7.45	0.395	491
7.5	-1 : -5	432	9904084	1999-05-21	7.52	0.371	525
7.5	-1 : -5	433	9904223	1999-05-25	7.42	0.454	518
7.5	-1 : -5	434	9904224	1999-05-27	7.47	0.447	553
7.5	-1 : +0	289	9807162	1998-09-23	7.49	0.439	121
7.5	-1 : +0	290	9807094	1998-09-30	7.42	0.431	150
7.5	-1 : +0	291	9807093	1998-09-30	7.42	0.434	124
7.5	-1 : +0	370	9810164	1999-02-23	7.48	0.423	161
7.5	-1 : +0	371	9810163	1999-02-23	7.52	0.402	168
7.5	-1 : +0	372	9810162	1999-02-24	7.39	0.440	153
7.5	+0 : -1	40	9703043	1997-07-23	4.42	0.457	500
7.5	+0 : -1	41	9704243	1997-07-24	4.38	0.500	500
7.5	+0 : -1	42	9704291	1997-07-25	4.48	0.409	484
7.5	+0 : -1	373	9810161	1999-02-24	7.46	0.356	794
7.5	+0 : -1	374	9810124	1999-02-25	7.51	0.392	706
7.5	+0 : -1	375	9810091	1999-03-05	7.43	0.436	361
7.5	+0 : -1	989	9991311	2000-02-15	7.34	0.523	—
7.5	+0 : -1	996	9804161	1999-10-12	4.49	0.388	—
7.5	+0 : +1	86	9709091	1997-09-23	4.50	0.457	53
7.5	+0 : +1	87	9709092	1997-09-24	4.51	0.457	52
7.5	+0 : +1	88	9709093	1997-09-24	4.39	0.499	80
7.5	+0 : +1	137	9705131	1997-10-27	4.62	0.446	54
7.5	+0 : +1	138	9706053	1997-10-27	4.64	0.443	116
7.5	+0 : +1	139	9710283	1997-11-05	4.46	0.420	111
7.5	+1 :-10	302	9810121	1998-10-20	7.52	0.455	352
7.5	+1 :-10	303	9810122	1998-10-21	7.40	0.393	323
7.5	+1 :-10	304	9810123	1998-10-21	7.50	0.418	326
7.5	+1 :-10	382	9902253	1999-03-15	7.41	0.369	414
7.5	+1 :-10	383	9902254	1999-03-16	7.32	0.424	457
7.5	+1 :-10	384	9903171	1999-04-01	7.50	0.425	407
7.5	+1 : -2	31	9705273	1997-06-20	4.64	0.407	174
7.5	+1 : -2	32	9719023	1997-06-20	4.38	0.465	173
7.5	+1 : -2	33	9705272	1997-06-25	4.53	0.464	163
7.5	+1 : -2	376	9902041	1999-03-09	7.21	0.489	124

φ	κ	Vers.-Nr.	PK-Nr.	Datum	PK-Dicke	Rohdichte	Bruch
7.5	+1 : -2	377	9902042	1999-03-09	7.25	0.464	109
7.5	+1 : -2	378	9902043	1999-03-10	7.41	0.381	145
7.5	+1 : +0	107	9710013	1997-10-08	4.43	0.433	72
7.5	+1 : +0	108	9709241	1997-10-08	4.64	0.575	69
7.5	+1 : +0	109	9709242	1997-10-08	4.58	0.450	66
7.5	+1 : +0	443	9905211	1999-06-16	7.17	0.437	122
7.5	+1 : +0	444	9905212	1999-06-17	7.42	0.452	106
7.5	+1 : +0	445	9905213	1999-06-17	7.33	0.454	100
7.5	+2 : +5	104	9707213	1997-10-02	4.53	0.428	70
7.5	+2 : +5	105	9710011	1997-10-07	4.50	0.433	96
7.5	+2 : +5	106	9710012	1997-10-07	4.42	0.434	115
7.5	+2 : +5	149	9710313	1997-11-11	4.61	0.453	60
7.5	+2 : +5	150	9711043	1997-11-12	4.54	0.492	59
7.5	+2 : +5	151	9711201	1998-01-14	4.49	0.430	53
7.5	+3 :-10	258	9805282	1998-07-07	4.55	0.388	438
7.5	+3 :-10	259	9805281	1998-07-07	4.60	0.389	415
7.5	+3 :-10	298	9808264	1998-10-13	7.44	0.424	391
7.5	+3 :-10	379	9902044	1999-03-10	7.21	0.474	425
7.5	+3 :-10	380	9902251	1999-03-12	7.33	0.474	386
7.5	+3 :-10	381	9902252	1999-03-15	7.39	0.415	402
7.5	+5 : -4	25	9705153	1997-05-29	4.38	0.461	265
7.5	+5 : -4	26	9703133	1997-05-29	4.29	0.442	108
7.5	+5 : -4	110	9709181	1997-10-09	4.51	0.458	122
7.5	+5 : -4	111	9709182	1997-10-09	4.46	0.441	119
7.5	+5 : -4	112	9709183	1997-10-09	4.40	0.445	132
7.5	+5 : -4	466	9804162	1999-11-18	4.60	0.446	148
7.5	+5 : -2	208	9803181	1998-03-30	4.53	0.370	117
7.5	+5 : -2	209	9803182	1998-03-30	4.56	0.419	107
7.5	+5 : -2	210	9803183	1998-03-31	4.58	0.417	121
7.5	+5 : -2	446	9905214	1999-06-17	7.36	0.481	128
7.5	+5 : -2	447	9906091	1999-06-18	7.28	0.464	119
7.5	+5 : -2	448	9906092	1999-06-18	7.33	0.390	132
7.5	+5 : +2	74	9707212	1997-09-11	4.49	0.412	65
7.5	+5 : +2	75	9707211	1997-09-11	4.51	0.442	58
7.5	+5 : +2	76	9705271	1997-09-12	4.50	0.444	94
7.5	+5 : +2	119	9705132	1997-10-14	4.64	0.522	42
7.5	+5 : +2	120	9704292	1997-10-15	4.65	0.421	55
7.5	+5 : +2	121	9709243	1997-10-15	4.41	0.466	73
15.0	-10 : +3	273	9808041	1998-09-01	7.35	0.420	118
15.0	-10 : +3	274	9808042	1998-09-01	7.35	0.422	118
15.0	-10 : +3	275	9808043	1998-09-02	7.37	0.436	110
15.0	-10 : +3	396	9902234	1999-03-31	7.40	0.413	117
15.0	-10 : +3	397	9903041	1999-03-31	7.50	0.458	125
15.0	-10 : +3	398	9903042	1999-04-01	7.50	0.413	87
15.0	-4 : -5	276	9808044	1998-09-02	7.38	0.450	267
15.0	-4 : -5	277	9809031	1998-09-09	7.32	0.384	262

φ	κ	Vers.-Nr.	PK-Nr.	Datum	PK-Dicke	Rohdichte	Bruch
15.0	-4 : -5	278	9809032	1998-09-09	7.36	0.367	274
15.0	-4 : -5	449	9903043	1999-06-24	7.29	0.402	217
15.0	-4 : -5	450	9903044	1999-06-24	7.40	0.396	205
15.0	-4 : -5	451	9903251	1999-06-28	7.59	0.424	232
15.0	-3 : -5	264	9807021	1998-08-03	7.35	0.430	290
15.0	-3 : -5	265	9807022	1998-08-03	7.39	0.411	325
15.0	-3 : -5	266	9807023	1998-08-04	7.35	0.465	387
15.0	-3 : -5	344	9810191	1999-01-08	7.30	0.450	341
15.0	-3 : -5	345	9809141	1999-01-08	7.34	0.430	295
15.0	-3 : -5	346	9812101	1999-01-11	7.32	0.430	306
15.0	-3 : -5	993	9903312	1999-11-19	7.54	0.401	—
15.0	-2 : +5	217	9711253	1998-04-03	4.47	0.449	67
15.0	-2 : +5	218	9711191	1998-04-06	4.39	0.448	68
15.0	-2 : +5	244	9803201	1998-05-14	4.55	0.433	73
15.0	-2 : +5	245	9803202	1998-05-14	4.54	0.440	86
15.0	-2 : +5	246	9803203	1998-05-14	4.54	0.416	63
15.0	-2 : +5	247	9803204	1998-05-15	4.53	0.456	68
15.0	-1 : -5	267	9807024	1998-08-04	7.35	0.435	537
15.0	-1 : -5	268	9807163	1998-08-05	7.30	0.447	575
15.0	-1 : -5	269	9808051	1998-08-28	7.32	0.389	538
15.0	-1 : -5	385	9811204	1999-03-16	7.53	0.426	445
15.0	-1 : -5	386	9811203	1999-03-17	7.38	0.445	570
15.0	-1 : -5	387	9811202	1999-03-18	7.48	0.377	743
15.0	-1 : -5	994	9903311	1999-10-19	7.59	0.373	—
15.0	-1 : +0	224	9803311	1998-04-09	7.54	0.436	219
15.0	-1 : +0	234	9804212	1998-04-24	9.56	0.441	248
15.0	-1 : +0	250	9804021	1998-05-19	7.54	0.434	233
15.0	-1 : +0	251	9804211	1998-05-19	9.56	0.434	220
15.0	-1 : +0	391	9902053	1999-03-26	7.37	0.399	232
15.0	-1 : +0	392	9902054	1999-03-29	7.43	0.438	189
15.0	-1 : +1	270	9808052	1998-08-31	7.37	0.395	66
15.0	-1 : +1	271	9808053	1998-08-31	7.33	0.409	77
15.0	-1 : +1	272	9808054	1998-09-01	7.37	0.426	70
15.0	-1 : +1	393	9902231	1999-03-29	7.58	0.428	64
15.0	-1 : +1	394	9902232	1999-03-30	7.48	0.443	86
15.0	-1 : +1	395	9902233	1999-03-30	7.43	0.433	72
15.0	+0 : -1	223	9803313	1998-04-08	7.56	0.429	502
15.0	+0 : -1	252	9804011	1998-05-26	7.65	0.378	850
15.0	+0 : -1	253	9804012	1998-05-26	7.49	0.406	771
15.0	+0 : -1	388	9811201	1999-03-24	7.59	0.447	682
15.0	+0 : -1	389	9902051	1999-03-25	7.47	0.419	800
15.0	+0 : -1	390	9902052	1999-03-26	7.45	0.446	800
15.0	+0 : -1	995	9903254	1999-10-14	7.60	0.452	—
15.0	+0 : +1	83	9709101	1997-09-18	4.41	0.448	96
15.0	+0 : +1	84	9709102	1997-09-18	4.40	0.431	60
15.0	+0 : +1	85	9709103	1997-09-23	4.29	0.450	125

φ	κ	Vers.-Nr.	PK-Nr.	Datum	PK-Dicke	Rohdichte	Bruch
15.0	+0 : +1	131	9709303	1997-10-24	4.42	0.430	70
15.0	+0 : +1	132	9710241	1997-11-04	4.45	0.431	64
15.0	+0 : +1	133	9710301	1997-11-04	4.43	0.504	59
15.0	+1 : -2	34	9706052	1997-06-26	4.45	0.494	254
15.0	+1 : -2	35	9706051	1997-07-04	4.43	0.404	180
15.0	+1 : -2	36	9705151	1997-07-08	4.46	0.434	275
15.0	+1 : -2	347	9809142	1999-01-12	7.25	0.460	133
15.0	+1 : -2	348	9809144	1999-01-13	7.32	0.420	123
15.0	+1 : -2	349	9809143	1999-01-14	7.32	0.440	132
15.0	+1 : +0	113	9710021	1997-10-10	4.42	0.416	69
15.0	+1 : +0	114	9710022	1997-10-13	4.39	0.494	72
15.0	+1 : +0	115	9710023	1997-10-13	4.41	0.439	69
15.0	+1 : +0	128	9703052	1997-10-22	4.57	0.480	42
15.0	+1 : +0	129	9703053	1997-10-23	4.37	0.522	43
15.0	+1 : +0	130	9705152	1997-10-23	4.48	0.518	73
15.0	+2 : +5	101	9707292	1997-10-01	4.51	0.430	82
15.0	+2 : +5	102	9611132	1997-10-01	4.38	0.438	118
15.0	+2 : +5	103	9611212	1997-10-01	4.39	0.440	124
15.0	+2 : +5	158	9710292	1997-11-12	4.45	0.457	68
15.0	+2 : +5	159	9711042	1997-11-13	4.51	0.426	40
15.0	+2 : +5	160	9711132	1998-01-15	4.40	0.487	48
15.0	+3 :-10	261	9711113	1998-07-08	4.48	0.424	295
15.0	+3 :-10	262	9803193	1998-07-09	4.51	0.393	351
15.0	+3 :-10	263	9803194	1998-07-09	4.53	0.486	333
15.0	+3 :-10	341	9810194	1998-12-22	7.29	0.450	305
15.0	+3 :-10	342	9810193	1998-12-22	7.32	0.400	331
15.0	+3 :-10	343	9810192	1998-12-23	7.33	0.430	287
15.0	+5 : -4	24	9704283	1997-05-28	4.37	0.421	162
15.0	+5 : -4	116	9709231	1997-10-14	4.45	0.454	109
15.0	+5 : -4	117	9709232	1997-10-14	4.42	0.413	107
15.0	+5 : -4	118	9709233	1997-10-14	4.40	0.466	82
15.0	+5 : -4	455	9903252	1999-07-01	7.49	0.442	155
15.0	+5 : -4	456	9903253	1999-07-02	7.33	0.447	136
15.0	+5 : -2	238	9804152	1998-05-11	4.50	0.397	107
15.0	+5 : -2	239	9804153	1998-05-11	4.52	0.405	98
15.0	+5 : -2	240	9804154	1998-05-12	4.58	0.390	116
15.0	+5 : -2	452	9805271	1999-06-29	4.60	0.430	92
15.0	+5 : -2	453	9805134	1999-06-30	4.43	0.383	109
15.0	+5 : -2	454	9805272	1999-06-30	4.52	0.401	106
15.0	+5 : +2	77	9709052	1997-09-12	4.41	0.441	54
15.0	+5 : +2	78	9707291	1997-09-16	4.40	0.451	79
15.0	+5 : +2	79	9707293	1997-09-16	4.38	0.477	52
15.0	+5 : +2	122	9709301	1997-10-16	4.40	0.396	51
15.0	+5 : +2	123	9705133	1997-10-15	4.52	0.535	80
15.0	+5 : +2	124	9709302	1997-10-21	4.40	0.427	41
15.0	+13 :-50	279	9809033	1998-09-10	7.34	0.450	405

φ	κ	Vers.-Nr.	PK-Nr.	Datum	PK-Dicke	Rohdichte	Bruch
15.0	+13 :-50	280	9809034	1998-09-10	7.32	0.357	479
15.0	+13 :-50	281	9807312	1998-09-11	7.34	0.446	309
30.0	-10 : +3	329	9810304	1998-11-26	7.41	0.440	191
30.0	-10 : +3	330	9806083	1998-12-02	4.54	0.440	183
30.0	-10 : +3	331	9806231	1998-12-03	4.67	0.499	192
30.0	-10 : +3	405	9902111	1999-04-12	7.49	0.436	215
30.0	-10 : +3	406	9902112	1999-04-12	7.44	0.409	182
30.0	-10 : +3	407	9803252	1999-04-13	4.53	0.413	144
30.0	-10 : +3	986	9904221	2000-02-29	7.37	0.439	—
30.0	-4 : +5	68	9707303	1997-09-04	4.51	0.416	118
30.0	-4 : +5	69	9705043	1997-09-09	4.45	0.418	86
30.0	-4 : +5	70	9710242	1997-10-30	4.40	0.419	118
30.0	-4 : +5	402	9811191	1999-04-08	7.52	0.430	72
30.0	-4 : +5	403	9811192	1999-04-09	7.55	0.379	120
30.0	-4 : +5	404	9811193	1999-04-09	7.52	0.397	116
30.0	-3 : -5	308	9807164	1998-10-23	7.69	0.397	602
30.0	-3 : -5	309	9807314	1998-10-28	7.70	0.433	420
30.0	-3 : -5	310	9808281	1998-10-29	7.57	0.473	386
30.0	-3 : -5	412	9902193	1999-04-15	7.67	0.405	503
30.0	-3 : -5	413	9902194	1999-04-16	7.41	0.422	379
30.0	-3 : -5	991	9904134	2000-01-11	7.43	0.411	—
30.0	-2 : +5	186	9712101	1998-02-16	4.44	0.410	104
30.0	-2 : +5	187	9712052	1998-02-16	4.48	0.448	103
30.0	-2 : +5	188	9711111	1998-02-16	4.45	0.405	83
30.0	-2 : +5	189	9712032	1998-02-17	4.34	0.480	76
30.0	-2 : +5	190	9711203	1998-02-17	4.38	0.381	92
30.0	-2 : +5	243	9804071	1998-05-13	4.50	0.459	81
30.0	-1 : +0	311	9808282	1998-11-03	7.48	0.449	234
30.0	-1 : +0	312	9808283	1998-11-03	7.62	0.435	216
30.0	-1 : +0	313	9808284	1998-11-04	7.49	0.481	224
30.0	-1 : +0	408	9902113	1999-04-13	7.25	0.421	227
30.0	-1 : +0	409	9902114	1999-04-14	7.28	0.462	264
30.0	-1 : +0	410	9902191	1999-04-14	7.30	0.441	269
30.0	-1 : +0	987	9904174	2000-02-22	7.44	0.395	—
30.0	-1 : +0	990	9904173	2000-01-13	7.52	0.404	—
30.0	+0 : -1	305	9807083	1998-10-22	7.62	0.435	386
30.0	+0 : -1	306	9807084	1998-10-22	7.55	0.475	425
30.0	+0 : -1	307	9807081	1998-10-23	7.59	0.437	295
30.0	+0 : -1	426	9811194	1999-05-07	7.87	0.419	368
30.0	+0 : -1	427	9904131	1999-05-10	7.96	0.444	301
30.0	+0 : -1	428	9904132	1999-05-11	7.94	0.427	308
30.0	+0 : -1	992	9904133	2000-01-04	7.75	0.422	—
30.0	+0 : +1	64	9707093	1997-09-02	4.50	0.448	52
30.0	+0 : +1	65	9707092	1997-09-02	4.49	0.495	64
30.0	+0 : +1	66	9707091	1997-09-03	4.51	0.475	59
30.0	+0 : +1	67	9707301	1997-09-03	4.52	0.453	59

φ	κ	Vers.-Nr.	PK-Nr.	Datum	PK-Dicke	Rohdichte	Bruch
30.0	+0 : +1	191	9711193	1998-02-18	4.38	0.436	61
30.0	+0 : +1	192	9711142	1998-02-18	4.41	0.431	61
30.0	+1 : +0	52	9707041	1997-08-01	4.54	0.421	58
30.0	+1 : +0	53	9707042	1997-08-01	4.51	0.414	46
30.0	+1 : +0	54	9707043	1997-08-01	4.49	0.433	61
30.0	+1 : +0	146	9710291	1997-11-10	4.43	0.422	43
30.0	+1 : +0	147	9710282	1997-11-11	4.44	0.455	56
30.0	+1 : +0	148	9711053	1997-11-13	4.41	0.512	59
30.0	+2 : +5	193	9711063	1998-02-19	4.42	0.507	43
30.0	+2 : +5	194	9712104	1998-02-19	4.42	0.405	44
30.0	+2 : +5	195	9712033	1998-02-24	4.49	0.453	41
30.0	+2 : +5	196	9712121	1998-02-24	4.36	0.447	41
30.0	+2 : +5	197	9712173	1998-02-25	4.44	0.277	47
30.0	+2 : +5	198	9711281	1998-02-25	4.36	0.417	40
30.0	+5 : -4	55	9707241	1997-08-06	4.42	0.490	108
30.0	+5 : -4	56	9707242	1997-08-06	4.57	0.444	85
30.0	+5 : -4	57	9707243	1997-08-07	4.55	0.468	83
30.0	+5 : -4	335	9804082	1998-12-09	4.57	0.404	104
30.0	+5 : -4	336	9804081	1998-12-10	4.50	0.392	89
30.0	+5 : -4	337	9803251	1998-12-18	4.54	0.430	98
30.0	+5 : -2	181	9712041	1998-02-11	4.45	0.468	93
30.0	+5 : -2	182	9712043	1998-02-11	4.44	0.485	92
30.0	+5 : -2	183	9712114	1998-02-12	4.35	0.504	100
30.0	+5 : -2	184	9711212	1998-02-12	4.37	0.428	85
30.0	+5 : -2	185	9711133	1998-02-13	4.36	0.417	95
30.0	+5 : -2	241	9804084	1998-05-12	4.56	0.415	96
30.0	+5 : +2	199	9711283	1998-02-26	4.39	0.456	44
30.0	+5 : +2	200	9712113	1998-02-26	4.36	0.429	42
30.0	+5 : +2	201	9711261	1998-02-27	4.46	0.439	43
30.0	+5 : +2	202	9712105	1998-02-27	4.36	0.491	34
30.0	+5 : +2	203	9712172	1998-03-02	4.39	0.458	44
30.0	+5 : +2	219	9803241	1998-04-06	4.53	0.358	61
45.0	-1 : -1	326	9811091	1998-11-23	7.48	0.433	169
45.0	-1 : -1	327	9811053	1998-11-24	7.57	0.429	136
45.0	-1 : -1	328	9811054	1998-11-25	7.57	0.414	176
45.0	-1 : -1	417	9903111	1999-04-22	7.56	0.444	181
45.0	-1 : -1	418	9903051	1999-04-28	7.77	0.395	184
45.0	-1 : -1	419	9903052	1999-04-28	7.61	0.417	198
45.0	+0 : -1	317	9807154	1998-11-05	7.50	0.413	261
45.0	+0 : -1	321	9811051	1998-11-19	7.55	0.441	285
45.0	+0 : -1	322	9811052	1998-11-19	7.47	0.433	380
45.0	+0 : -1	420	9903112	1999-04-30	7.40	0.444	236
45.0	+0 : -1	421	9903113	1999-05-03	7.44	0.417	280
45.0	+0 : -1	422	9903114	1999-05-04	7.61	0.418	338
45.0	+0 : -1	985	9906303	2000-03-01	7.38	0.385	—
45.0	+1 : +0	49	9707142	1997-07-31	4.48	0.531	67

φ	κ	Vers.-Nr.	PK-Nr.	Datum	PK-Dicke	Rohdichte	Bruch
45.0	+1 : +0	50	9707143	1997-07-31	4.47	0.490	57
45.0	+1 : +0	51	9707141	1997-07-30	4.51	0.509	58
45.0	+1 : +0	204	9711141	1998-03-04	4.50	0.497	57
45.0	+1 : +0	205	9711071	1998-03-05	4.49	0.526	52
45.0	+1 : +0	206	9711123	1998-03-06	4.48	0.493	52
45.0	+1 : +0	338	9804034	1998-12-18	4.58	0.390	81
45.0	+1 : +0	339	9804062	1998-12-21	4.55	0.400	68
45.0	+1 : +0	340	9804063	1998-12-21	4.58	0.390	54
45.0	+1 : +1	323	9811094	1998-11-20	7.37	0.454	38
45.0	+1 : +1	324	9811093	1998-11-20	7.58	0.470	34
45.0	+1 : +1	325	9811092	1998-11-23	7.52	0.403	49
45.0	+1 : +1	414	9804023	1999-04-21	4.59	0.405	30
45.0	+1 : +1	415	9804024	1999-04-21	4.60	0.404	26
45.0	+1 : +1	416	9804064	1999-04-22	4.57	0.392	16
45.0	+3 :-10	332	9804031	1998-12-04	4.72	0.434	218
45.0	+3 :-10	333	9804032	1998-12-08	4.58	0.386	173
45.0	+3 :-10	334	9804033	1998-12-08	4.60	0.393	221
45.0	+3 :-10	423	9812011	1999-05-05	7.46	0.464	132
45.0	+3 :-10	424	9902121	1999-05-05	7.31	0.372	164
45.0	+3 :-10	425	9902122	1999-05-06	7.31	0.467	230
45.0	+4 : -7	460	9902123	1999-07-16	7.33	0.445	115
45.0	+4 : -7	461	9902124	1999-07-19	7.31	0.381	96
45.0	+4 : -7	463	9903054	1999-07-21	7.29	0.428	118
45.0	+4 : -7	464	9906301	1999-07-29	7.31	0.417	93
45.0	+4 : -7	465	9906302	1999-07-29	7.40	0.452	90
45.0	+5 : -4	46	9707031	1997-07-30	4.50	0.510	127
45.0	+5 : -4	47	9707012	1997-07-30	4.48	0.558	91
45.0	+5 : -4	48	9707072	1997-07-30	4.49	0.514	110
45.0	+5 : -4	314	9807151	1998-11-04	7.53	0.463	103
45.0	+5 : -4	315	9807152	1998-11-05	7.54	0.405	80
45.0	+5 : -4	316	9807153	1998-11-05	7.47	0.453	118
45.0	+5 : -2	152	9710303	1997-11-11	4.43	0.436	104
45.0	+5 : -2	153	9711052	1997-11-12	4.55	0.500	93
45.0	+5 : -2	154	9711251	1998-01-14	4.50	0.492	92
45.0	+5 : -2	179	9711213	1998-02-05	4.53	0.409	85
45.0	+5 : -2	180	9711192	1998-02-05	4.56	0.535	101
45.0	+5 : -2	242	9804061	1998-05-13	4.58	0.380	105
45.0	+5 : +2	80	9709051	1997-09-17	4.37	0.478	47
45.0	+5 : +2	81	9709053	1997-09-17	4.49	0.488	40
45.0	+5 : +2	82	9707073	1997-09-18	4.49	0.491	41
45.0	+5 : +2	140	9707013	1997-10-27	4.46	0.631	34
45.0	+5 : +2	141	9710281	1997-11-06	4.55	0.444	81
45.0	+5 : +2	142	9710311	1997-11-06	4.48	0.442	49

6.2 Anhang B – Spannungs-Dehnungsdiagramme

Der Anhang B enthält die Spannungs-Dehnungsdiagramme für alle 439 durchgeführten biaxialen Bruchversuche. Zum Zwecke der Vergleichbarkeit wurden stets sämtliche für eine Versuchskonfiguration $\{\varphi; \kappa\}$ ermittelten Spannungs-Dehnungsdiagramme in einer Abbildung zusammengefasst. Die eindeutige Zuordnung der dargestellten Ergebnisse zu den einzelnen Versuchen ist über die eingetragenen Versuchsnummern (siehe auch Anhang A) möglich. Die Stellen, an der diese Versuchsnummern in den Diagrammen eingetragen sind, zeigen darüber hinaus die als biaxiale Bruchzustände identifizierten Spannungs- und Dehnungszustände an.

Auf der Abszisse der Ergebnisdarstellungen wurden jeweils die drei Verzerrungskomponenten $\varepsilon_{11} \equiv \varepsilon_x$ (durchgezogene Linien), $\varepsilon_{22} \equiv \varepsilon_y$ (strichlierte Linien) und $\gamma_{12} \equiv \gamma_{xy}$ (strichpunktierte Linien) aufgetragen. Als Ordinate wurde jeweils die betragsmäßig größere der beiden Hauptspannungskomponenten $\sigma_1 \equiv \sigma_x$ und $\sigma_2 \equiv \sigma_y$ gewählt.

Die folgenden Diagramme sind nach steigendem Winkel φ und algebraisch steigendem Beanspruchungsverhältnis κ sortiert.

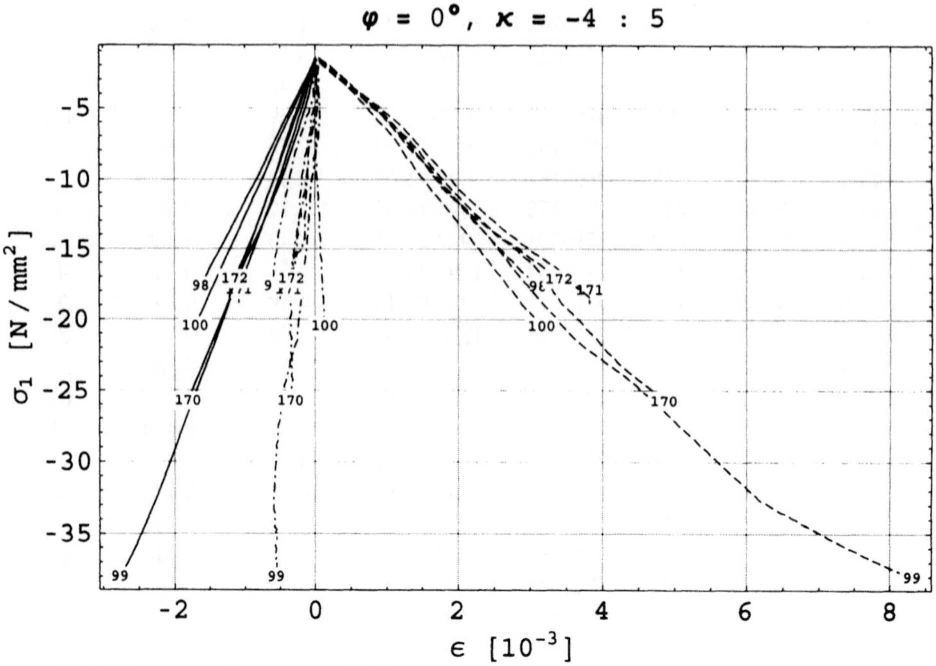

Abbildung 6.1: Spannungs-Dehnungszusammenhang für $\varphi = 0°$, κ = -4:+5

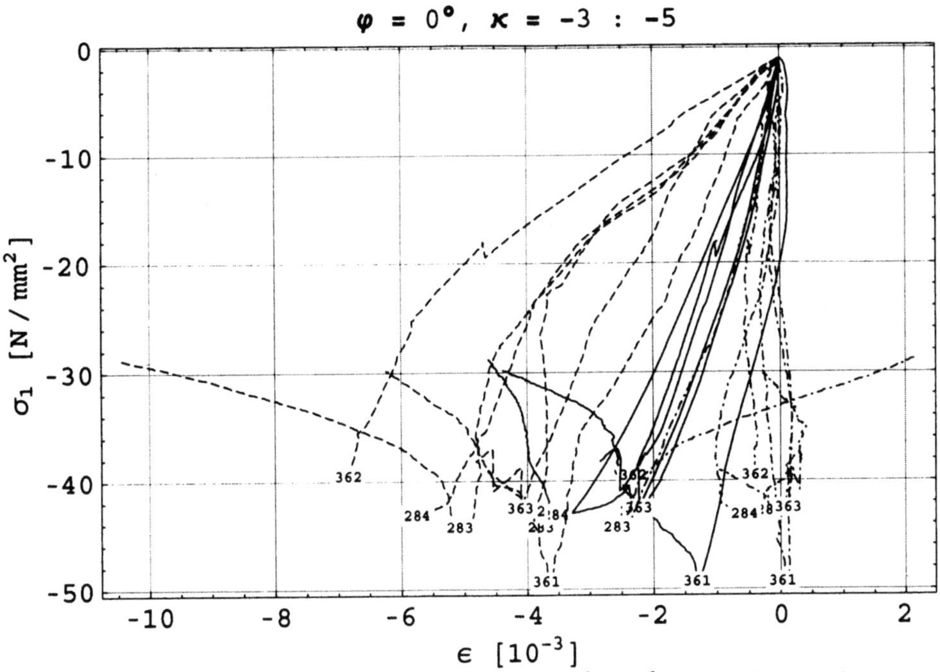

Abbildung 6.2: Spannungs-Dehnungszusammenhang für $\varphi = 0°$, κ = -3:-5

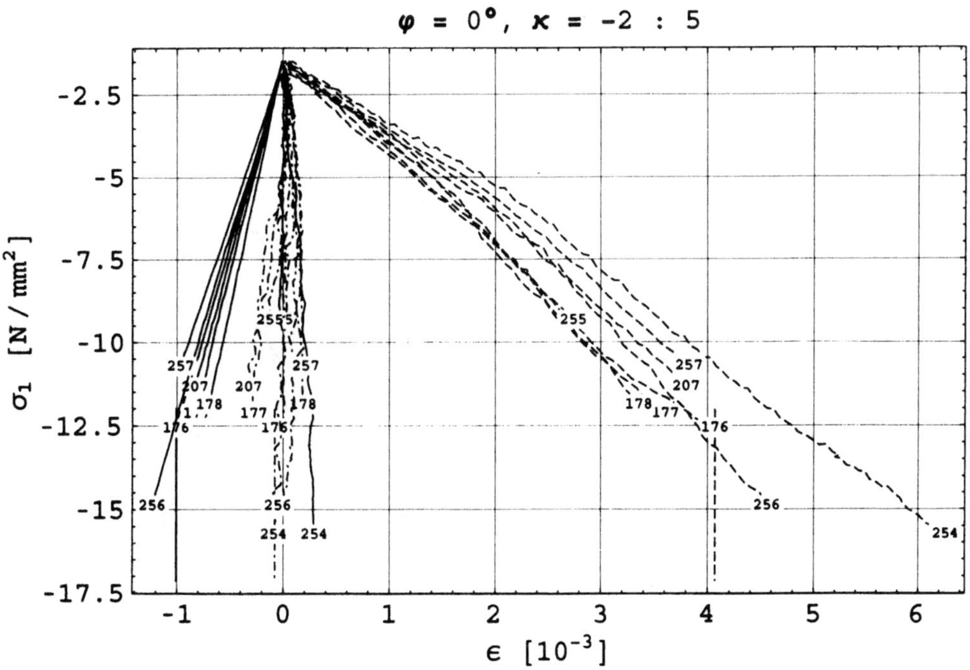

Abbildung 6.3: Spannungs-Dehnungszusammenhang für $\varphi = 0°$, κ = -2:+5

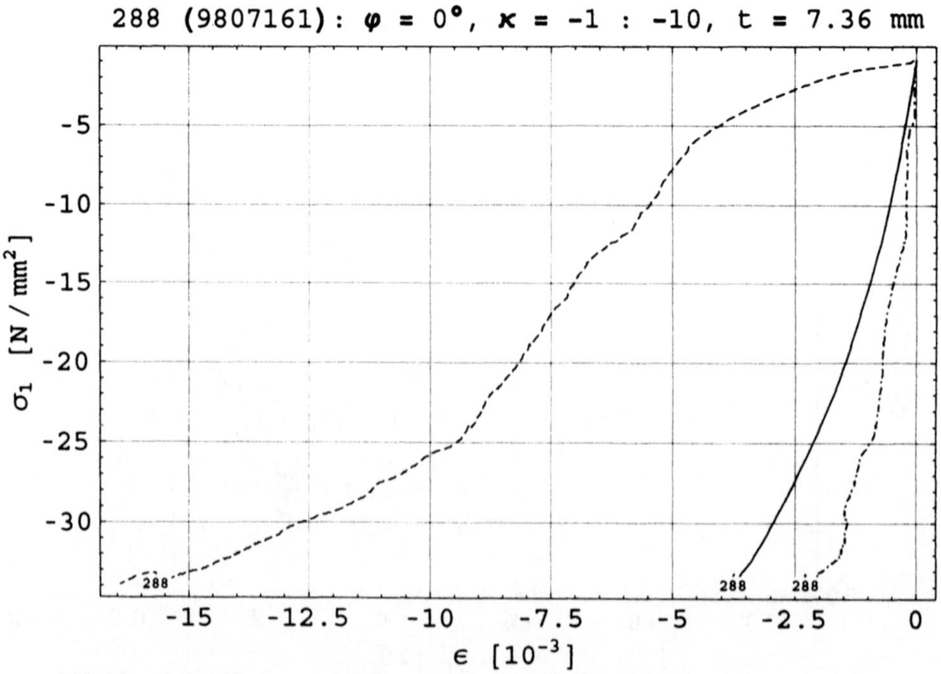

Abbildung 6.4: Spannungs-Dehnungszusammenhang für $\varphi = 0°$, κ = -1:-10

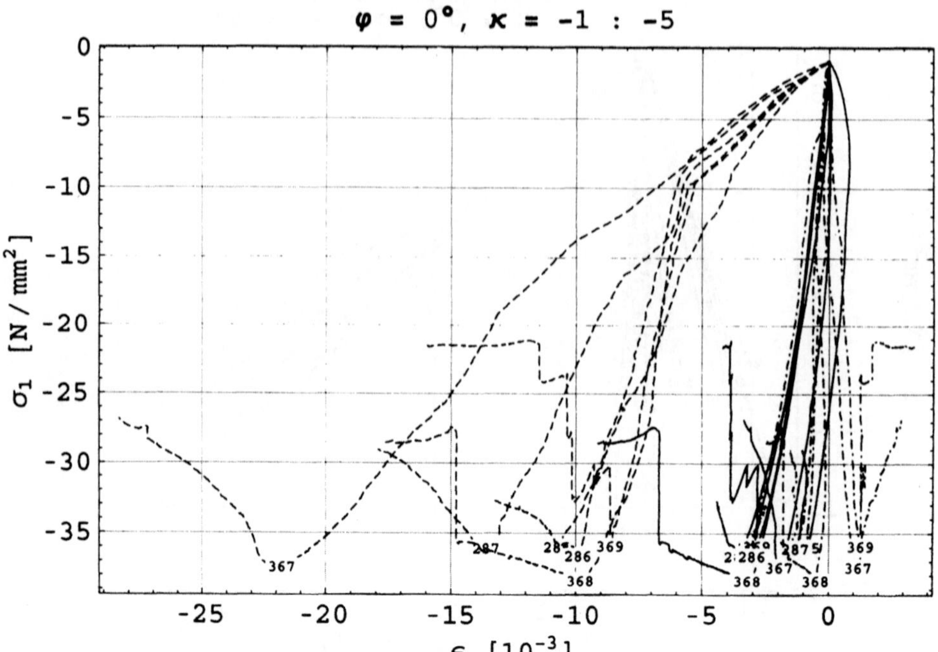

Abbildung 6.5: Spannungs-Dehnungszusammenhang für $\varphi = 0°$, κ = -1:-5

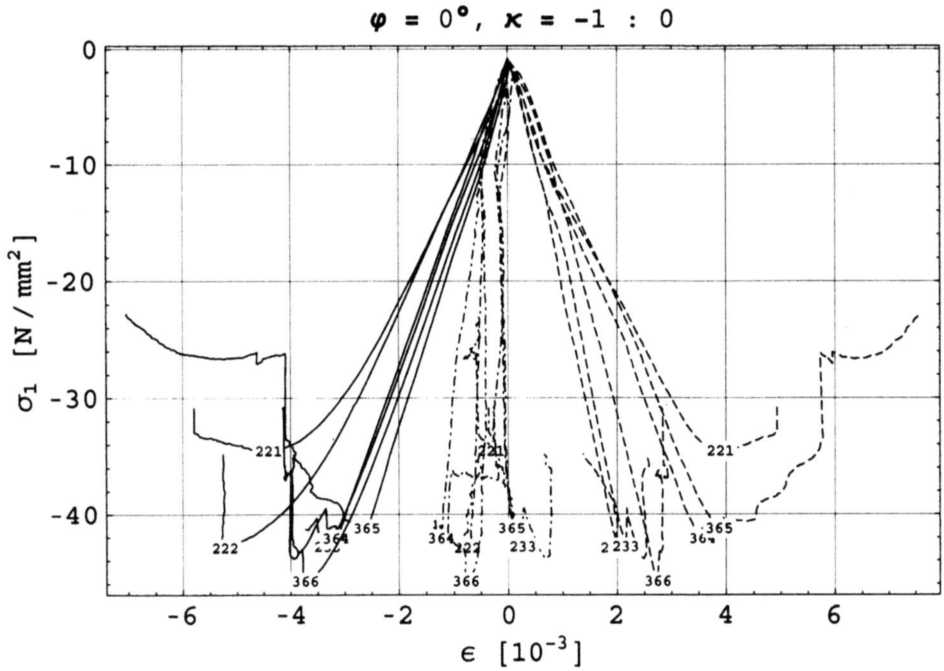

Abbildung 6.6: Spannungs-Dehnungszusammenhang für $\varphi = 0°$, κ = -1:0

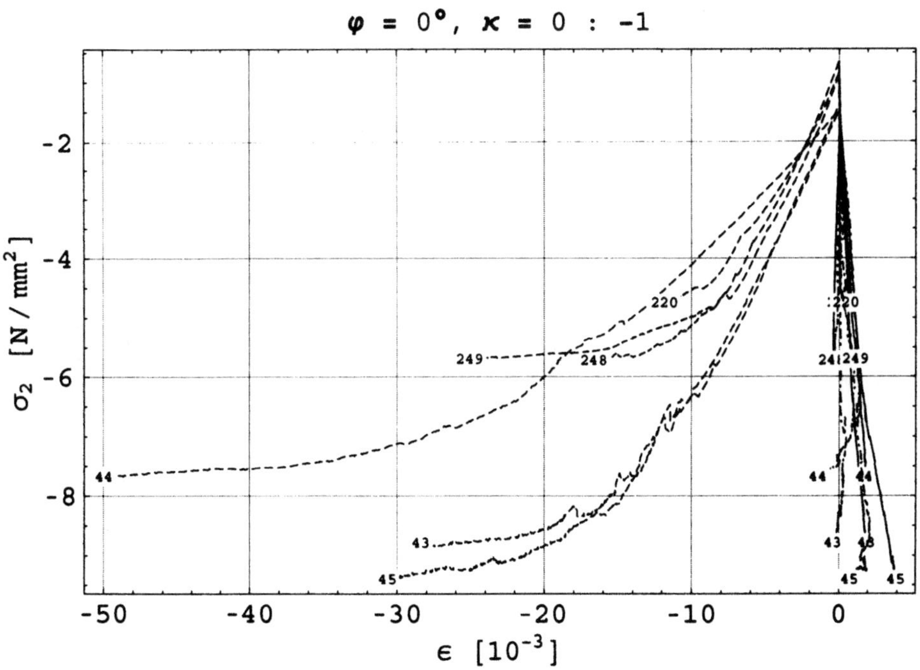

Abbildung 6.7: Spannungs-Dehnungszusammenhang für $\varphi = 0°$, κ = 0:-1

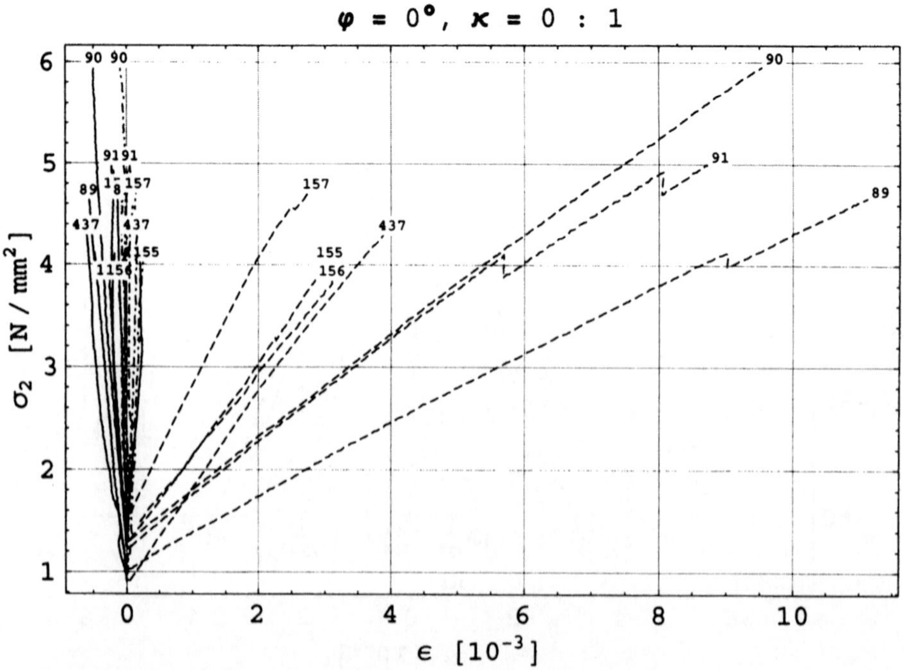

Abbildung 6.8: Spannungs-Dehnungszusammenhang für $\varphi = 0°$, $\kappa = 0{:}{+1}$

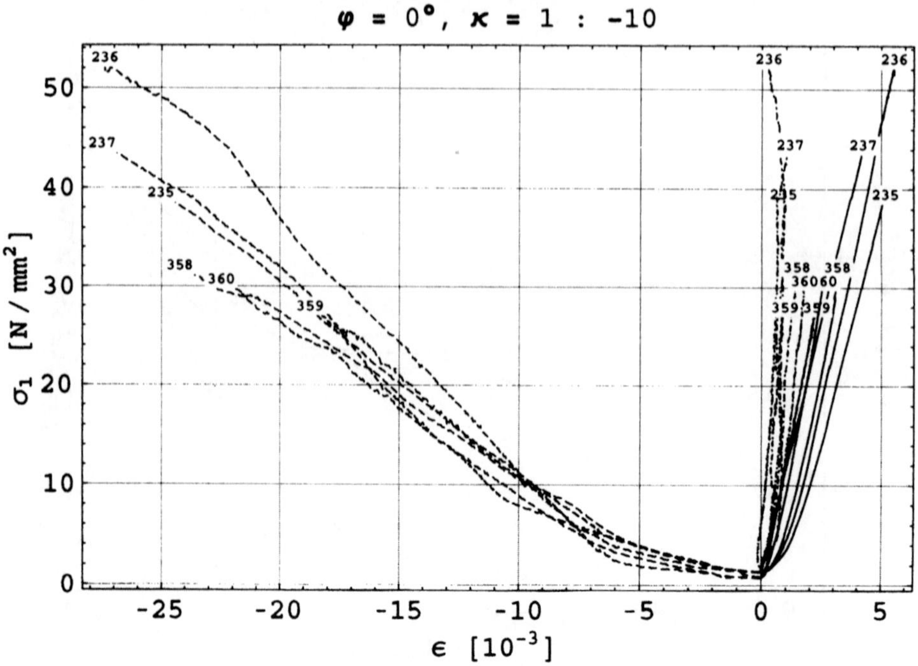

Abbildung 6.9: Spannungs-Dehnungszusammenhang für $\varphi = 0°$, $\kappa = +1{:}{-10}$

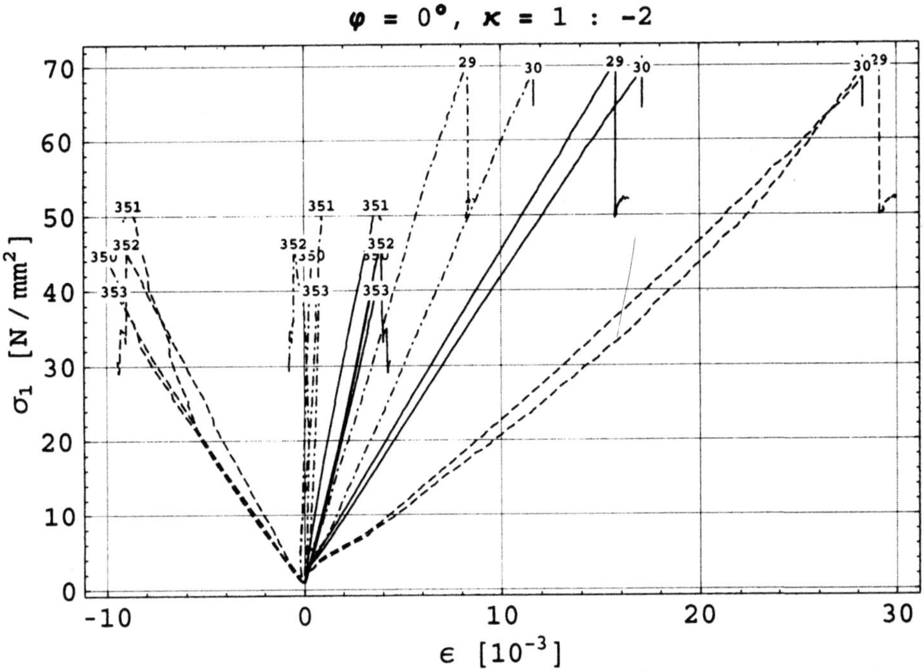

Abbildung 6.10: Spannungs-Dehnungszusammenhang für $\varphi = 0°$, $\kappa = +1$:-2

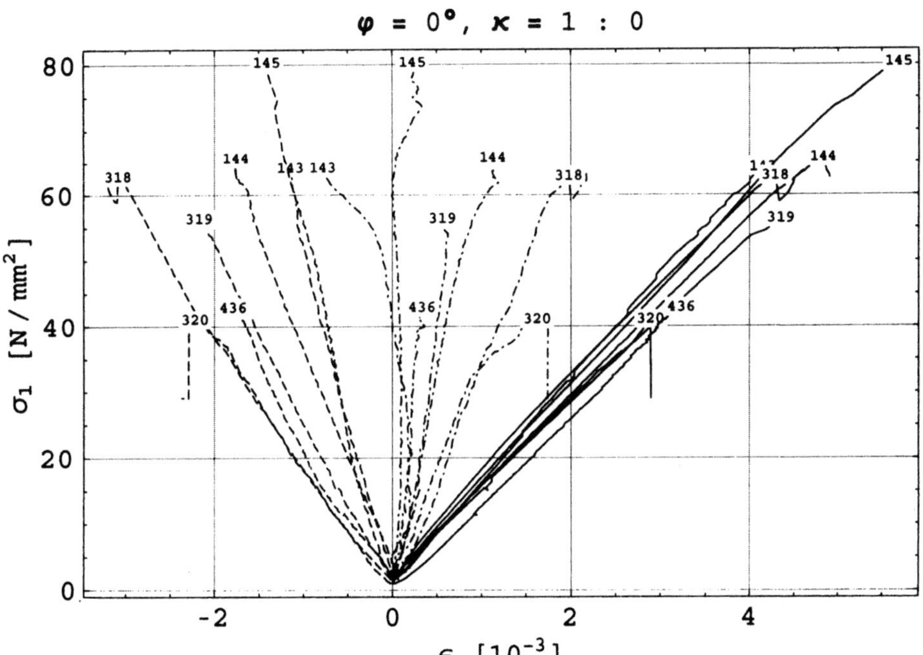

Abbildung 6.11: Spannungs-Dehnungszusammenhang für $\varphi = 0°$, $\kappa = +1$:0

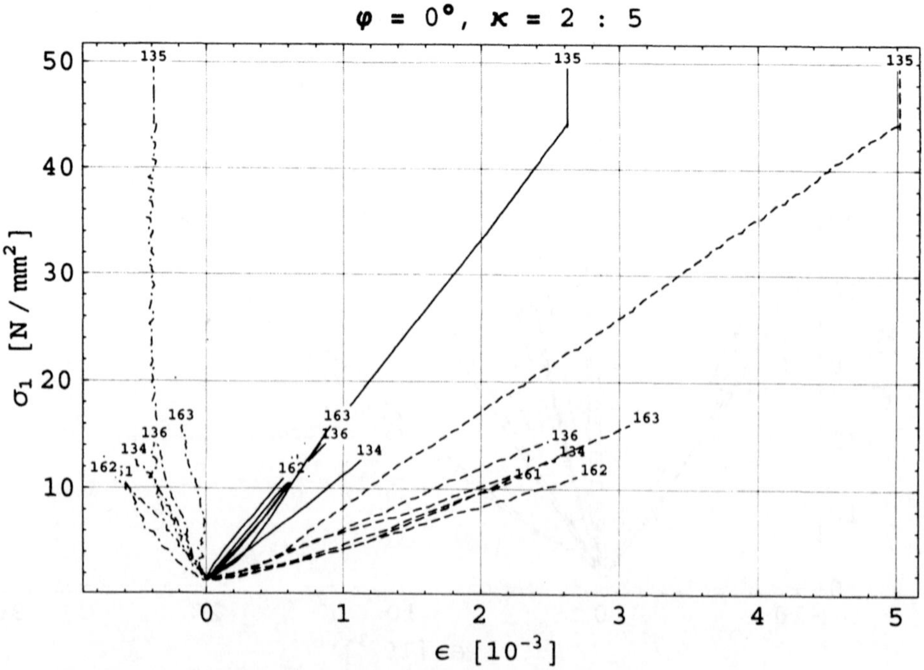

Abbildung 6.12: Spannungs-Dehnungszusammenhang für $\varphi = 0°$, $\kappa = +2{:}+5$

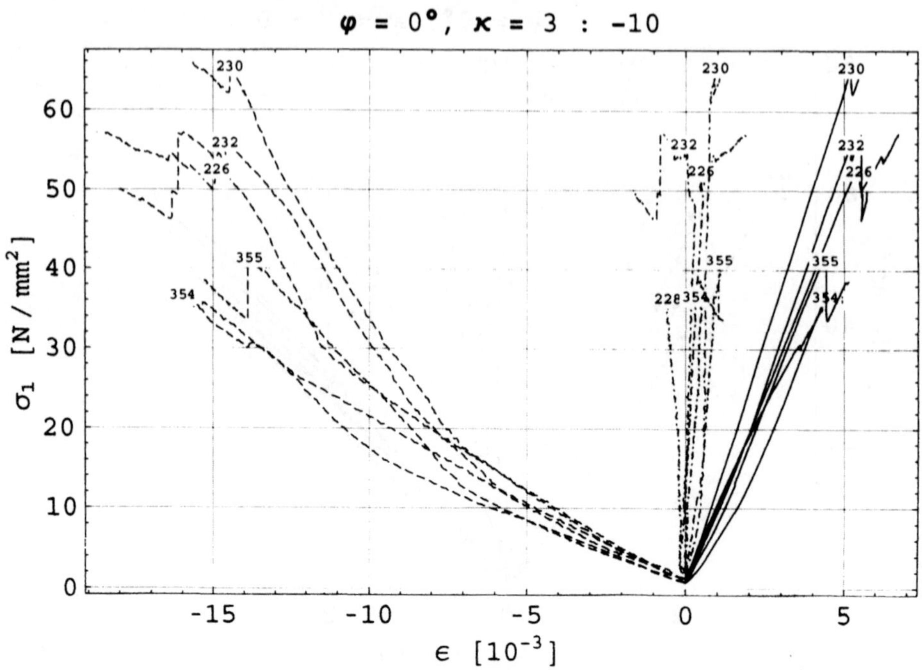

Abbildung 6.13: Spannungs-Dehnungszusammenhang für $\varphi = 0°$, $\kappa = +3{:}-10$

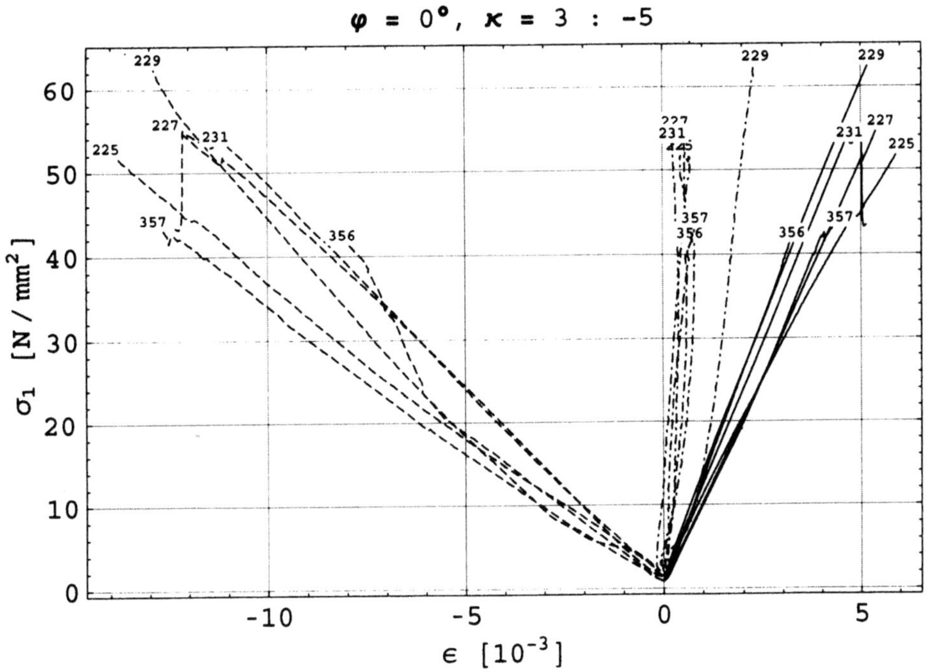

Abbildung 6.14: Spannungs-Dehnungszusammenhang für $\varphi = 0°$, $\kappa = +3$:-5

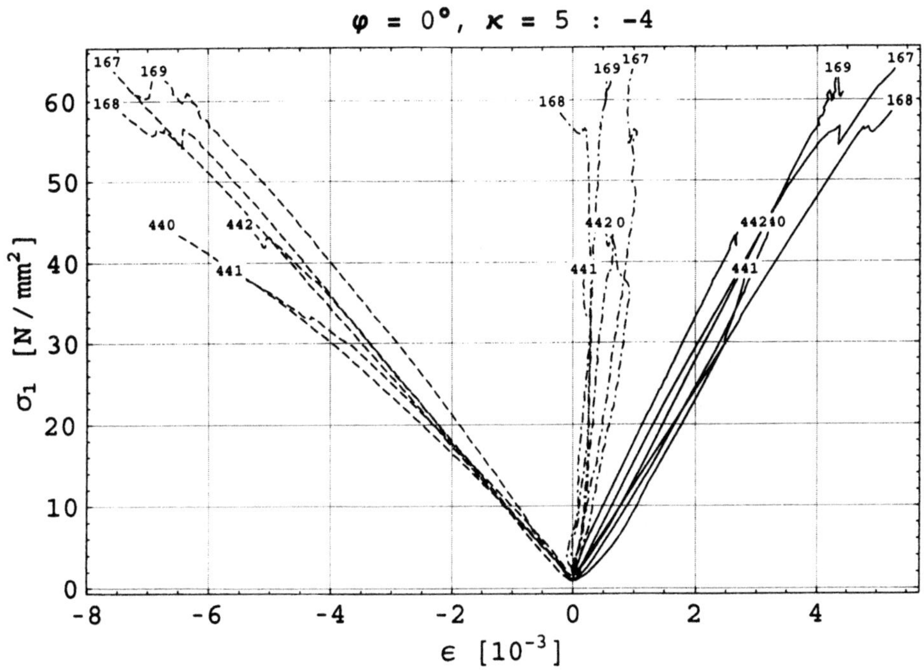

Abbildung 6.15: Spannungs-Dehnungszusammenhang für $\varphi = 0°$, $\kappa = +5$:-4

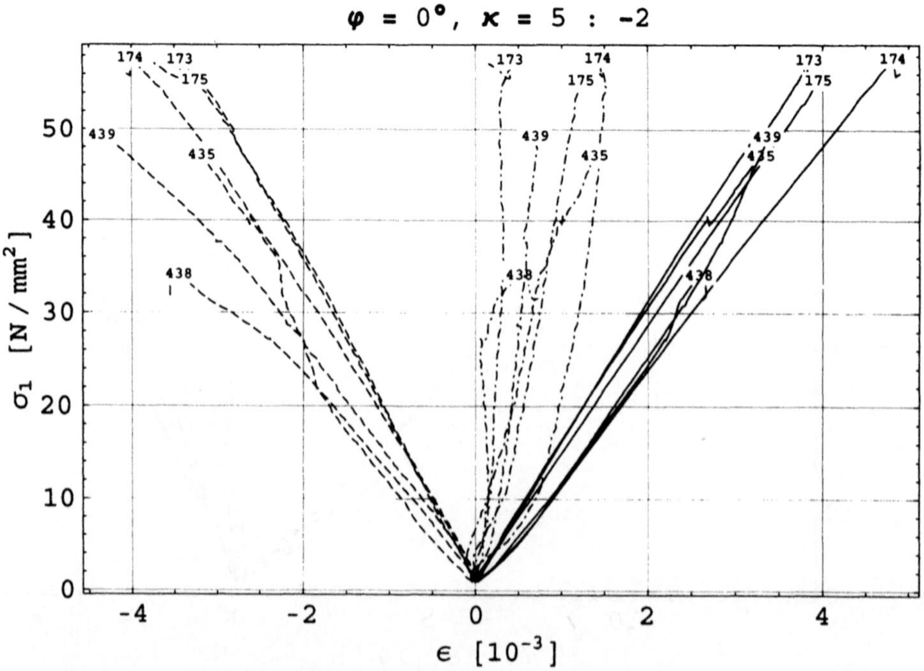

Abbildung 6.16: Spannungs-Dehnungszusammenhang für $\varphi = 0°$, $\kappa = +5{:}-2$

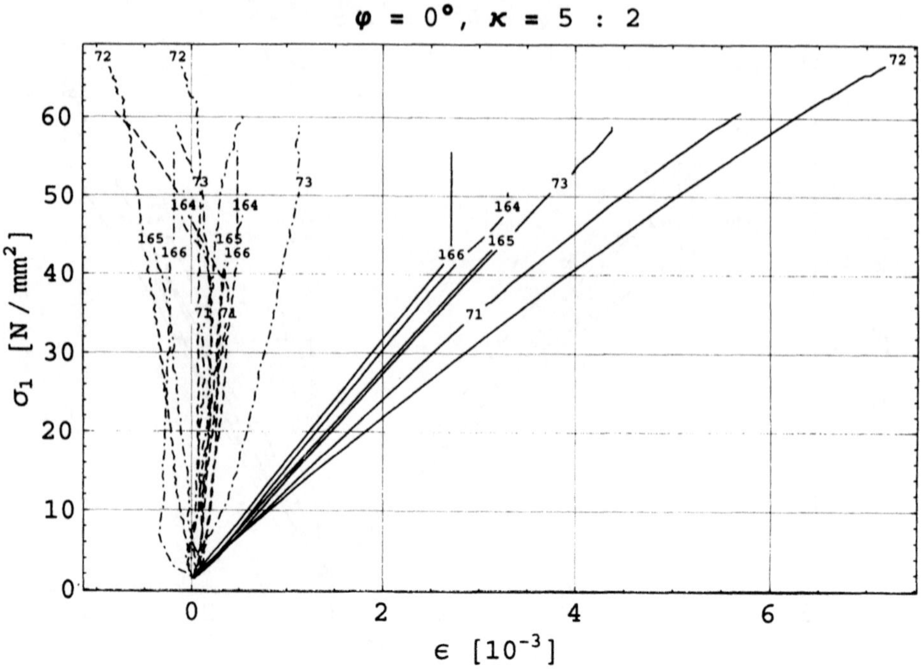

Abbildung 6.17: Spannungs-Dehnungszusammenhang für $\varphi = 0°$, $\kappa = +5{:}+2$

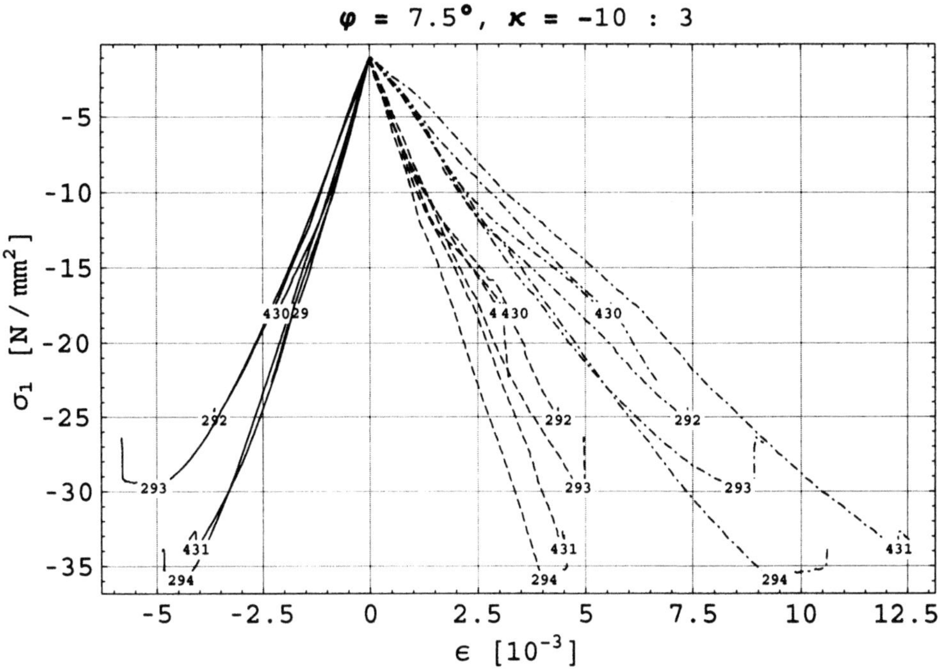

Abbildung 6.18: Spannungs-Dehnungszusammenhang für $\varphi = 7.5°$, κ = -10:+3

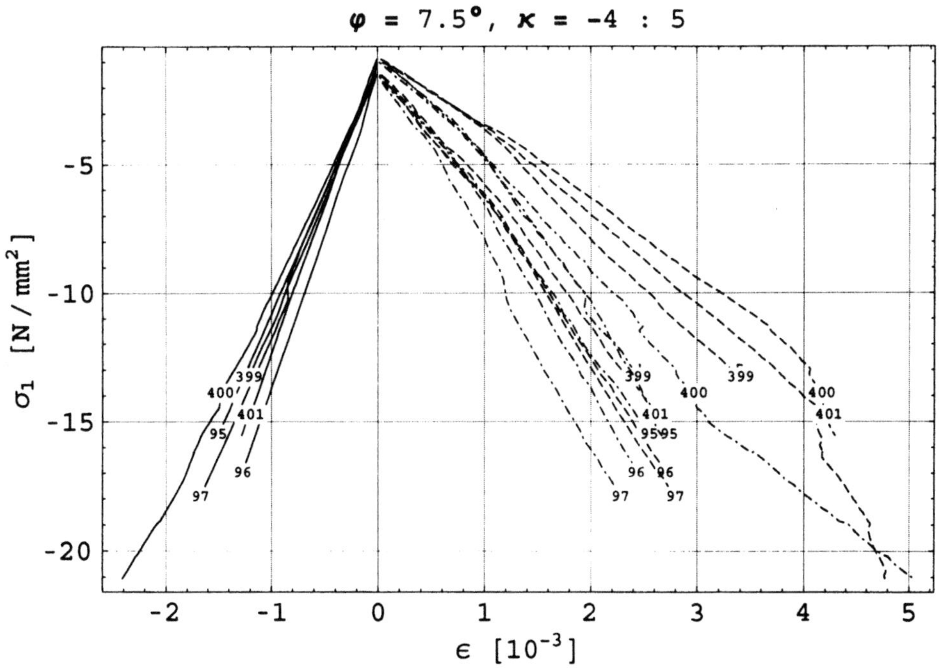

Abbildung 6.19: Spannungs-Dehnungszusammenhang für $\varphi = 7.5°$, κ = -4:+5

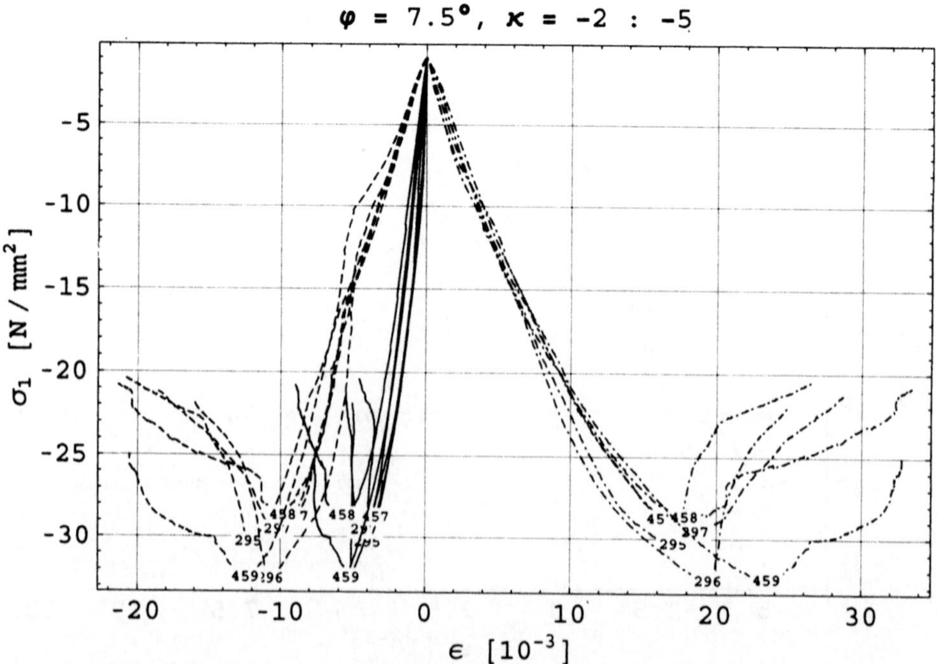

Abbildung 6.20: Spannungs-Dehnungszusammenhang für $\varphi = 7.5°$, κ = -2:-5

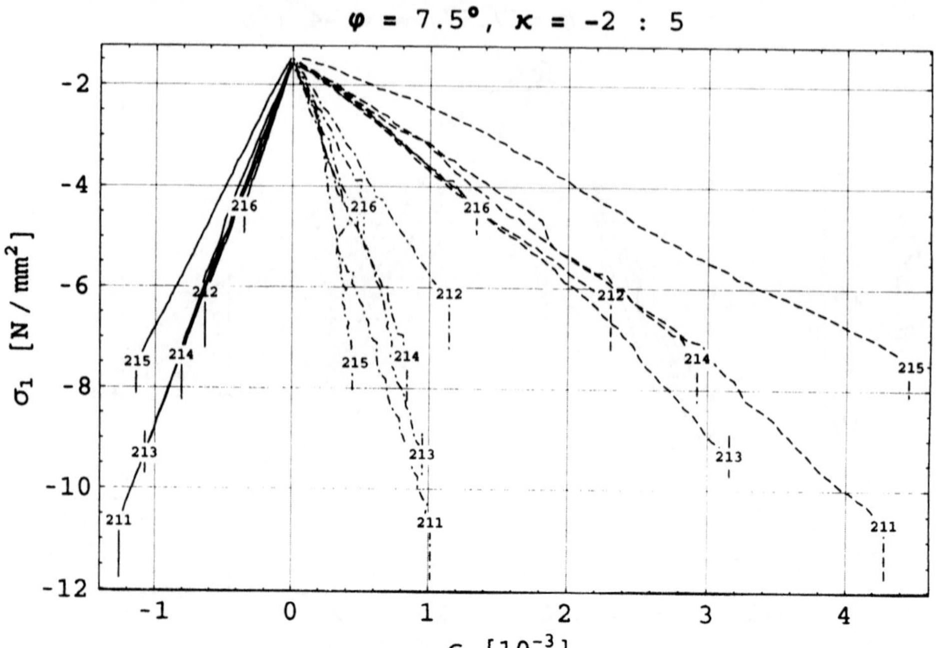

Abbildung 6.21: Spannungs-Dehnungszusammenhang für $\varphi = 7.5°$, κ = -2:+5

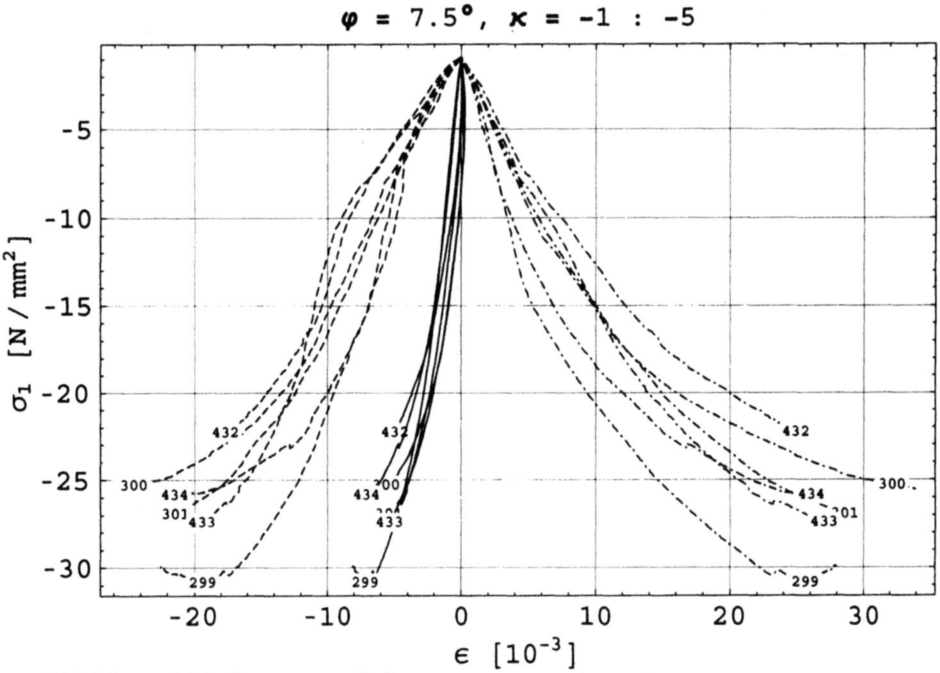

Abbildung 6.22: Spannungs-Dehnungszusammenhang für $\varphi = 7.5°$, κ = -1:-5

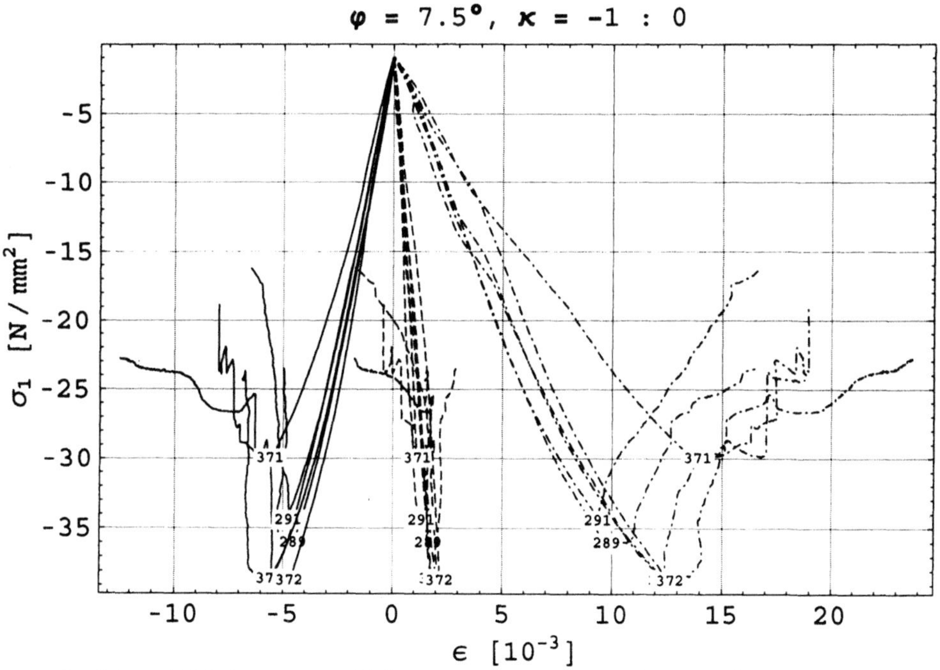

Abbildung 6.23: Spannungs-Dehnungszusammenhang für $\varphi = 7.5°$, κ = -1:0

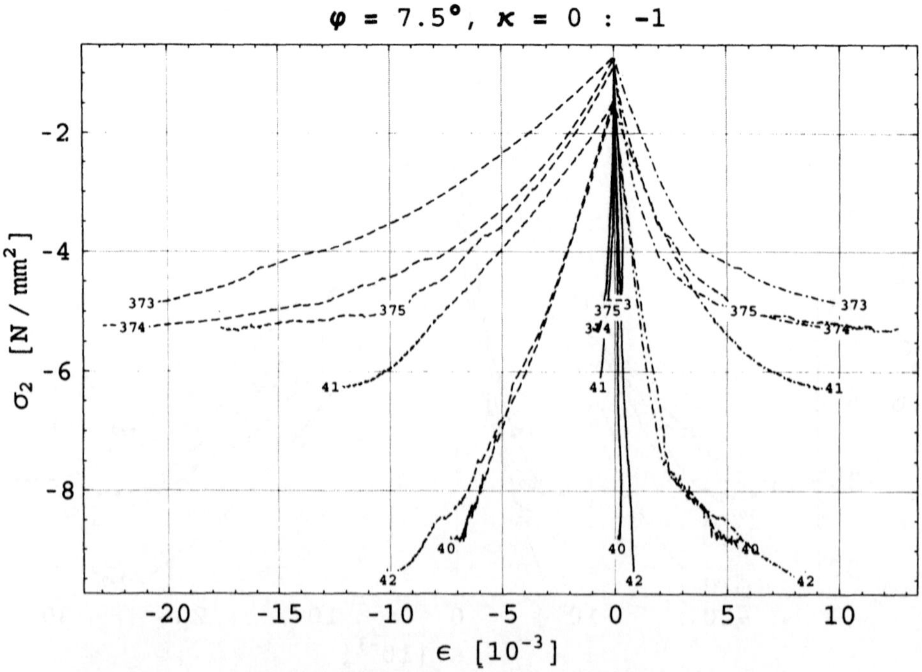

Abbildung 6.24: Spannungs-Dehnungszusammenhang für $\varphi = 7.5°$, $\kappa = 0$:-1

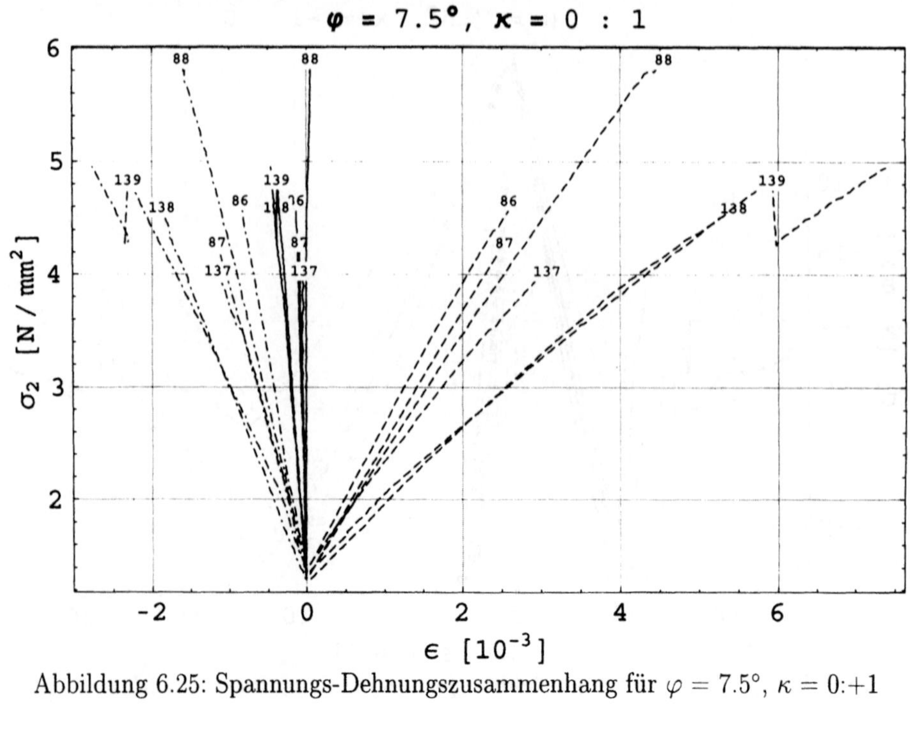

Abbildung 6.25: Spannungs-Dehnungszusammenhang für $\varphi = 7.5°$, $\kappa = 0$:+1

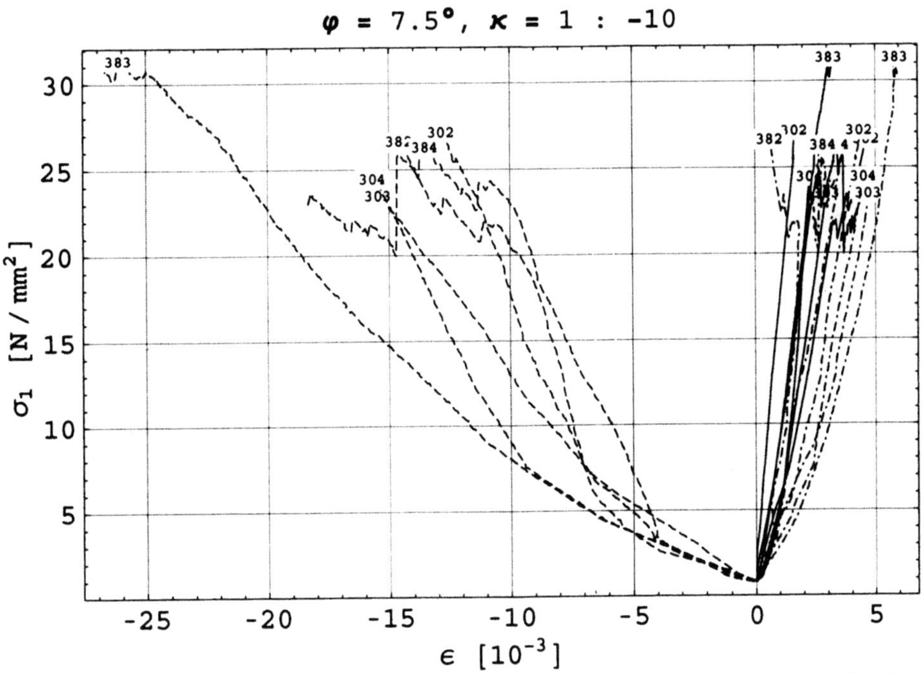

Abbildung 6.26: Spannungs-Dehnungszusammenhang für $\varphi = 7.5°$, $\kappa = +1$:-10

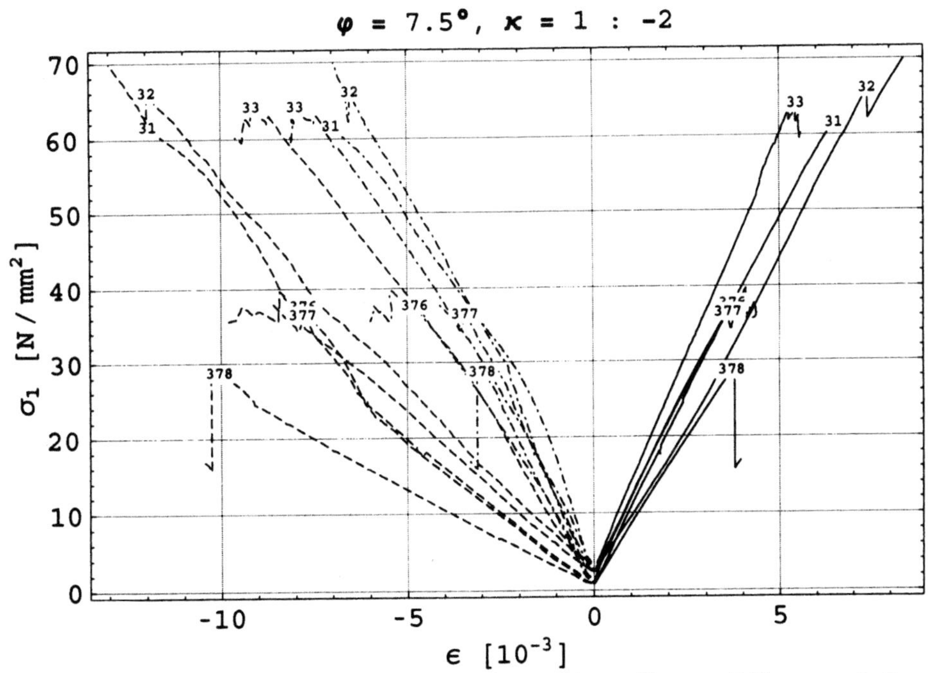

Abbildung 6.27: Spannungs-Dehnungszusammenhang für $\varphi = 7.5°$, $\kappa = +1$:-2

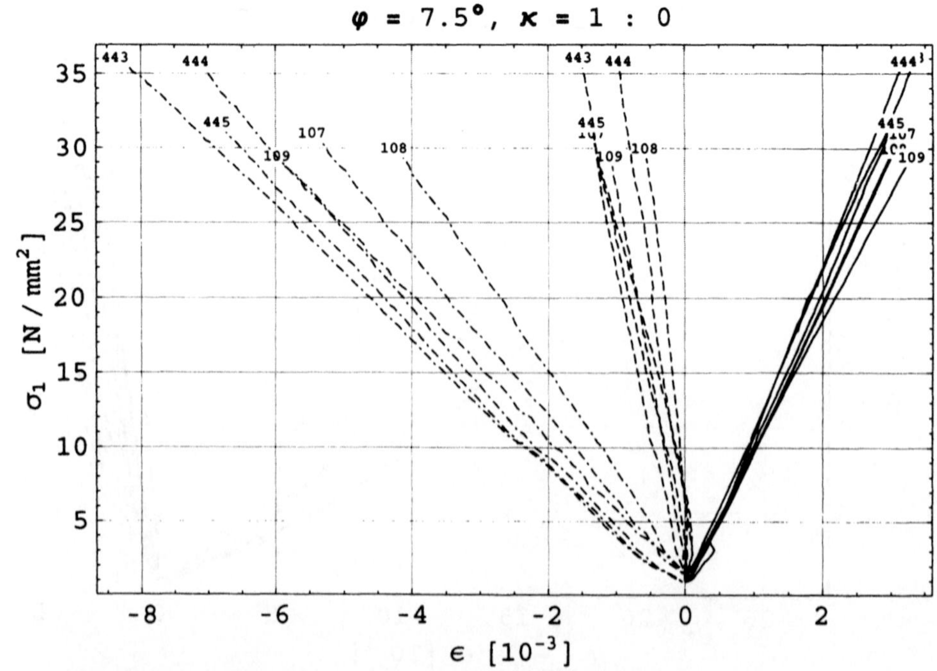

Abbildung 6.28: Spannungs-Dehnungszusammenhang für $\varphi = 7.5°$, $\kappa = +1{:}0$

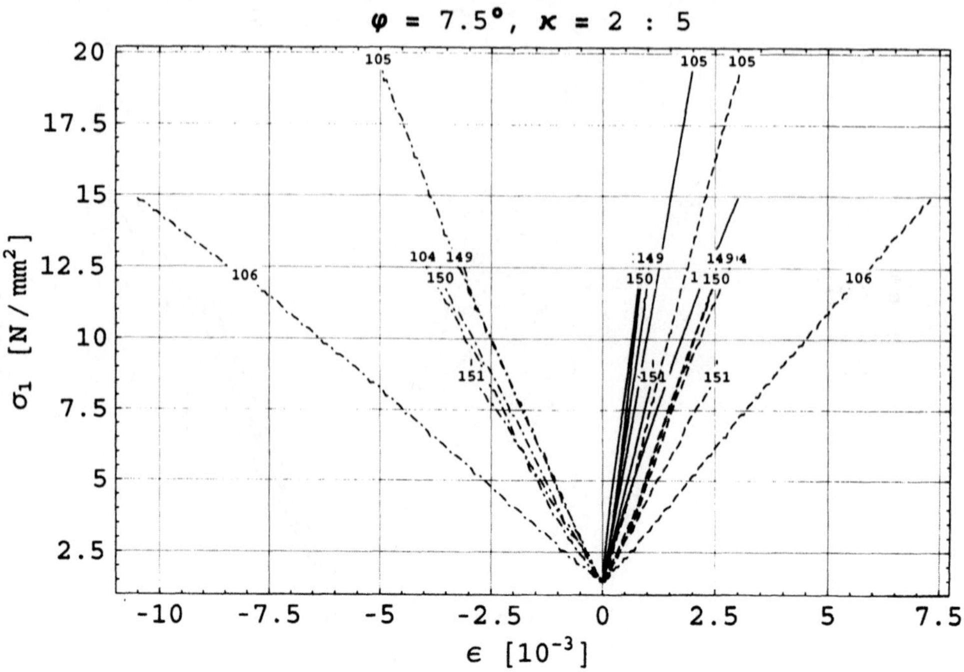

Abbildung 6.29: Spannungs-Dehnungszusammenhang für $\varphi = 7.5°$, $\kappa = +2{:}+5$

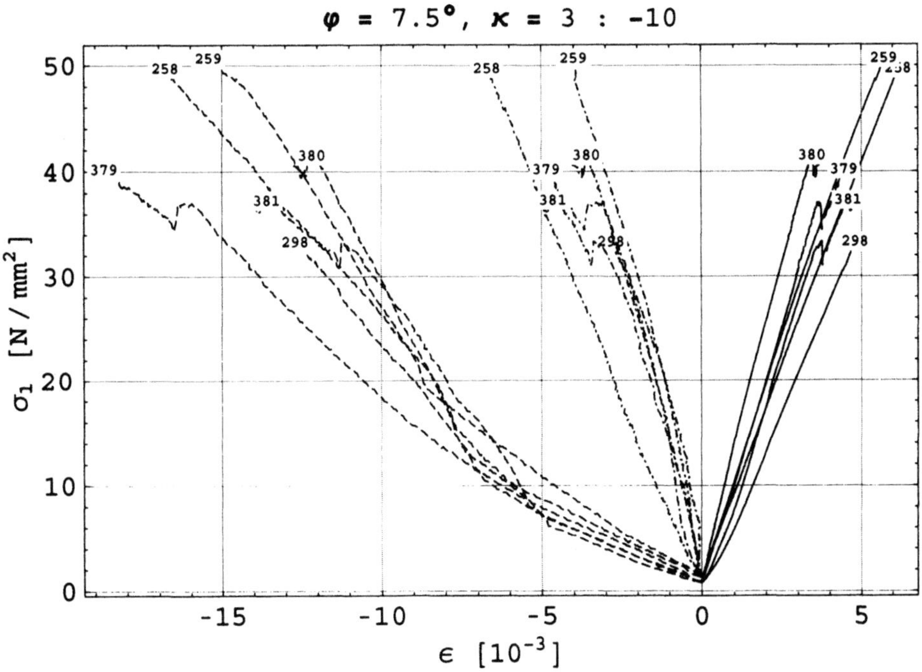

Abbildung 6.30: Spannungs-Dehnungszusammenhang für $\varphi = 7.5°$, $\kappa = +3$:-10

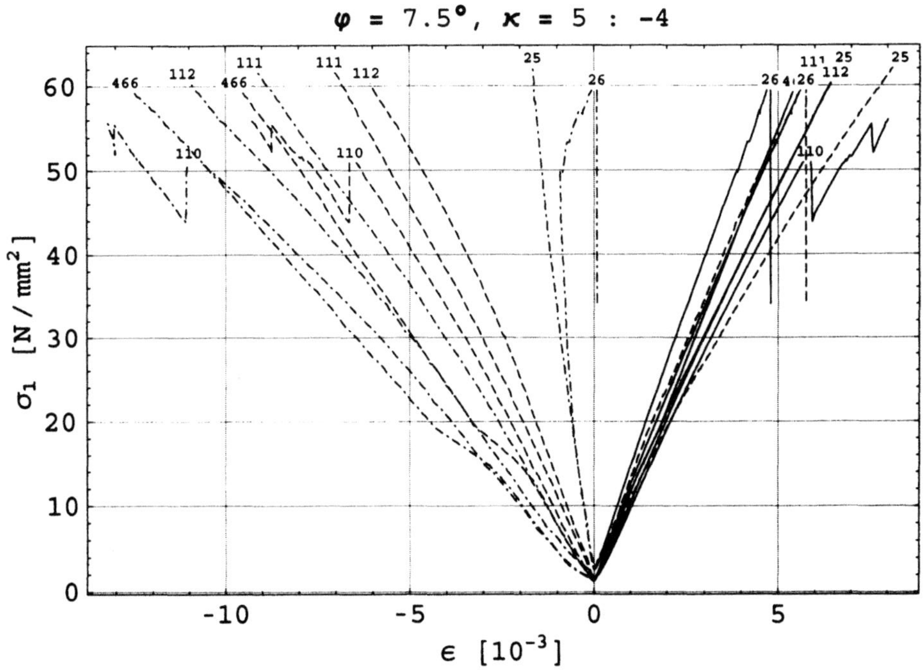

Abbildung 6.31: Spannungs-Dehnungszusammenhang für $\varphi = 7.5°$, $\kappa = +5$:-4

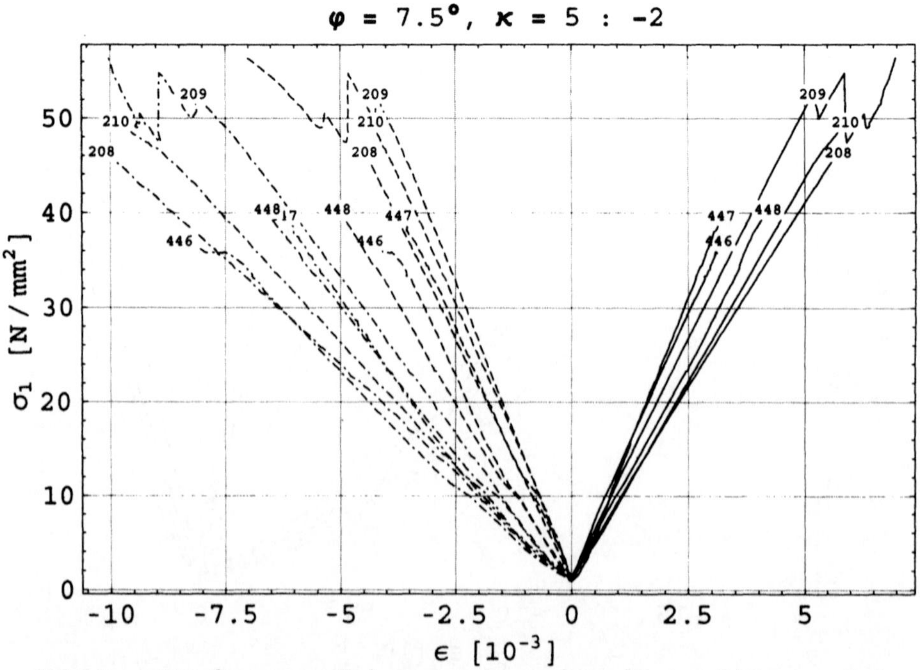

Abbildung 6.32: Spannungs-Dehnungszusammenhang für $\varphi = 7.5°$, $\kappa = +5{:}{-2}$

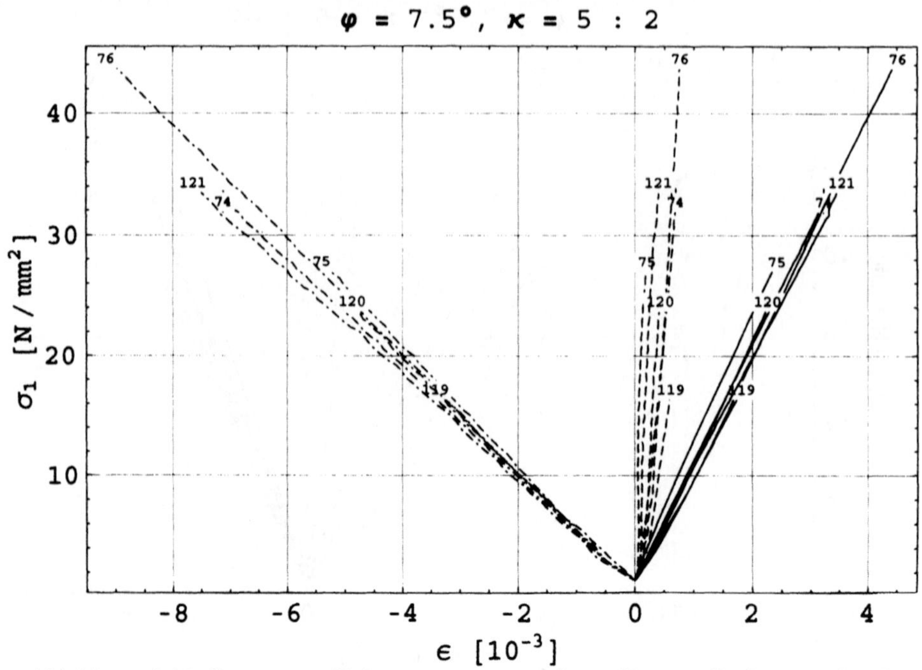

Abbildung 6.33: Spannungs-Dehnungszusammenhang für $\varphi = 7.5°$, $\kappa = +5{:}{+2}$

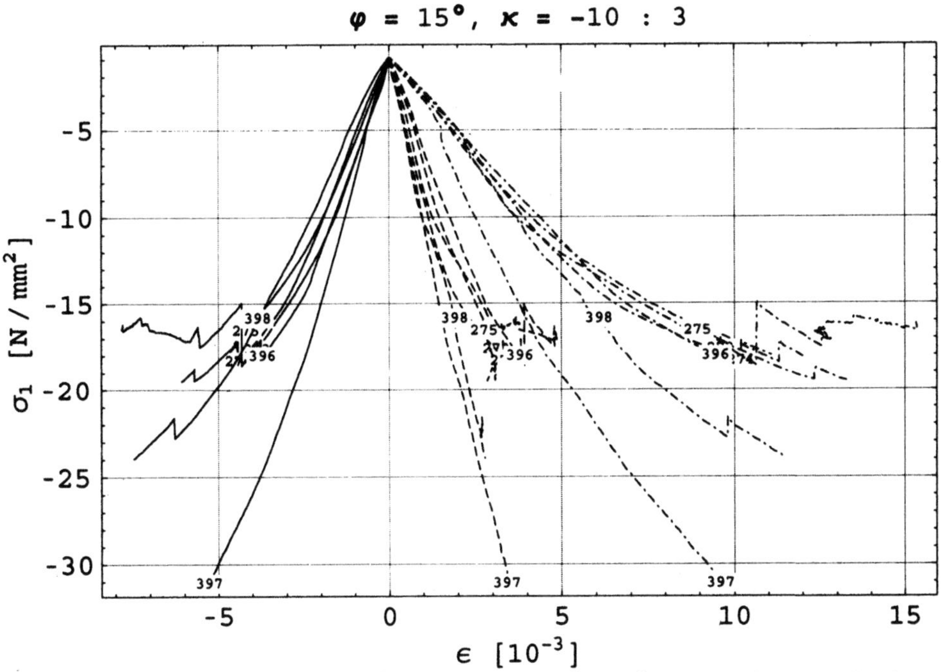

Abbildung 6.34: Spannungs-Dehnungszusammenhang für $\varphi = 15°$, κ = -10:+3

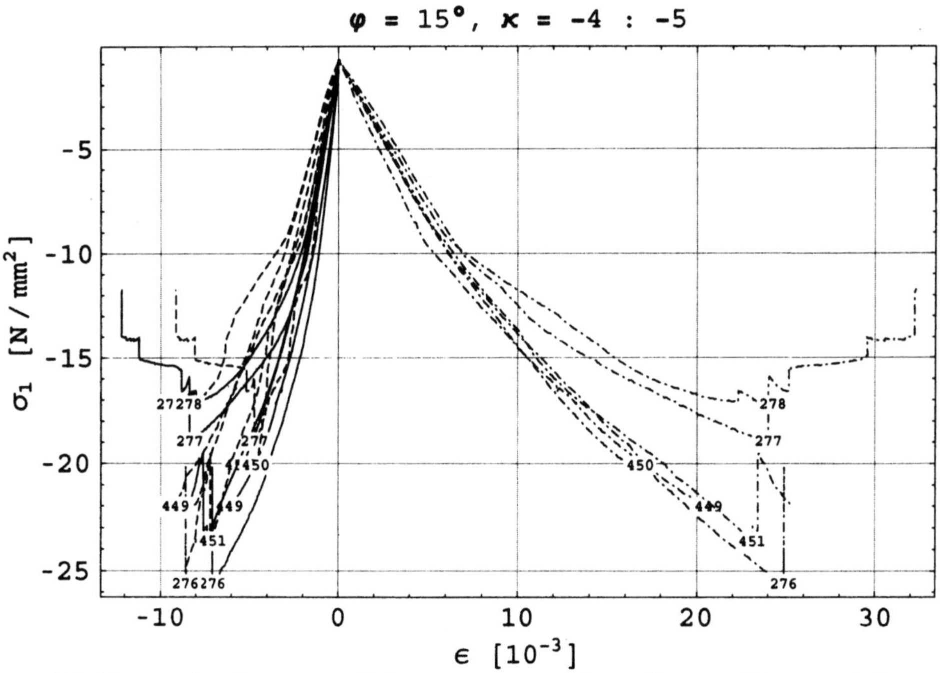

Abbildung 6.35: Spannungs-Dehnungszusammenhang für $\varphi = 15°$, κ = -4:-5

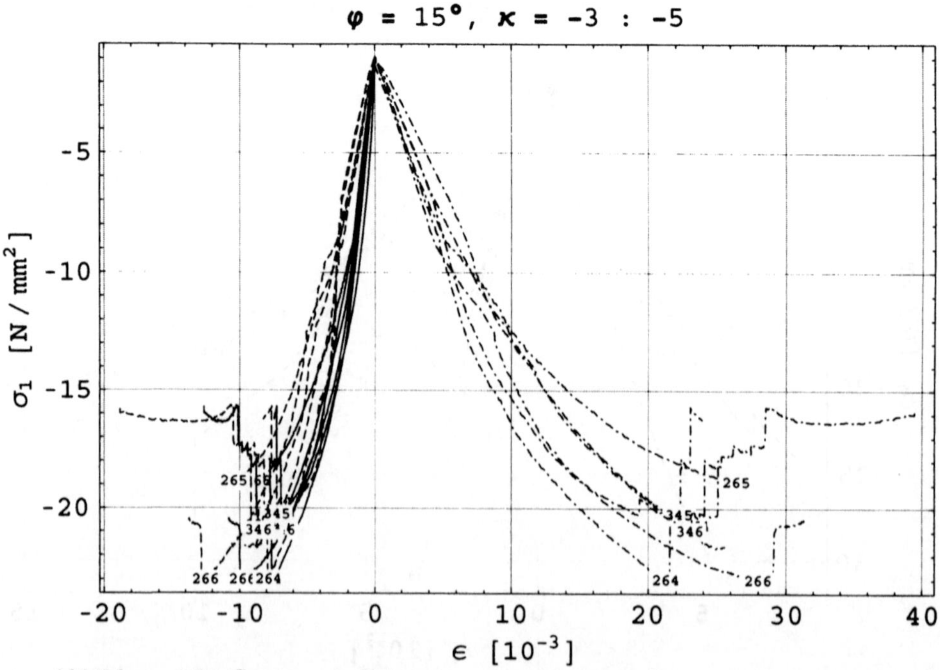

Abbildung 6.36: Spannungs-Dehnungszusammenhang für $\varphi = 15°$, κ = -3:-5

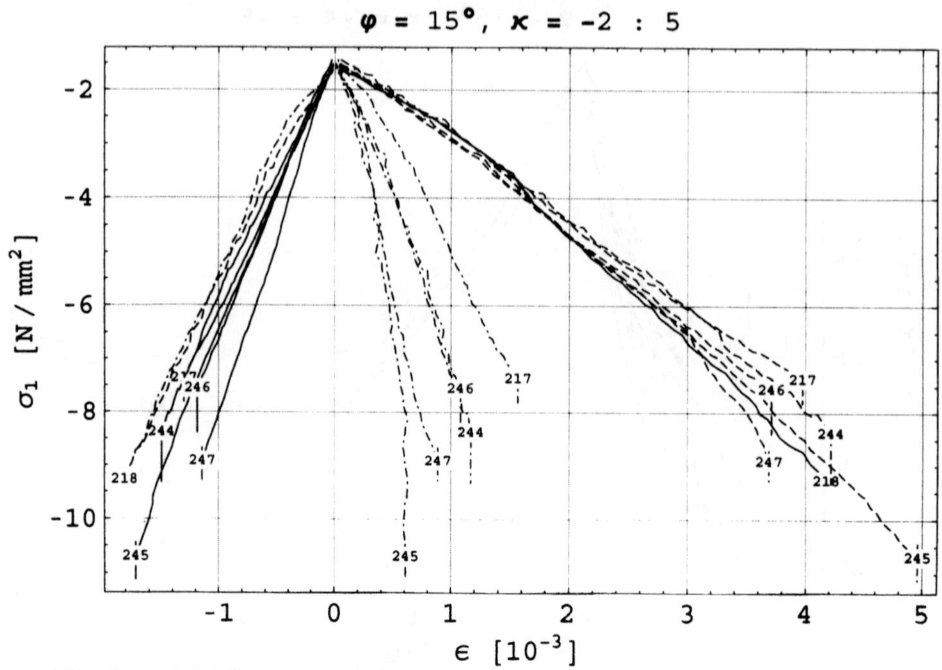

Abbildung 6.37: Spannungs-Dehnungszusammenhang für $\varphi = 15°$, κ = -2:+5

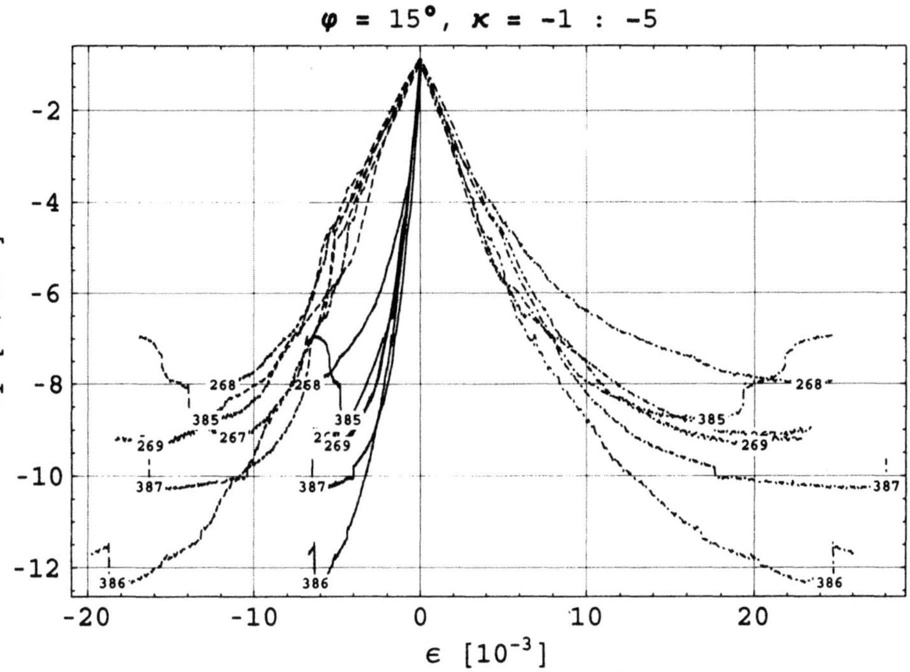

Abbildung 6.38: Spannungs-Dehnungszusammenhang für $\varphi = 15°$, κ = -1:-5

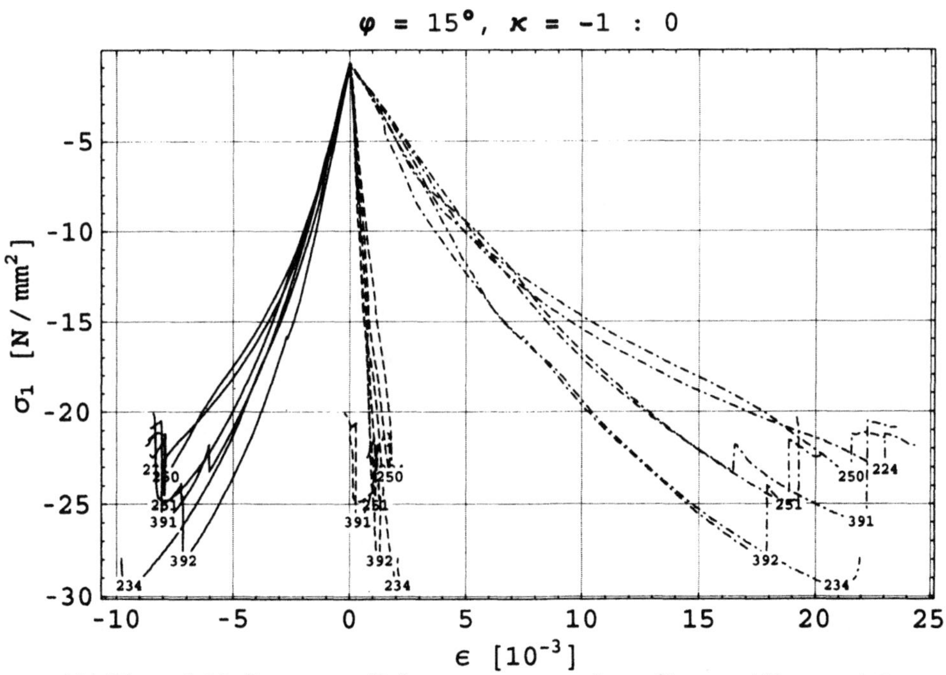

Abbildung 6.39: Spannungs-Dehnungszusammenhang für $\varphi = 15°$, κ = -1:0

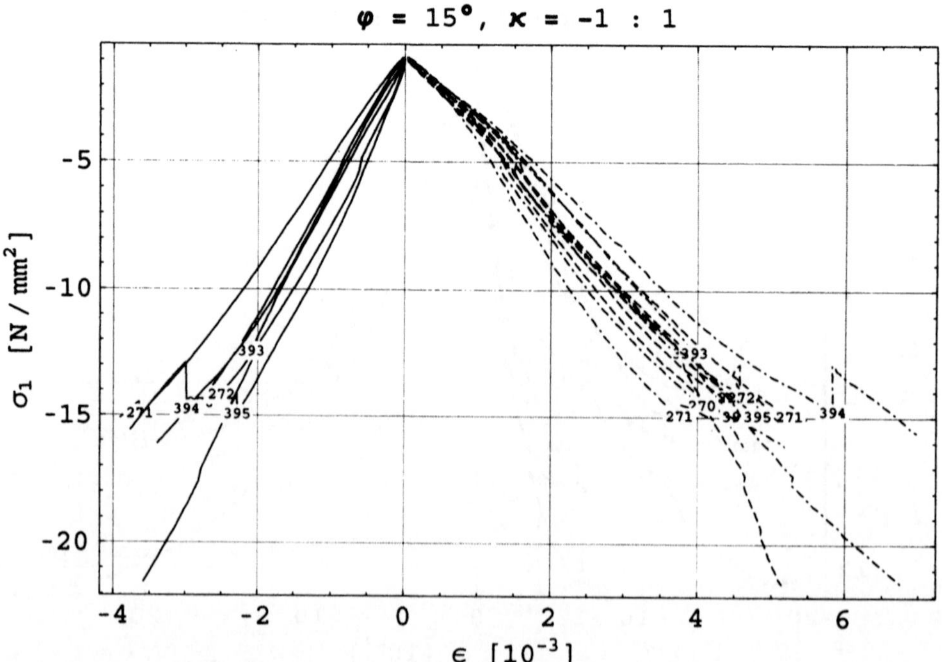

Abbildung 6.40: Spannungs-Dehnungszusammenhang für φ = 15°, κ = -1:+1

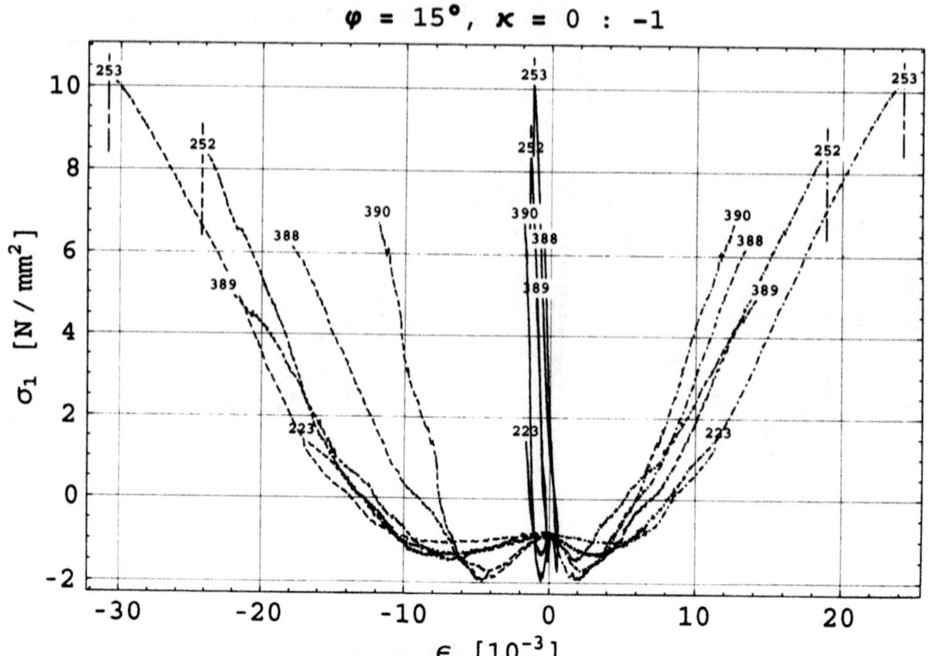

Abbildung 6.41: Spannungs-Dehnungszusammenhang für φ = 15°, κ = 0:-1

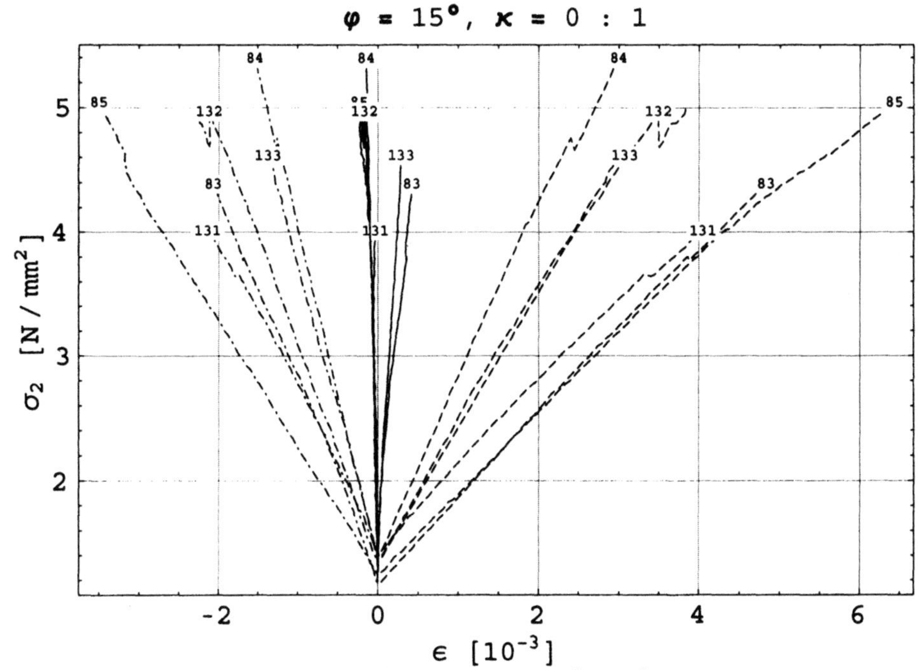

Abbildung 6.42: Spannungs-Dehnungszusammenhang für $\varphi = 15°$, $\kappa = 0{:}{+1}$

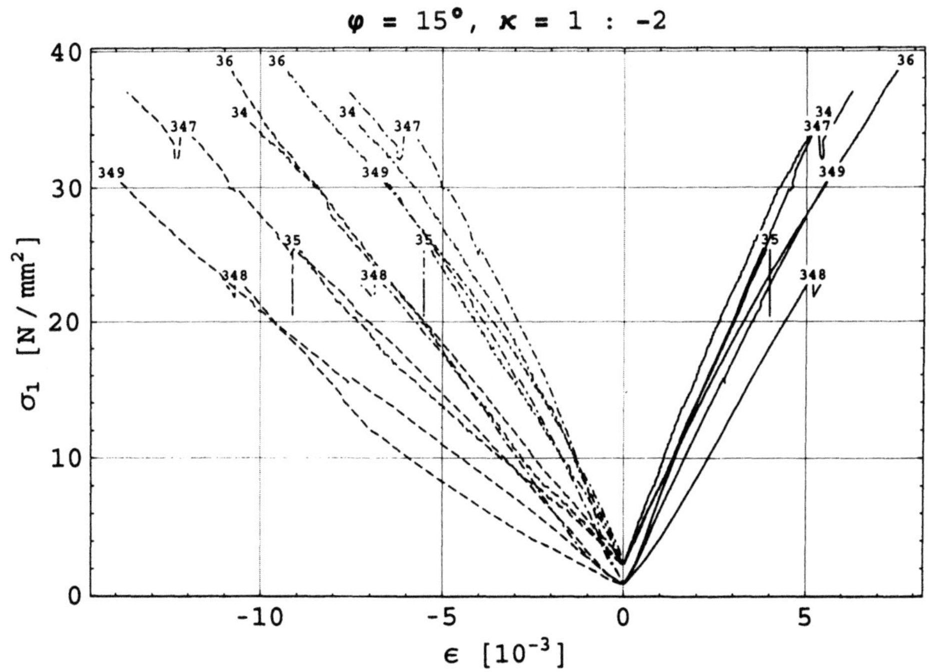

Abbildung 6.43: Spannungs-Dehnungszusammenhang für $\varphi = 15°$, $\kappa = +1{:}{-2}$

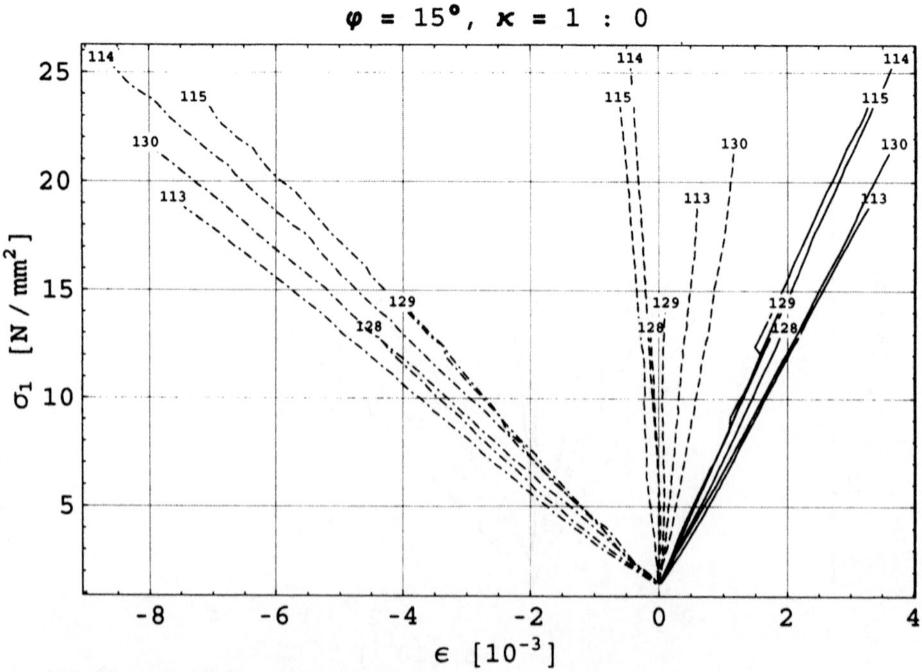

Abbildung 6.44: Spannungs-Dehnungszusammenhang für $\varphi = 15°$, $\kappa = +1{:}0$

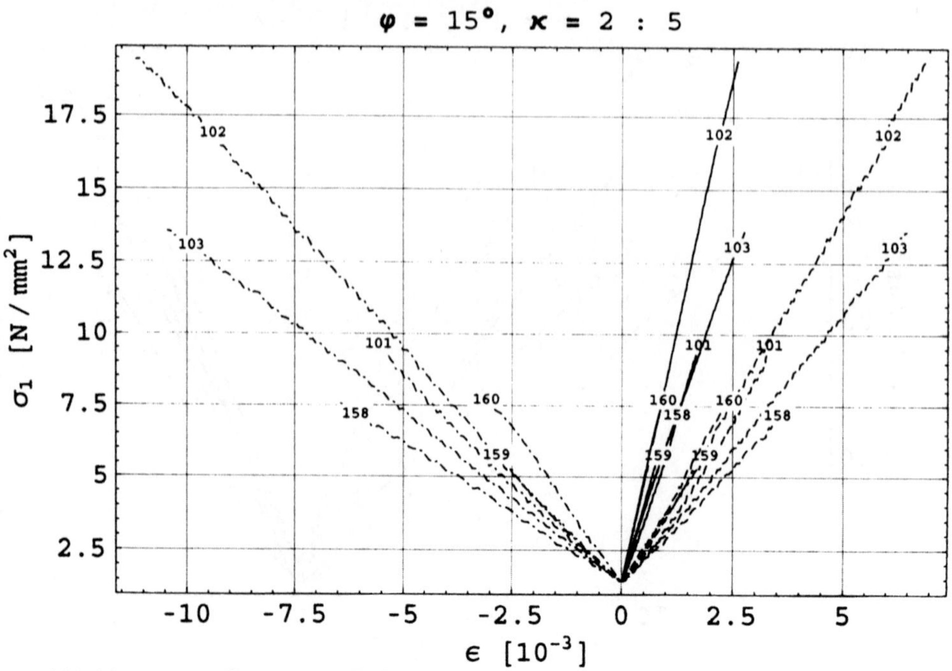

Abbildung 6.45: Spannungs-Dehnungszusammenhang für $\varphi = 15°$, $\kappa = +2{:}+5$

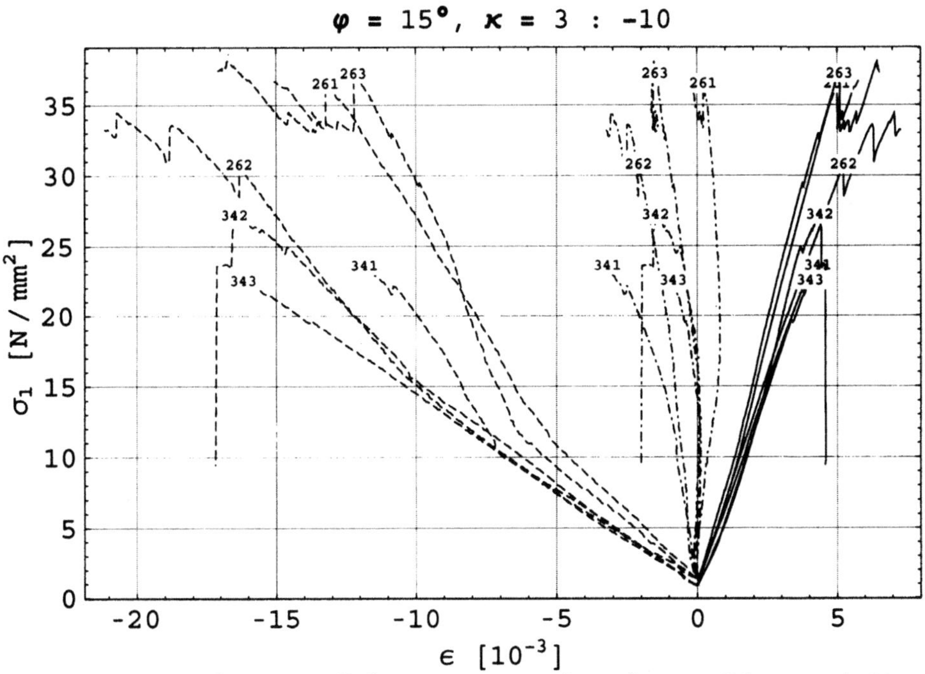

Abbildung 6.46: Spannungs-Dehnungszusammenhang für $\varphi = 15°$, $\kappa = +3$:-10

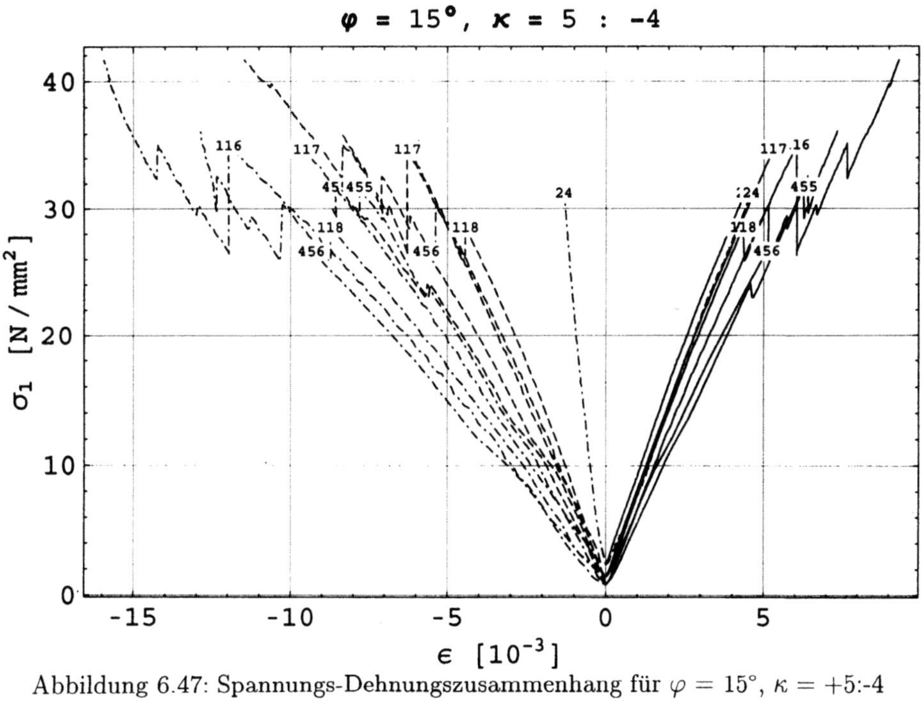

Abbildung 6.47: Spannungs-Dehnungszusammenhang für $\varphi = 15°$, $\kappa = +5$:-4

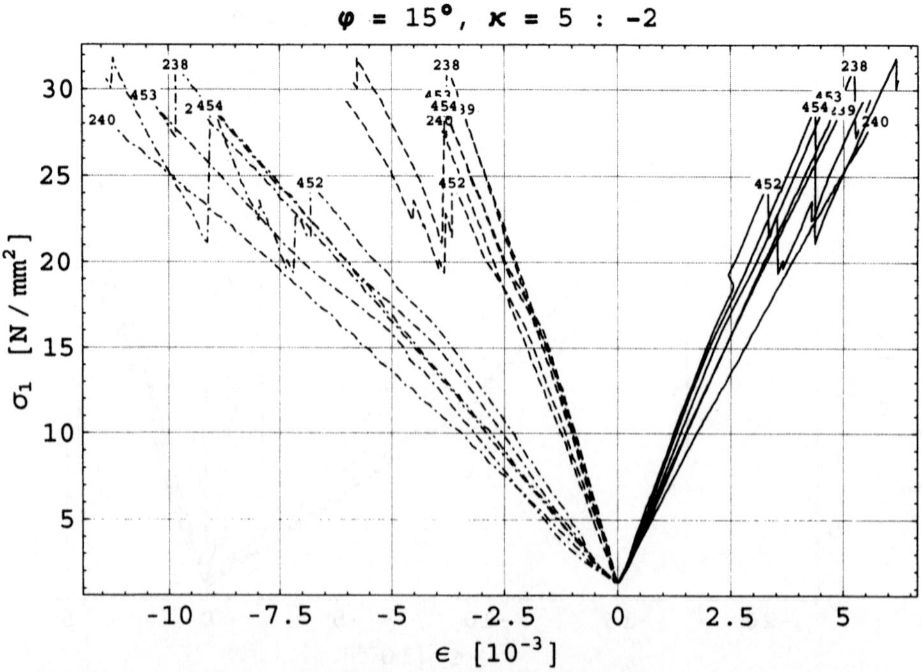

Abbildung 6.48: Spannungs-Dehnungszusammenhang für $\varphi = 15°$, $\kappa = +5{:}-2$

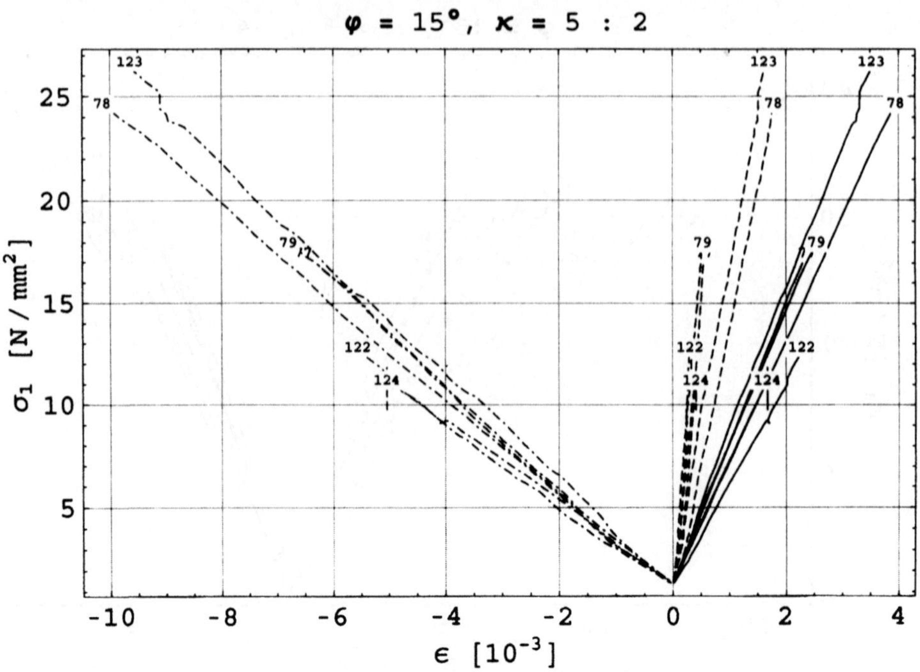

Abbildung 6.49: Spannungs-Dehnungszusammenhang für $\varphi = 15°$, $\kappa = +5{:}+2$

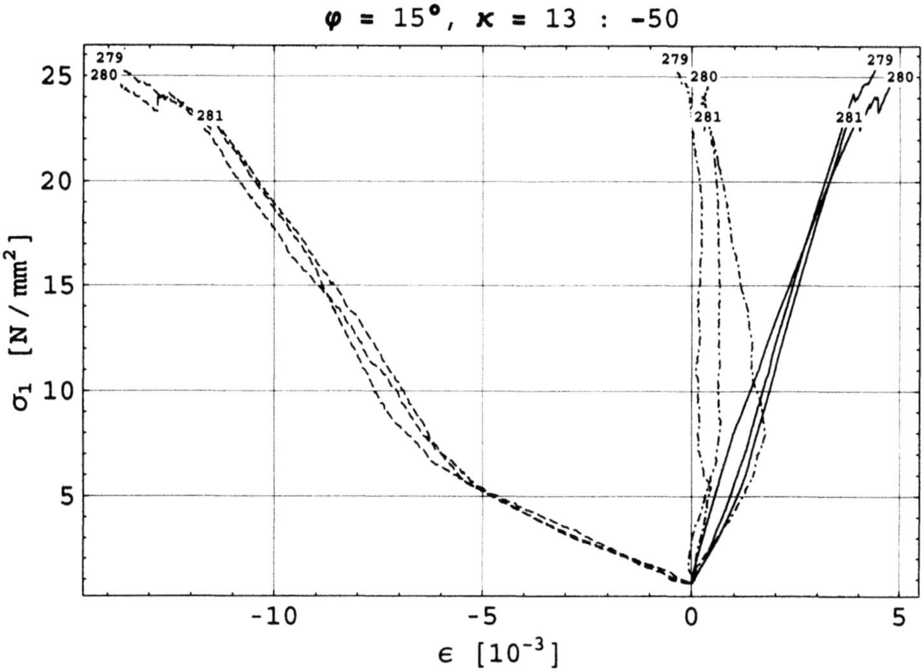

Abbildung 6.50: Spannungs-Dehnungszusammenhang für $\varphi = 15°$, $\kappa = +13$:-50

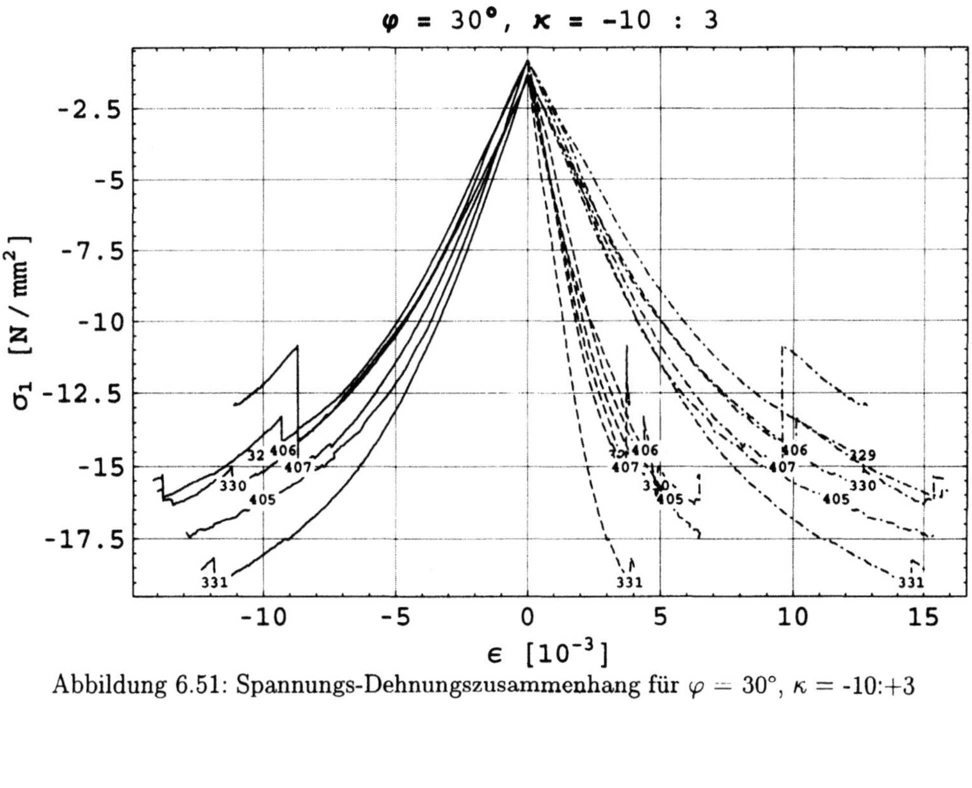

Abbildung 6.51: Spannungs-Dehnungszusammenhang für $\varphi = 30°$, $\kappa =$ -10:+3

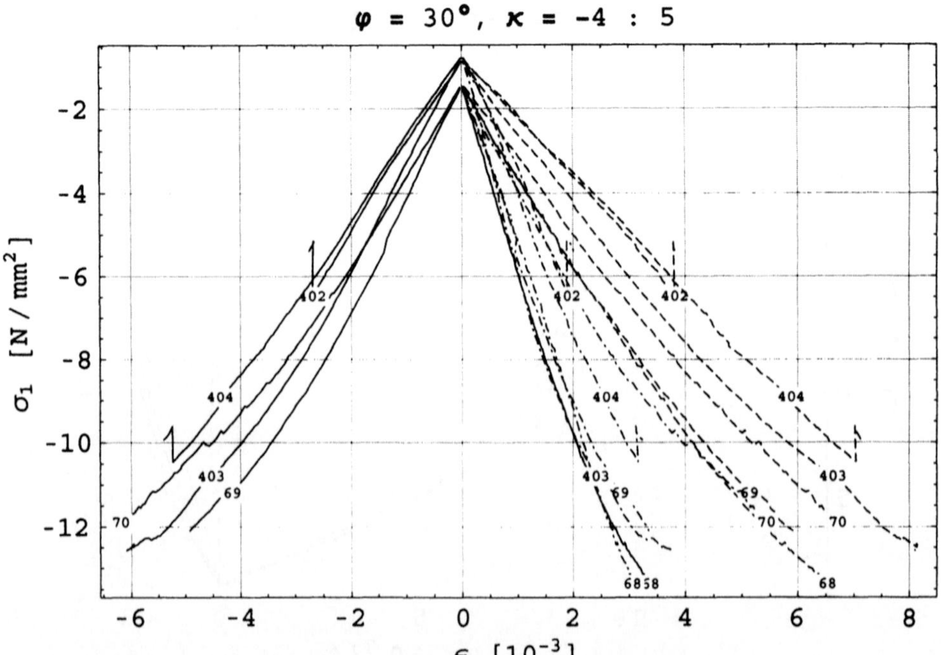

Abbildung 6.52: Spannungs-Dehnungszusammenhang für $\varphi = 30°$, κ = -4:+5

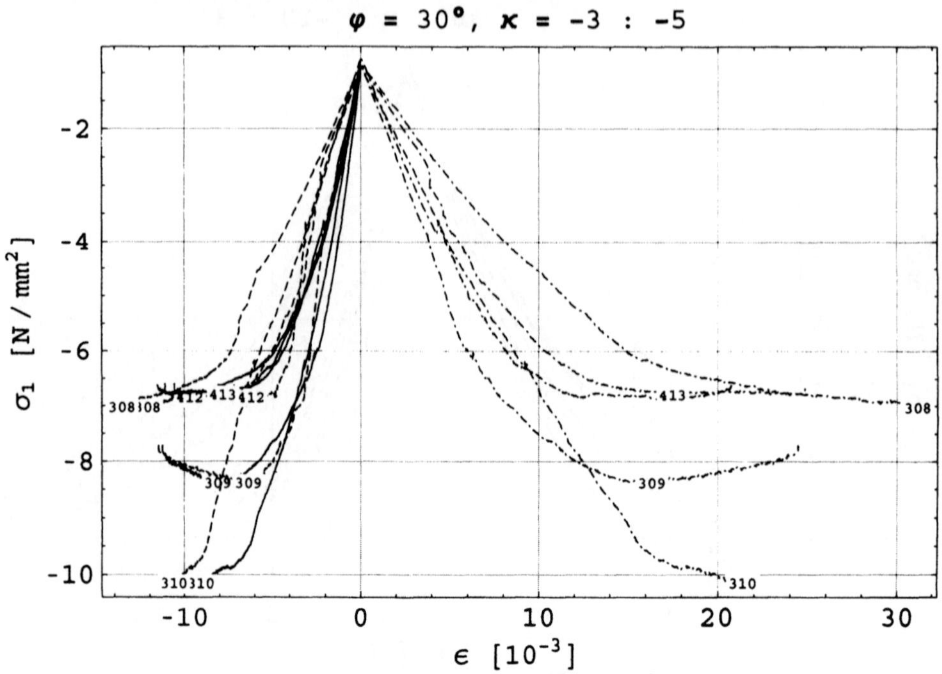

Abbildung 6.53: Spannungs-Dehnungszusammenhang für $\varphi = 30°$, κ = -3:-5

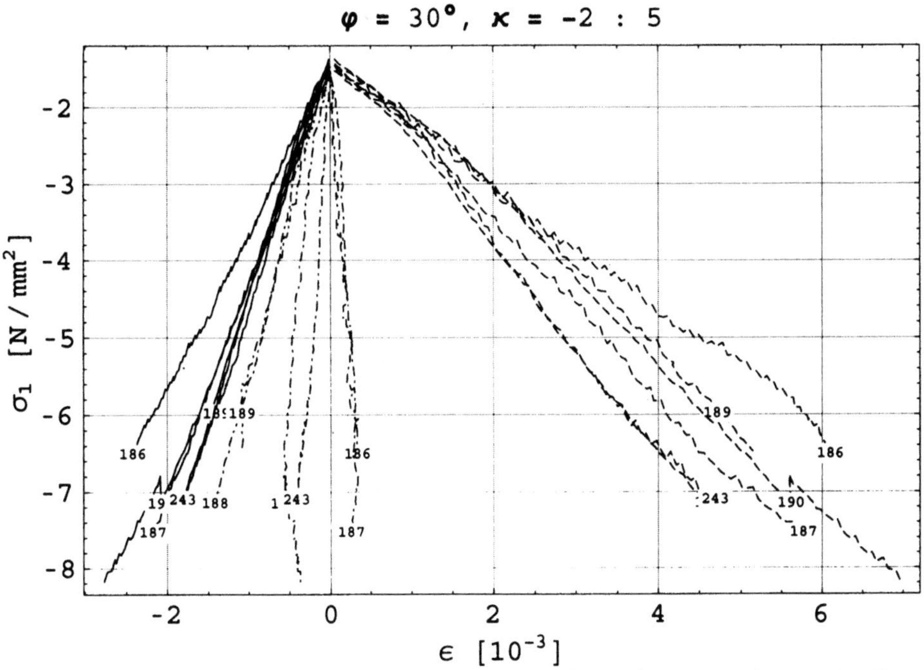

Abbildung 6.54: Spannungs-Dehnungszusammenhang für φ = 30°, κ = -2:+5

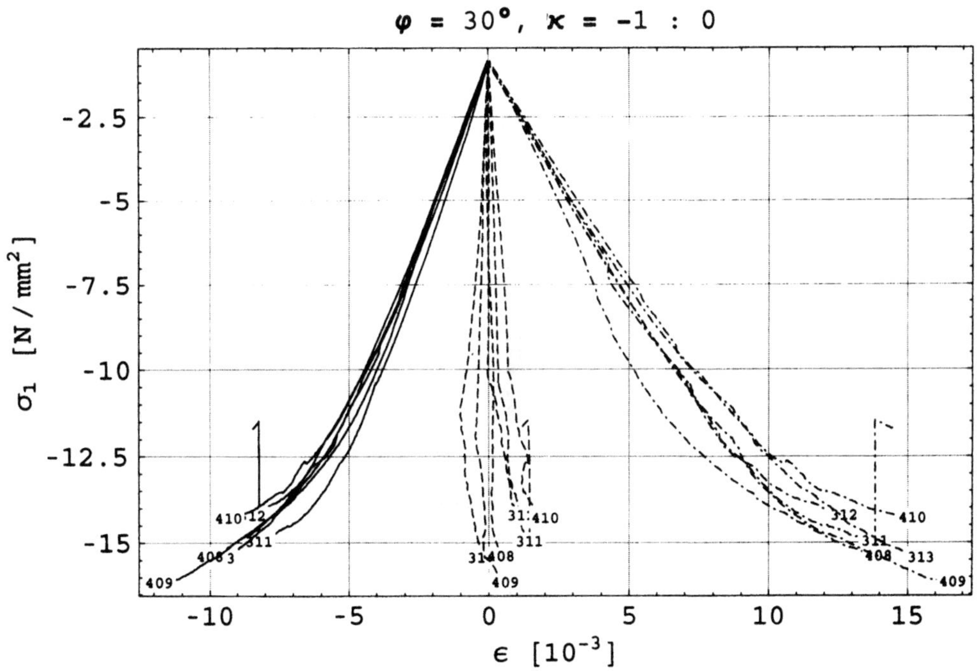

Abbildung 6.55: Spannungs-Dehnungszusammenhang für φ = 30°, κ = -1:0

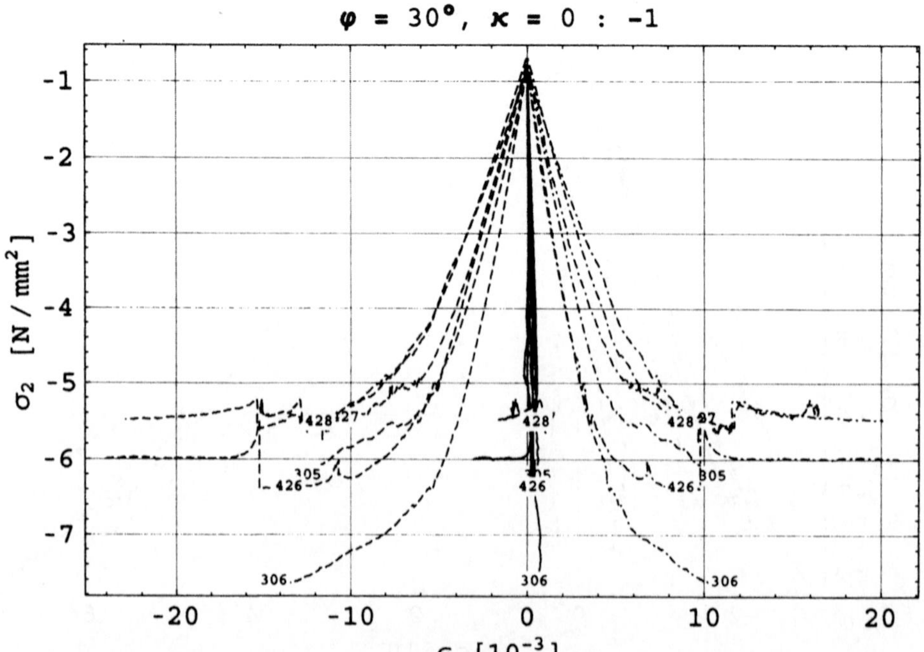

Abbildung 6.56: Spannungs-Dehnungszusammenhang für $\varphi = 30°$, $\kappa = 0$:-1

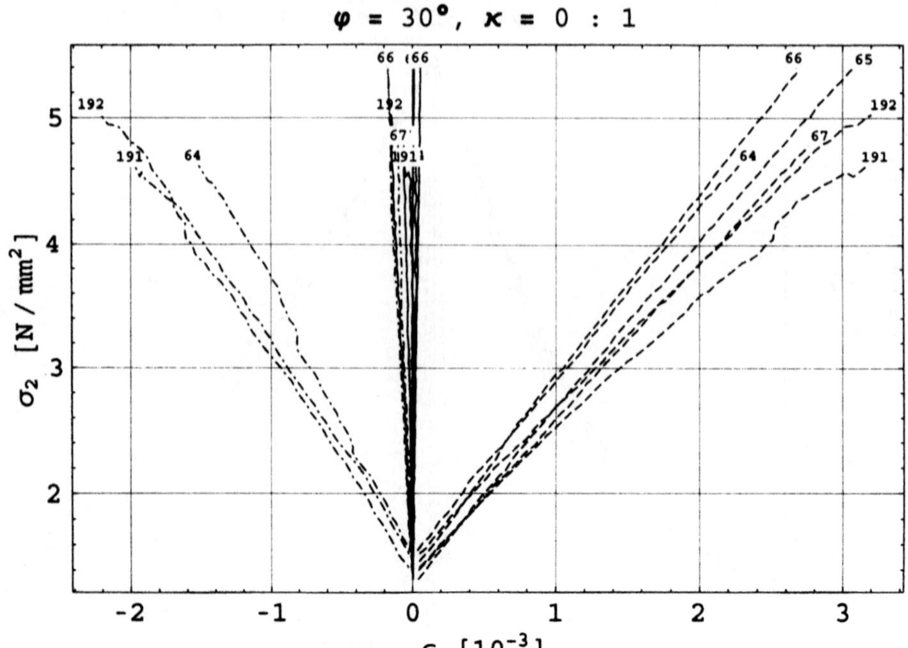

Abbildung 6.57: Spannungs-Dehnungszusammenhang für $\varphi = 30°$, $\kappa = 0$:+1

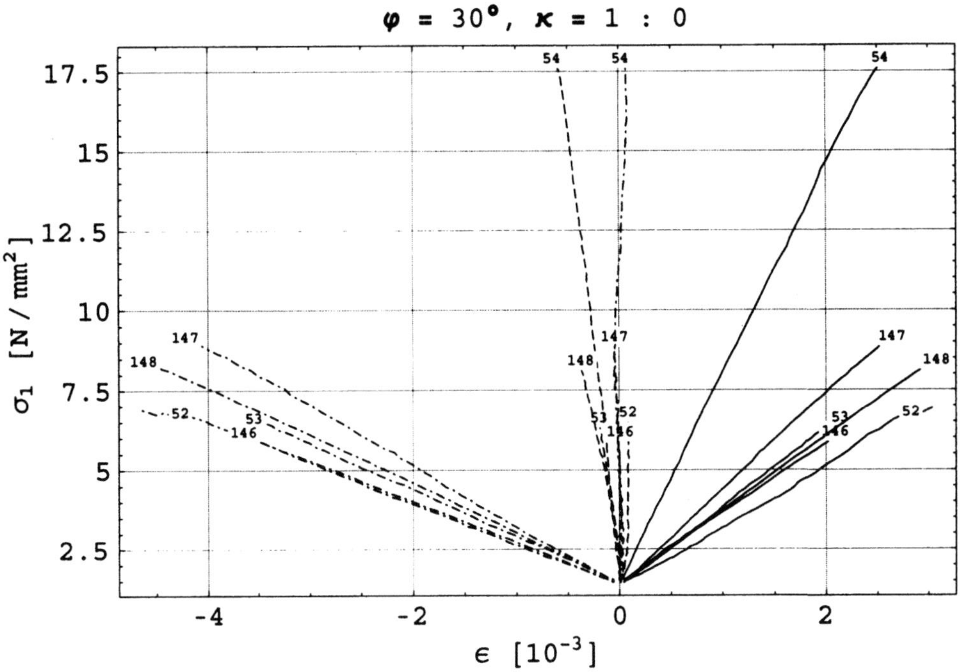

Abbildung 6.58: Spannungs-Dehnungszusammenhang für $\varphi = 30°$, $\kappa = +1{:}0$

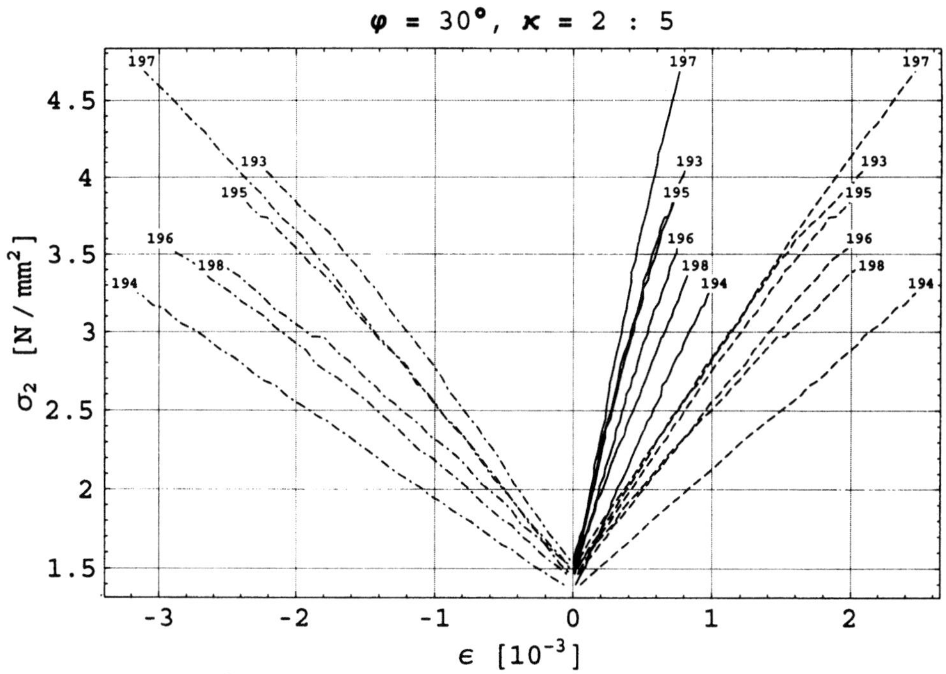

Abbildung 6.59: Spannungs-Dehnungszusammenhang für $\varphi = 30°$, $\kappa = +2{:}+5$

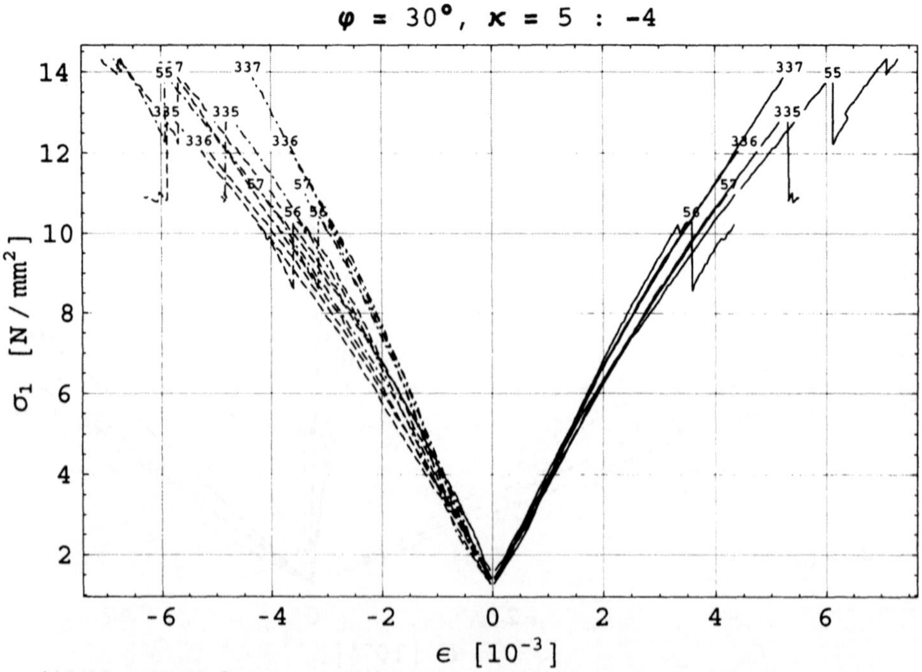

Abbildung 6.60: Spannungs-Dehnungszusammenhang für $\varphi = 30°$, $\kappa = +5$:-4

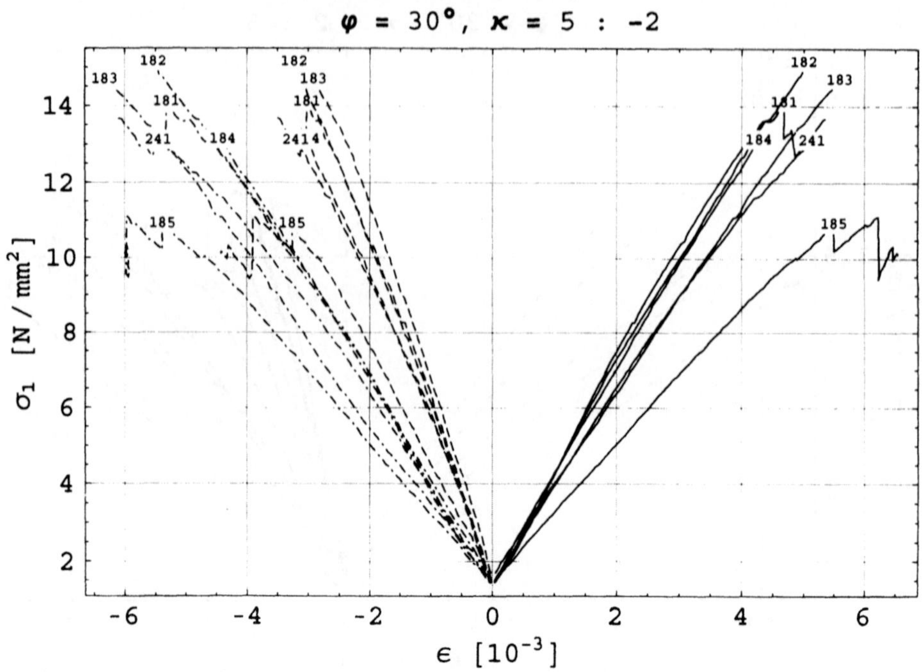

Abbildung 6.61: Spannungs-Dehnungszusammenhang für $\varphi = 30°$, $\kappa = +5$:-2

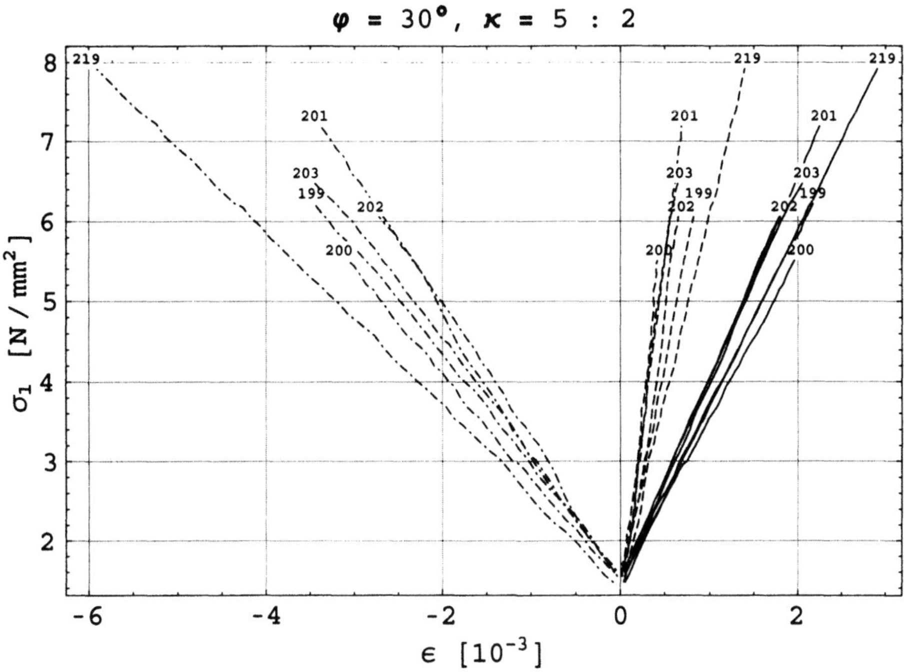

Abbildung 6.62: Spannungs-Dehnungszusammenhang für $\varphi = 30°$, $\kappa = +5{:}+2$

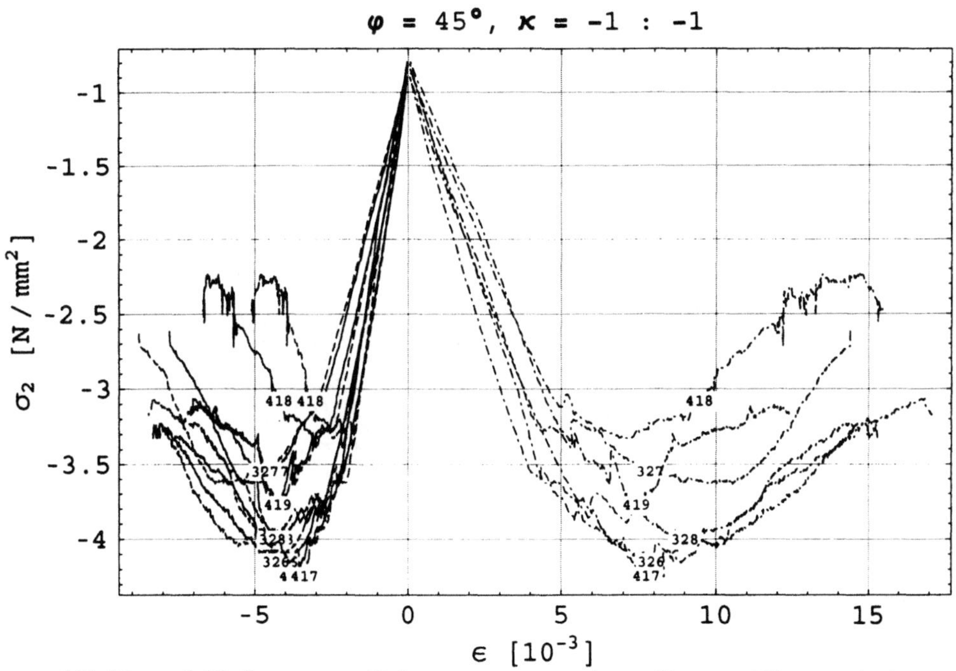

Abbildung 6.63: Spannungs-Dehnungszusammenhang für $\varphi = 45°$, $\kappa = $ -1:-1

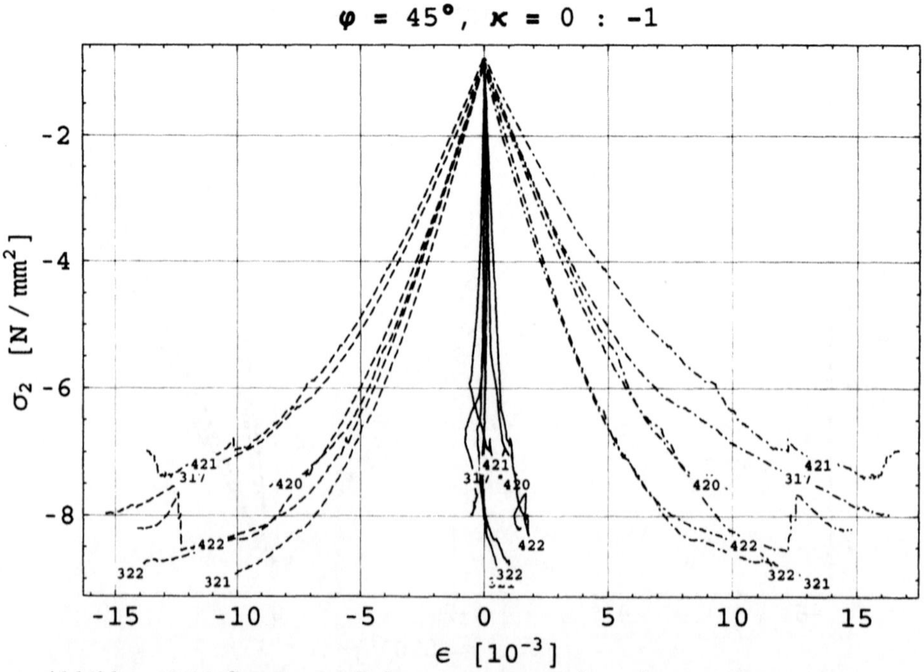

Abbildung 6.64: Spannungs-Dehnungszusammenhang für $\varphi = 45°$, $\kappa = 0$:-1

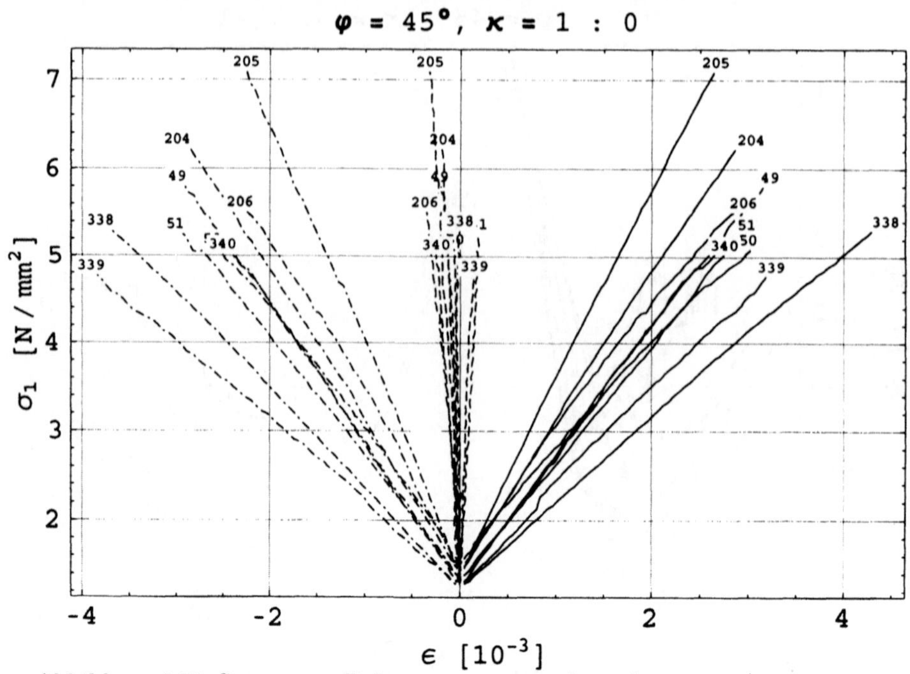

Abbildung 6.65: Spannungs-Dehnungszusammenhang für $\varphi = 45°$, $\kappa = +1$:0

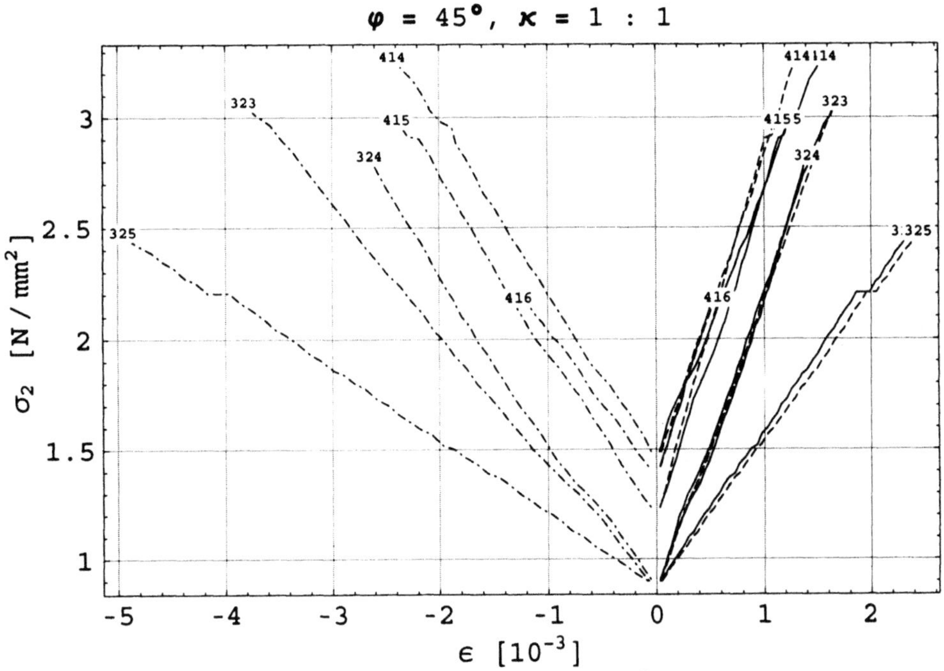

Abbildung 6.66: Spannungs-Dehnungszusammenhang für $\varphi = 45°$, $\kappa = +1{:}+1$

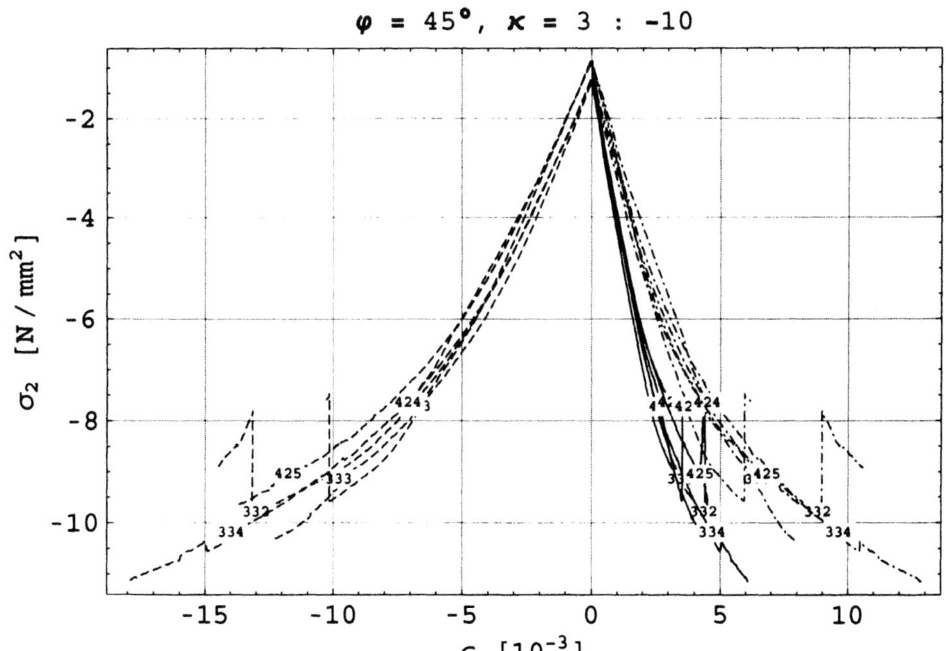

Abbildung 6.67: Spannungs-Dehnungszusammenhang für $\varphi = 45°$, $\kappa = +3{:}\text{-}10$

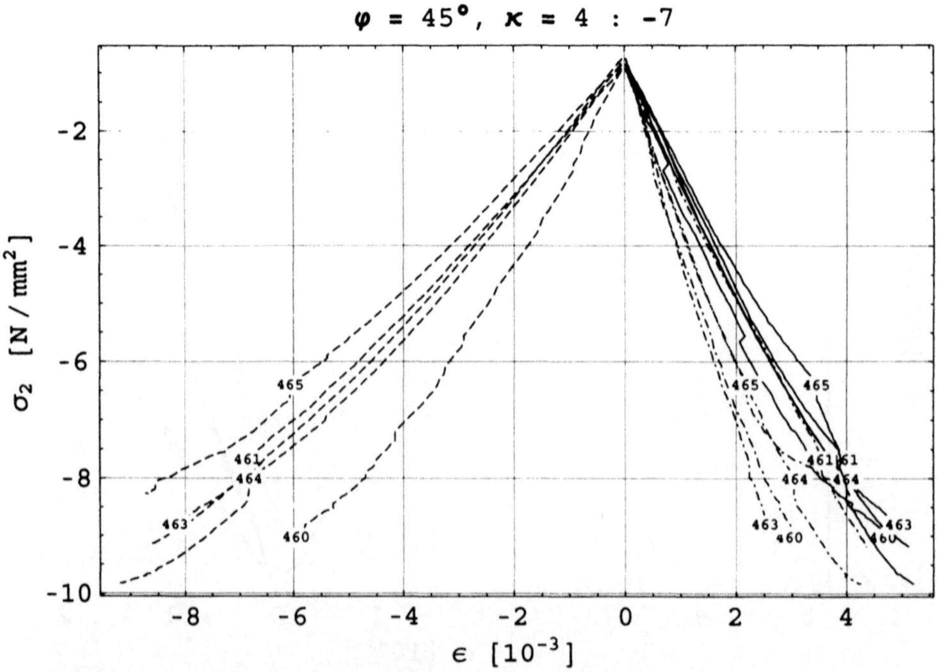

Abbildung 6.68: Spannungs-Dehnungszusammenhang für $\varphi = 45°$, $\kappa = +4$:-7

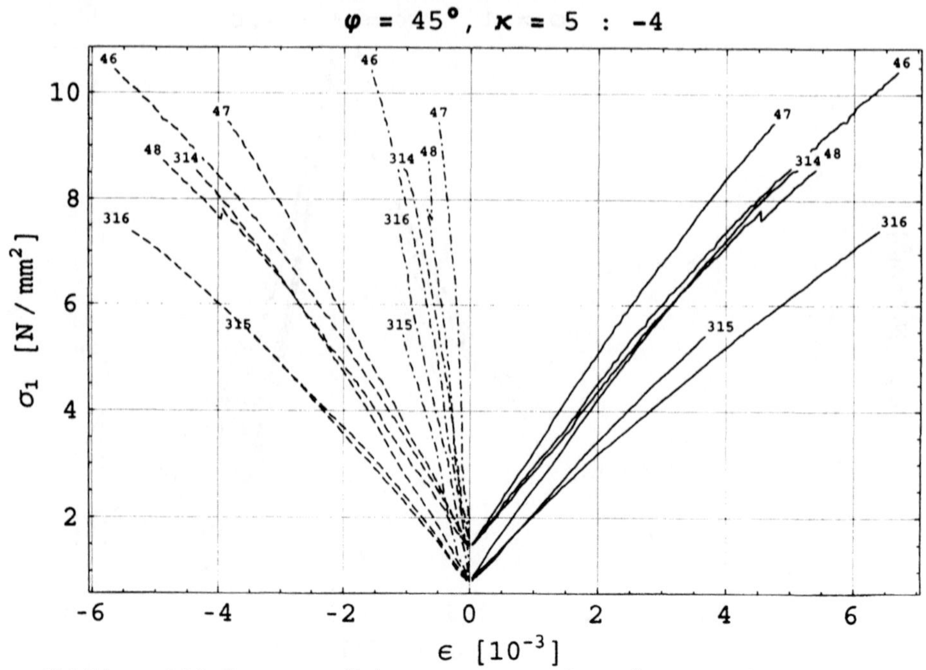

Abbildung 6.69: Spannungs-Dehnungszusammenhang für $\varphi = 45°$, $\kappa = +5$:-4

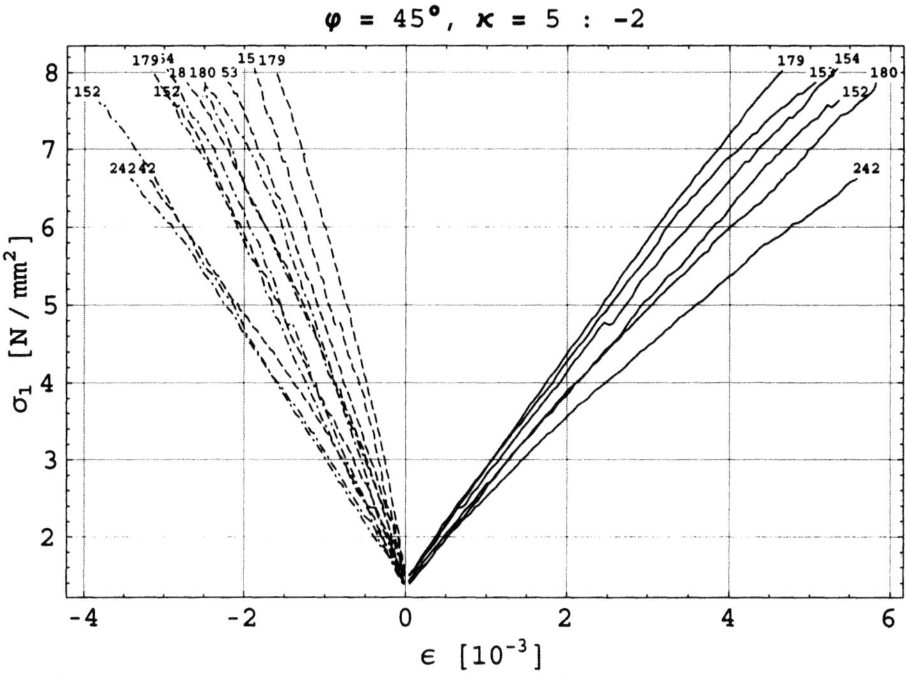

Abbildung 6.70: Spannungs-Dehnungszusammenhang für $\varphi = 45°$, $\kappa = +5$:-2

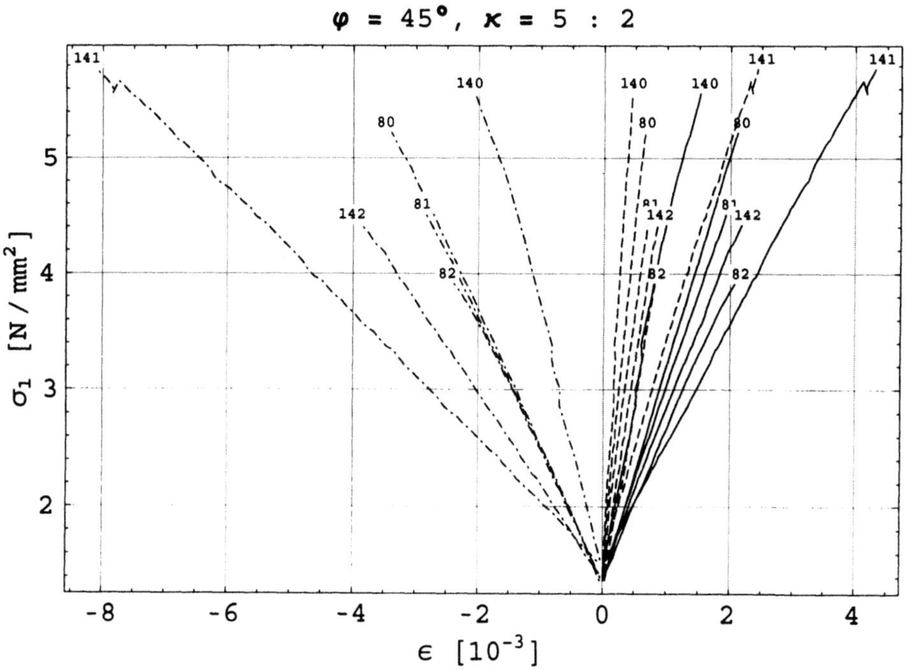

Abbildung 6.71: Spannungs-Dehnungszusammenhang für $\varphi = 45°$, $\kappa = +5$:+2

Index

GPSR Compliance

The European Union's (EU) General Product Safety Regulation (GPSR) is a set of rules that requires consumer products to be safe and our obligations to ensure this.

If you have any concerns about our products, you can contact us on ProductSafety@springernature.com

In case Publisher is established outside the EU, the EU authorized representative is:

Springer Nature Customer Service Center GmbH
Europaplatz 3
69115 Heidelberg, Germany

Batch number: 10584556

Printed by Printforce, the Netherlands